AF822773

Introducción al cálculo
y al álgebra

Volumen 1

Fundamentos del cálculo

Texto de la Open University de Londres

Introducción al cálculo y al álgebra

Volumen 1

Fundamentos del cálculo

EDITORIAL REVERTÉ, S. A.
Barcelona-Bogotá-Buenos Aires-Caracas-México

Título de la obra original:
AN INTRODUCTION TO CALCULUS AND ALGEBRA
Volume 1 Background to Calculus

Edición original en lengua inglesa publicada por:
The Open University Press, Walton Hall
Bletchley, Buckinghamshire

Copyright © by The Open University

Versión española por:
Dr. Bartolomé Frontera Márques
Doctor Ingeniero de Montes
Doctor en Ciencias Matemáticas
Profesor Adjunto de Estadística Matemática y Cálculo de Probabilidad
en la Universidad de Zaragoza

Propiedad de:
EDITORIAL REVERTÉ, S. A.
Loreto, 13-15, Local B
08029 Barcelona
Tel: (34) 93 419 33 36
Fax: (34) 93 419 51 89
e-mail: reverte@reverte.com
Internet: http://www.reverte.com

Reservados todos los derechos. La reproducción total o parcial de esta obra, por cualquier medio o procedimiento, comprendidos la reprografía y el tratamiento informático, y la distribución de ejemplares de ella mediante alquiler o préstamo públicos, queda rigurosamente prohibida sin la autorización escrita de los titulares del copyright, bajo las sanciones establecidas por las leyes.

Edición en español

© EDITORIAL REVERTÉ, S. A., 1976

REIMPRESIÓN: Septiembre de 2003

ISBN: 84-291-5117-6 Tomo 1
ISBN: 84-291-5116-8 Obra completa

Depósito legal: SE-3128-2003

Impresión: Publicaciones Digitales, S. A. (Sevilla)
www.publidisa.com – (+34) 95.458.34.25

Indice analítico

Capítulo 3 Funciones

NOTA

Las referencias a ejemplos o ejercicios particulares se hacen en todo el libro dando el capítulo, la sección, y el número del ejemplo o ejercicio; el ejemplo 4 del capítulo 1, sección 1 se referirá poniendo ejemplo 1.1.4, y así sucesivamente.

Prólogo del editor

Este es el primero de tres volúmenes en los que se presentan los conceptos esenciales de las matemáticas, incluyendo unas pocas demostraciones importantes (por lo general en esbozo), junto con algunos ejercicios destinados a afianzar la comprensión de los conceptos y a proporcionar una base sólida para la iniciación y desarrollo de una deseable destreza operativa.

La mayor parte del material aquí utilizado ha sido tomado de los textos de correspondencia de la *Open University Foundation Course in Mathematics.* Los cursos de la Open University proporcionan un método, a nivel universitario, para el estudio independiente, mediante un sistema de enseñanza integrado que incluye libros de texto, programas de radio y de televisión, un sistema de tutorías en cada localidad y unos cursos breves con asistencia personal en común. Los componentes de los textos de correspondencia del *Mathematics Foundation Course* fueron preparados por un equipo de curso (los nombres de los miembros de éste equipo aparecen en la página XI) y fueron editados por el profesor M. Bruckheimer y por el Dr. Joan Aldous.

La selección del material para estos tres volúmenes se ha hecho teniendo en cuenta las necesidades de los estudiantes de distintas disciplinas, por el equipo de curso que preparó el curso abreviado de segundo año denominado *Elementary Mathematics for Science and Technology,* y los tres volúmenes constituyen el núcleo bibliográfico alrededor del cual se ha centrado el curso. (Los nombres de los componentes de este equipo de curso se dan también en la ya citada página XI).

Al preparar estos volúmenes el equipo de curso ha querido proporcionar el tipo de matemáticas que resulta útil particularmente para aquellos estudiantes que ya poseen cierto conocimiento de una ciencia o de una tecnología, pero que antes de adentrarse en las materias de su especialidad necesitan profundizar en la captación de los conceptos matemáticos en que se basan las técnicas del cálculo y del álgebra.

Se ha conservado tanto como ha sido posible el carácter especial de los textos del *Foundation Course*, pero el objetivo de estos volúmenes es más limitado que el del *Foundation Course*, el cual pretende proporcionar una visión global de las matemáticas. Para una apreciación más completa de lo que son las matemáticas y de lo que se puede hacer con ellas, será interesante que el lector consulte los textos correspondientes originales de dicho *Mathematics Foundation Course*.

WALTON

GRAHAM FLEGG
ROGER MEETHAM

Equipo del Mathematics Foundation Course

Professor M. Bruckheimer
Dr. J. M. Aldous
Mr. D. J. A. Burrows
Mr. R. Clamp
Mr. S. N. Collings
Dr. A. Crilly
Dr. D. A. Dubin
Mr. H. G. Flegg
Mr. E. Goldwyn
Mr. N. W. Gowar
Dr. A. Graham
Mr. R. D. Harrison
Mr. H. Hoggan
Mr. F. C. Holroyd
Miss V. King
Mr. R. J. Knight
Dr. J. H. Mason
Mr. R. Nelson
Miss J. Nunn
Professor R. M. Pengelly
Professor O. Penrose
Dr. G. A. Read
Mr. J. Richmond
Mr. E. Smith
Professor R. C. Smith

Ayudantes del Curso

Mr. J. E. Baker
Mr. W. D. Crowe

Consultor General del Curso

Mr. D. E. Mansfield

Equipo del Elementary Mathematics for Science and Technology

Professor R. M. Pengelly
Mr. H. G. Flegg
Dr. A. R. Meetham
Mr. L. Aleeson
Mr. G. Burt
Dr. J. K. Cannell
Mr. R. Clamp
Dr. P. M. Clark
Mr. S. N. Collings
Dr. A. Cooper
Dr. A. Crilly
Professor M. J. L. Hussey
Mr. E. G. Law
Mr. F. B. Lovis
Mrs. V. Richards
Dr. R. A. Ross
Dr. T. B. Smith

Ayudante del Curso

Mr. R. W. Duke

Notación

		Página
Los símbolos vienen presentados en el orden en que aparecen en el presente volumen.		
$\{a, b, c, d, \ldots\}$	Conjunto formado por los elementos $a, b, c, d, \ldots$	6
$a \in A$	a es un elemento del conjunto A	6
Z	Conjunto de todos los enteros	6
Q	Conjunto de todos los racionales	6
I	Conjunto de todos los irracionales	7
R	Conjunto de todos los números reales	7
$\{x: x$ tiene cierta propiedad $P\}$	Conjunto de los elementos x que tienen la propiedad P	
$A \subset B$	El conjunto A es un subconjunto propio del conjunto B	9
$A \subseteq B$	El conjunto A es un subconjunto del conjunto B	9
$m: A \rightarrow B$	La aplicación m aplica el conjunto A en el conjunto B	13
$m: a \longmapsto b$	La imagen de a bajo (o por) la aplicación m es b	13
$m(a)$	Imagen de a por la aplicación m	13
$f = g$	Las aplicaciones f y g tienen el mismo dominio y la misma regla	20
$x \leqslant a$	x es menor o igual que a	25
$x \geqslant a$	x es mayor o igual que a	25
$[a, b]$	Conjunto de los números reales x tal es que $a \leqslant x \leqslant b$	25
$\lvert x \rvert$	Módulo de x	26
$P \times Q$	Producto cartesiano de los conjuntos P y Q	29
$\underset{\sim}{u}$	La sucesión $u_1, u_2, u_3 \ldots$	51
$\lim \underset{\sim}{u}$	Límite de la sucesión u	51
$f + g$	Suma de dos funciones	62
$f - g$	Diferencia de dos funciones	63

$f \times g$	Producto de dos funciones	63
$f \div g$	Cociente de dos funciones	63
$g \circ f$	La función definida por $g \circ f$: $x \to g(f(x))$	66
$\lim_{x \text{ grande}} f(x)$	El límite de f para números grandes de su dominio	87
$\lim_{x \to a} g(x)$	Límite de g cerca del punto a	90
$a \simeq b$	a es aproximadamente igual a b	104
exp	La función exponencial	107
e	$e = \exp(1) = 2{,}71828$	107
ln	La función logaritmo natural	110
$\underset{\sim}{u} + \underset{\sim}{v}$	Suma de dos sucesiones	128
$\int_a^b f$	Integral definida de f en $[a, b]$	157
Δh	Operador diferencia para el espaciado h	184
f'	Función derivada de f	186
D	Operador derivada	193
I	Operador integral	234
$[F]_a^b$	$F(b) - F(a)$, o sea $\int_a^b f$, donde $DF = f$	241

Introducción al cálculo
y al álgebra

Volumen 1

Fundamentos del cálculo

Capítulo 1

Conjuntos y aplicaciones

1.0 Introducción

En este primer capítulo nos dedicaremos a explicar y definir los términos *conjunto* y *aplicación*.

Empezaremos considerando un cierto número de ejemplos muy sencillos, de manera que los dos conceptos sean presentados antes de ser definidos con precisión.

Una vez captadas las ideas generales de conjunto y de aplicación surgirá inmediatamente la necesidad de una notación adecuada. Vamos a exponer la notación que usaremos en lo sucesivo y a introducir otros conceptos de modo que con ellos podamos dar definiciones precisas.

El tipo particular de aplicación al que daremos el nombre de *función* es fundamental en matemáticas y va a aparecer en casi todos los capítulos. Este concepto de función se define en la sección 1.3, y será tratado más adelante en el Capítulo 3 de este volumen.

1.1 Tentativas de definición

Tratamos de exponer en esta sección los conceptos de *conjunto* y de *aplicación* sin dar de ellos definiciones precisas.

Considere el lector los siguientes ejemplos muy sencillos, cada uno de los cuales representa una aplicación entre conjuntos.

Ejemplo 1

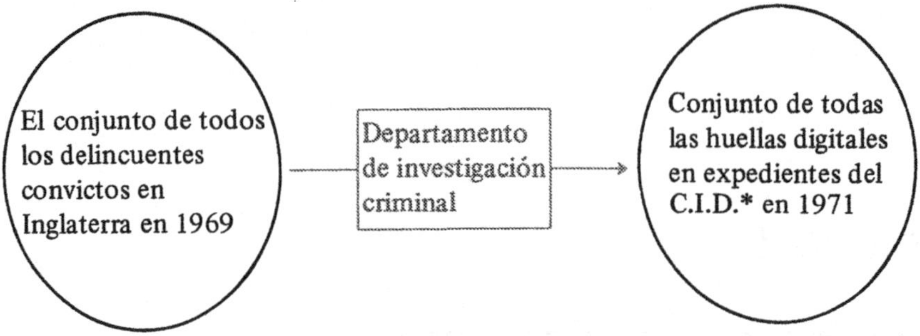

En este ejemplo un delincuente particular se corresponde (o, digamos, se aplica) a varias de las huellas digitales del expediente (ya que casi todo el mundo tiene más de un dedo). Todas las huellas digitales tomadas en 1969 forman solamente una parte de las huellas de que se dispone en 1971.

Ejemplo 2

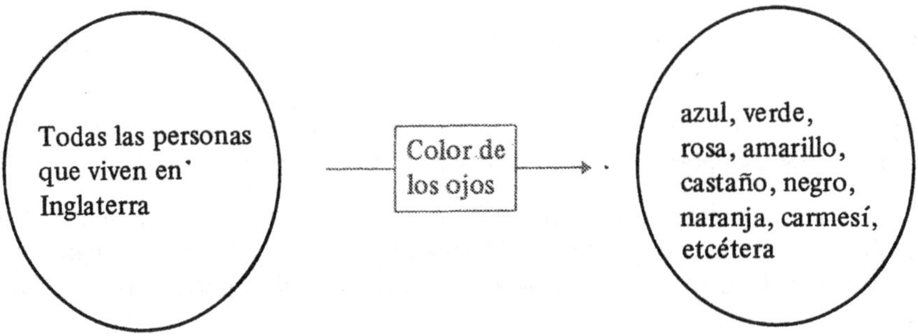

Si tomamos una persona cualquiera residente en Inglaterra podemos hacer uso de la regla Color de los ojos para asociar uno de los colores de la derecha al mismo. Por ejemplo:

Fred Smith → | Color de los ojos | → Azul

Conviene destacar cinco cosas en este ejemplo:

(i) Se nos dice que la regla Color de los ojos se aplica al conjunto de todas las personas residentes en Inglaterra.

*Nota del traductor.– Siglas de *"Criminal Investigation Department"* (Departamento de Investigación Criminal).

(ii) A cada individuo la regla le asigna un color (o posiblemente dos colores, ya que *existen* individuos raros con ojos de colores distintos).
(iii) Muchas personas distintas tienen asignado el mismo color.
(iv) No todos los colores de la derecha corresponden a alguna persona residente en Inglaterra. Se cita por ejemplo el color carmesí a pesar de que no hay nadie en Inglaterra que tenga los ojos de este color. Puede el lector preguntarse porque hemos incluido un color tal como el carmesí. En rigor no podemos asegurar que no existan ojos carmesí *hasta que* hayamos examinado los ojos de cada una de las personas del mundo.
(v) (Existe otro punto de carácter no matemático que es preciso mencionar. Estamos dando por supuesto que es siempre posible decir con exactitud de qué color son unos ojos. En la práctica esto puede no ser tan sencillo. Una persona puede decir que nuestros ojos son de un color, mientras otra persona diga que el color es otro. Existen incluso personas cuyos ojos parecen cambiar de color según la luz.)

El lector podrá tener la impresión de que los ejemplos anteriores no tienen nada que ver con las matemáticas, ya que hasta aquí no hemos mencionado los números. Por supuesto que los números nos interesan, pero los matemáticos se ocupan también de otras muchas cosas.

Ejemplo 3

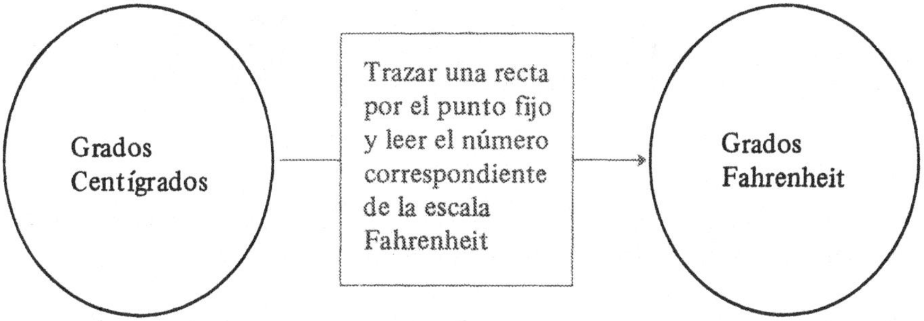

Una vez más tenemos aquí una regla Trazar una recta por etc., que se nos dice se aplica al conjunto de los números de la escala centígrada. Por ejemplo (ver pág. 4):

0°Celsius → REGLA → 32 °Fahrenheit

y por el diagrama tenemos

20°Celsius → REGLA → 68 °Fahrenheit

Pruebe el lector de trazar algunas rectas más en el diagrama.

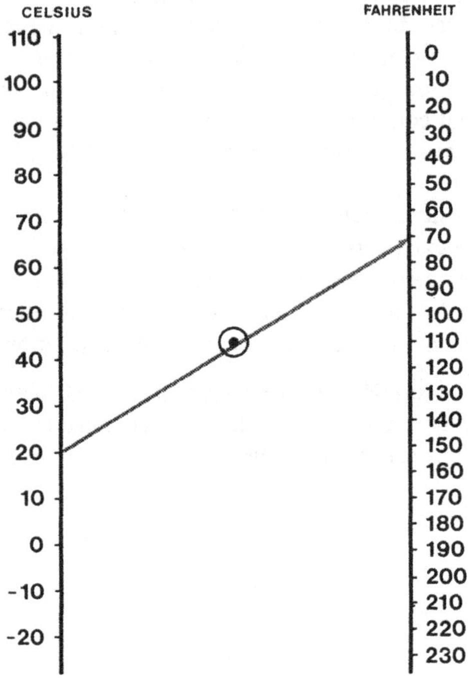

Observe en particular que en este ejemplo:

(i) Cada temperatura en °C se corresponde con una, y con solo una temperatura en °F.
(ii) Cada temperatura en °F viene de una temperatura, y de solo una, en °C.

Las situaciones que siguen son típicas de muchos casos que surgen en encuestas estadísticas, investigaciones científicas, etc.

Ejemplo 4

El *Código de la Circulación* da la siguiente tabla para distancias de frenado de un coche que circula a distintas velocidades.

Velocidad (millas/h)	20	30	40	50	60
Distancia (pies)	40	75	120	175	240

Ejemplo 5

La siguiente tabla proporciona el consumo de electricidad (en millones de kilovatts/h) para el alumbrado público de Gran Bretaña durante los años 1938 a 1946.

Año	1938	1939	1940	1941	1942	1943	1944	1945	1946
Cons.	367	248	17	18	20	20	28	177	260

Ejemplo 6

La siguiente tabla se obtuvo al medir la variación de temperatura a lo largo de un cable por el que circulaba una corriente eléctrica. (La investigación era parte de un proyecto destinado a desarrollar un dispositivo para la medida de corrientes eléctricas.) Las distancias se toman en centímetros y se miden a partir de uno de los extremos del cable. La temperatura viene dada en grados centígrados.

Distancia	2	4	6	8	10
Temperatura	25	42	50	51	44

Estos tres últimos ejemplos tienen todos una característica en común. En cada caso se anotan pares de números. Uno de los números del par se toma de un conjunto de números y el otro de un segundo conjunto de números.

En los seis ejemplos intervienen dos conceptos básicos, el de un *conjunto* de objetos, que pueden ser números o no, y el de una *aplicación* entre conjuntos de objetos.

1.2 Conjuntos

Los matemáticos utilizan la palabra conjunto de una manera que no difiere mucho del uso de la misma palabra en el lenguaje corriente. En términos generales, un conjunto es una colección de objetos. Hace falta sin embargo precisar un poco más, así que se suele definir un conjunto como una colección de objetos distintos bien definidos. Esta definición hace resaltar dos propiedades importantes de un conjunto:

(i) No existen dos objetos idénticos en un conjunto dado.
(ii) Para un objeto cualquiera, podemos decir si pertenece o no pertenece al conjunto dado.

Para podernos referir con más facilidad a conjuntos particulares, los vamos a designar mediante letras mayúsculas, tales como A, B, . . ., X, Y, . . . Por ejemplo, en el Ejemplo

1.1.4 tenemos conjuntos y números que representan velocidades y distancias de frenado. A éstos los podríamos llamar A y B, de manera que

A es el conjunto $\{20, 30, 40, 50, 60\}$

y B es el conjunto $\{40, 75, 120, 175, 240\}$.

Obsérvese la manera en que los escribimos: listamos todos los números del conjunto (*en un orden cualquiera*), los separamos mediante comas y lo encerramos todo entre llaves.

Un objeto que pertenece a un conjunto se dice que es un elemento (o miembro) del conjunto. Utilizamos una letra minúscula para representar a un elemento, de modo que obtenemos proposiciones tales como

"x es un elemento de X"

o simplemente

"x pertenece a X"

Este tipo de proposiciones lo utilizamos con tanta frecuencia que resulta conveniente disponer de un símbolo que sustituya a las palabras

"es un elemento de"

El símbolo que utilizamos es $\in$, de modo que

"x es un elemento de X" se convierte en "$x \in X$"

pero lo seguimos leyendo de la misma manera que antes, o bien utilizamos las palabras "x pertenece a X".

Existen ciertos conjuntos de números que se presentan con mucha frecuencia en las matemáticas. Nos resulta útil reservar para ellos ciertas letras mayúsculas que los designen, en particular las letras Z, Q, I, R. Por combinación de estas letras con los signos "más" y "menos" podemos representar doce conjuntos de números tal como sigue:

Z^+ El conjunto de los enteros positivos
Z^- El conjunto de los enteros negativos
Z El conjunto de los enteros positivos y negativos junto con el cero
Q^+ El conjunto de los racionales positivos
Q^- El conjunto de los racionales negativos
Q El conjunto de los racionales positivos y negativos junto con el cero

I^+	El conjunto de los irracionales positivos
I^-	El conjunto de los irracionales negativos
I	El conjunto de los irracionales positivos y negativos
R^+	El conjunto de los números reales positivos
R^-	El conjunto de los números reales negativos
R	El conjunto de los números reales positivos y negativos junto con el cero

(Utilizaremos siempre estas letras para representar los mencionados conjuntos.)

El conjunto de todos los números reales R está compuesto por el conjunto de todos los números racionales Q junto con el conjunto de todos los números irracionales I.

El conjunto de todos los números racionales está formado por el conjunto de todos los enteros Z junto con todos los números reales que pueden ser representados mediante fracciones de la forma m/n, siendo m y n enteros y m no divisible por n.

Cualquier número real que no es racional, es irracional. El conjunto de todos los enteros positivos Z^+, es decir 1, 2, 3, . . . , recibe con frecuencia el nombre de conjunto de los números naturales.

Nos interesa con frecuencia referirnos a conjuntos para los que no hay ningún símbolo aceptado convencionalmente para representarlos. Existe una manera clásica para describir tales conjuntos. Una expresión típica es

"el conjunto de todos los x tales que x tiene cierta propiedad"

Esto se suele escribir abreviadamente en matemáticas como sigue:

$\{x : x \text{ tiene cierta propiedad}\}$

Por ejemplo:

$\{x : x \text{ es una persona de ojos azules}\}$

que leeríamos diciendo:

El conjunto de todos los x tales que x es una persona de ojos azules.

Obsérvese que los dos puntos de la notación corresponden al "tales que" de la expresión leída.
Para conjuntos de números, tenemos, por ejemplo:

$\{x : x \in R \text{ y } x > 2\}$

que leemos diciendo:

El conjunto de todos los x tales que x pertenece al conjunto de todos los números reales y x es mayor que 2

o, simplificando,

El conjunto de todos los números reales mayores que 2

Resulta a veces más conveniente hacer referencia a un conjunto particular dando la lista de todos sus elementos, lo cual, por supuesto, solamente es posible si el número de elementos es finito. El orden en el cual los elementos vienen dados es indiferente, ya que lo que nos interesa es el conjunto como un todo. Así, en el ejemplo 1.1.4 podíamos haber escrito igualmente

A como $\{20, 50, 30, 60, 40\}$

en lugar de $\{20, 30, 40, 50, 60\}$.

Puesto que nuestra definición exige que cada elemento de un conjunto sea *distinto,* no repetimos en nuestra lista ningún elemento a pesar de que uno o más de ellos aparecen más de una vez en una tabla tal como la del Ejemplo 1.1.5. El conjunto de los números que da el consumo de electricidad es

$\{367, 248, 17, 18, 20, 28, 177, 260\}$.

El número 20 aparece solamente una vez en la lista a pesar de presentarse dos veces en la tabla.

De la misma manera en el Ejemplo 1.1.2 podríamos dar como sigue la lista de los colores:

{Azul, verde, rosado, amarillo, castaño, negro, naranja, carmesí, etc.}

Ponemos "azul" una sola vez, a pesar de que existen centenares de personas con ojos azules.

Igualdad de conjuntos

De dos conjuntos se dice que son iguales si contienen los mismos elementos. Así pues escribimos

$$\{1, 2, 3\} = \{3, 1, 2\}$$

o también,

$$\{a, b, c, d, e\} = \{c, e, b, d, a\}.$$

Subconjuntos

Un conjunto cualquiera de elementos tomados dentro de un conjunto recibe el nombre de subconjunto. Por ejemplo:

(i) $\{367, 20, 260\}$ es un subconjunto de $\{367, 248, 17, 18, 20, 28, 177, 260\}$,
(ii) $\{a. b\}$ es un subconjunto $\{a, b, c\}$.

Por extraño que parezca diremos que

$\{a, b, c\}$ es un subconjunto de $\{a, b, c\}$

pero si lo que nos interesa es decir "un subconjunto que es distinto del conjunto original" diremos un subconjunto propio

Para dejar la cosa bien clara:

$\{a, b\}$ es un subconjunto propio de $\{a, b, c\}$;

$\{a, b, c\}$ es un subconjunto, pero no un subconjunto propio, de $\{a, b, c\}$.

Muchas veces utilizamos un símbolo para significar "es un subconjunto de". Ponemos

$$A \subseteq B$$

para significar "el conjunto A es un subconjunto del conjunto B". Para significar "es un subconjunto propio de", pondremos

$$A \subset B$$

indicando así que A es un subconjunto de B y que A no es igual a B.

A veces tendremos que hacer referencia a un conjunto bastante especial, el conjunto que no tiene elementos, al cual llamaremos conjunto vacío (o conjunto nulo). Denotamos este conjunto mediante el símbolo ϕ. Por ejemplo, el conjunto de las personas que viven en Inglaterra y que tienen ojos de color carmesí es igual a ϕ. El conjunto vacío es un subconjunto de cualquier conjunto.

Ejercicio 1

En cada una de las siguientes cuestiones, indicar cuales (si es que hay alguna) de las proposiciones son correctas.

(i) Si $A = \{367, 20, 260\}$ y $B = \{367, 248, 17, 18, 20, 28, 177, 260\}$, entonces

(a) $A \subset B$
(b) $B \subseteq A$

(c) $A = B$
(d) $B \subset A$
(e) $A \subseteq B$
(f) A es un subconjunto propio de B
(g) A es un subconjunto de B

(ii) Si $A = \{$Joaquín, María$\}$ y $B = \{$azul, verde$\}$, entonces

(a) $A = B$
(b) $A \subset B$
(c) $B \subset A$

1.3 Aplicaciones

En la sección 1.1 hemos mencionado el concepto de aplicación entre conjuntos. A los conjuntos del Ejemplo 1.1.4 los hemos llamado A y B. De este modo podemos decir que

A cada número de A se le asigna un número de B

o

El conjunto A se aplica en el conjunto B

o bien, simbólicamente

$$A \longrightarrow B$$

lo cual se lee diciendo "A se aplica en B".

Podemos ahora hacer un primer intento para definir la palabra "aplicación":

> Lo que caracteriza a una APLICACION es que se tienen dos conjuntos y un método para asignar a *cada* elemento de uno de los conjuntos uno o más elementos del otro.

Ejemplo 1

Podemos aplicar el conjunto de todas las ciudades de las Islas Británicas en el conjunto de los puntos de un trozo de papel, trazando sobre el papel un mapa geográfico de las Islas Británicas.

Ejemplo 2

Podemos aplicar el conjunto de todas las personas en el conjunto de todos los enteros, asignando a cada persona su altura redondeada en centímetros.

(Obsérvese que en el segundo conjunto existen números que no son asignados a ninguna persona del primer conjunto. No sabemos de nadie que tenga dos centímetros de altura.)

Ejemplo 3

Podemos aplicar el conjunto de los números naturales en el conjunto de los números naturales asignando a cada número sus divisores. Por ejemplo:

6 se aplica en $\{1, 2, 3, 6\}$

Ejemplo 4

Podemos aplicar el conjunto de todas las personas en el conjunto de todos los grupos sanguíneos, asignando a cada persona su grupo sanguíneo.

Por ejemplo, el grupo sanguíneo A puede ser asignado a una jovencita llamada Lolita García.

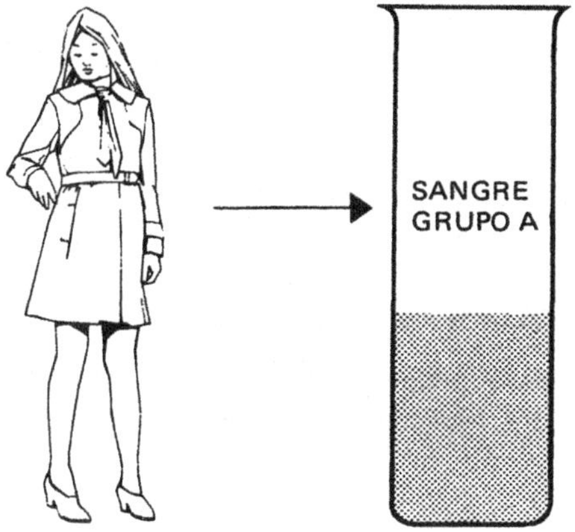

Resulta conveniente disponer de una notación abreviada para proposiciones tales como "Lolita García se aplica en el grupo A."

Disponemos ya de la notación

$$A \longrightarrow B$$

que significa "el conjunto A se aplica en el conjunto B".

Lo que nos hace falta es una notación que exprese que un elemento *particular* de A tiene asignado a él un elemento *particular* o un conjunto de elementos de B.

Si a pertenece a A (es decir, $a \in A$) y b pertenece a B (es decir $b \in B$) la proposición "b se asigna a a" se abrevia poniendo $a \longmapsto b$

En lugar de decir con precisión "b se asigna a a" decimos también frecuentemente "a se aplica en b", donde por el contexto queda claro que es lo que se ha querido decir.

Obsérvese que acabamos de añadir una barra a la flecha para indicar que se trata de una asignación precisa de elementos y no simplemente de una aplicación de un conjunto en otro, donde puede haber elementos del segundo conjunto que no estén asignados a elementos del primero. Por ejemplo, tendríamos que haber puesto una flecha con barra en la ilustración del Ejemplo 4, pero resultaría incorrecto colocar la barra en la flecha de la proposición $A \longmapsto B$ a no ser que supiéramos que todo elemento de B es asignado a un elemento de A por lo menos. Así, en el Ejemplo 2, $A \longmapsto B$ es incorrecto, pero en el Ejemplo 4, $A \longmapsto B$ resulta correcto.

Imágenes

Si $a \in A, b \in B$

y $a \longmapsto b$,

diremos que b es la IMAGEN de a.

Por ejemplo, si

Lolita García $\longmapsto$ grupo sanguíneo A

entonces

Grupo sanguíneo A es la imagen de Lolita García.

Esta imagen de un elemento puede ser un conjunto de elementos según vimos en el Ejemplo 3, en el que a un número natural se le asignan sus divisores, por ejemplo,

$$6 \longmapsto \{1, 2, 3, 6\}.$$

Podríamos considerar siempre una imagen como un conjunto aun cuando este conjunto consistiera en un solo elemento, pero en nuestro contexto no nos interesa distinguir entre un elemento y el conjunto que contiene a dicho elemento como único. Por ejemplo hemos escrito antes $\{1, 2, 3, 6\}$ puesto que cuando la imagen está formada por más de un elemento resulta conveniente considerarla como un conjunto. Pero aunque existe, por ejemplo, una diferencia lógica entre grupo A y { grupo A } no nos interesa, por ahora, preocuparnos de esta distinción.

Símbolos para una aplicación

Cuando queremos hacer referencia a una aplicación, no siempre resulta conveniente tenerla que describir con detalle, por lo que muchas veces utilizamos un símbolo para representarla. Por ejemplo, la aplicación del conjunto de las personas al conjunto de los grupos sanguíneos puede ser representada por la letra h. Escribimos entonces expresiones tales como

$$h\colon \text{Conjunto de las personas} \longmapsto \text{Conjunto de los grupos sanguíneos}$$

que implica globalmente conjuntos, y

$$h\colon \text{Lolita García} \longmapsto \text{Grupo A}$$

que implica elementos de conjuntos.

Al utilizar la letra h pondremos también h (Lolita García) para significar la imagen de Lolita García bajo (o por) la aplicación h. Tendremos por lo tanto:

$$h(\text{Lolita García}) = \text{Grupo A}$$

Cualquiera de las dos últimas proposiciones escritas en rojo puede leerse diciendo "h aplica a Lolita García en el grupo A" o "la imagen de Lolita García bajo la aplicación h es el grupo A", o "la aplicación h, tal que Lolita García se aplica en el grupo A". Por supuesto que en vez de h se puede usar cualquier otra letra siempre que previamente se defina su significado.

Resumen de notaciones

$a \in A$	significa	a es un elemento del conjunto A.
$m\colon A \longrightarrow B$	significa	la aplicación m aplica el conjunto A en el conjunto B.
$m\colon a \longmapsto b$	significa	la aplicación m aplica el elemento a en el elemento b, o b es la imagen de a bajo (la aplicación) m.

Si hace falta extendemos todavía más la notación poniendo, por ejemplo,

$$h\colon \text{conjunto de las personas} \longmapsto \text{conjunto de los grupos sanguíneos}$$

cuando cada elemento del conjunto de imágenes corresponde por lo menos a un elemento del primer conjunto.

Consideraciones acerca de las definiciones y de la notación

Las definiciones y la notación que hemos dado no son en absoluto las únicas posibles. Existe en matemáticas más libertad de la que corrientemente se cree. Hemos elegido nuestras definiciones particulares por considerarlas útiles y manejables en nuestro actual nivel de estudio, y hemos incluido solamente aquellas que nos hacen falta ahora para nuestros fines inmediatos. Otros autores podrán usar definiciones, notación y terminología distintas y el lector deberá tener buen cuidado en examinarlas primero en cualquier libro que tome para estudio.

Opciones tales como éstas se presentan en matemáticas lo mismo que en cualquier otra ciencia. Sin embargo en matemáticas se considera importante que una vez adoptado un sistema de reglas convencionales se atenga uno estrictamente a ellas; esto, hasta que se cambien las reglas y se establezcan otras nuevas.

Ejemplo 5

Reproducimos las tablas de los Ejemplos 1.1.4, 1.1.5 y 1.1.6 para mayor comodidad.

Tabla I

s

Velocidad (millas/h)	20	30	40	50	60
Distancia (pies)	40	75	120	175	240

Tabla II

f

Año	1938	1939	1940	1941	1942	1943	1944	1945	1946
Ventas	367	248	17	18	20	20	28	177	260

Tabla III

t

Distancia	2	4	6	8	10
Temperatura	25	42	50	51	44

La imagen de 20 bajo s es 40 y así ponemos

$$s : 20 \longmapsto 40$$

o

$$s(20) = 40$$

La imagen de 1943 bajo f es 20 con lo que ponemos

$$f : 1943 \longmapsto 20$$

o

$$f(1943) = 20$$

La imagen de $\{2, 4, 6\}$ bajo t es $\{25, 42, 50\}$ y así escribimos

$$t : \{2, 4, 6\} \longmapsto \{25, 42, 50\}$$

o

$$t(\{2, 4, 6\}) = \{25, 42, 50\}$$

Si $A = \{2, 4, 6, 8, 10\}$ y $B = \{25, 42, 50, 51, 44\}$ podemos poner

$$t : A \longmapsto B \quad \text{y} \quad t(A) = B$$

Pero si $C = \{25, 42, 50, 51, 44, 99\}$, *no podemos* escribir $t\colon\ A \longrightarrow C$ o $t(A) = C$, ya que 99 no tiene en A ningún elemento que le corresponda, pero *podemos poner*

$$t\colon A \longrightarrow C \quad \text{o} \quad t(A) \subseteq C$$

Ejercicio 1

Completar cada una de las siguientes proposiciones (o sea, sustituir el interrogante de manera adecuada, siendo s, f y t las aplicaciones del Ejemplo 5).

(i) La imagen de 30 bajo s es?
(ii) $t\colon 8 \longmapsto ?$
(iii) $f\colon ? \longmapsto 28$
(iv) $f(1942) = ?$
(v) $s(60) = ?$
(vi) $t(?) = 44$
(vii) $s\colon \{30, 40, 50\} \longmapsto ?$

Dominio y codominio

Quedan todavía algunos puntos por clarificar si queremos dar más precisión a palabras tales como APLICACION.

Si tenemos una aplicación de un conjunto A en un conjunto B, decimos entonces que A es el DOMINIO y que B es el CODOMINIO de la aplicación.

La aplicación implica algún método, o regla, por la que a **cada** elemento del dominio se le asigna una imagen, y el codominio contiene todas las imágenes.

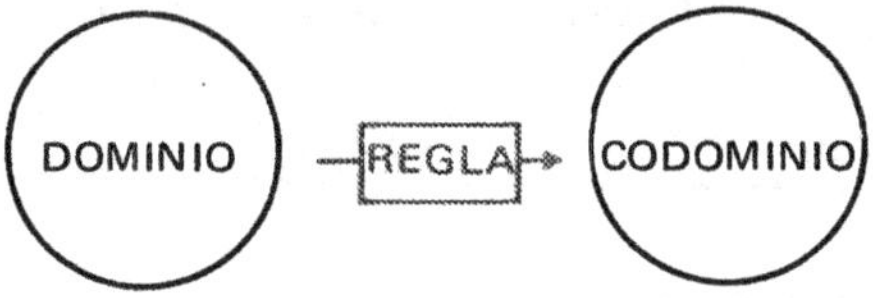

En el Ejemplo 1.1.2 (el ejemplo de los colores de los ojos) el dominio es:

el conjunto de todas las personas residentes en Inglaterra.

El codominio es:

azul, verde, rosado, amarillo, castaño, negro, naranja, carmesí, etc.

y, por ejemplo,

la imagen de Fred Smith es azul.

En nuestro primer intento de definir una aplicación hemos exigido que a cada elemento del dominio le sepamos asignar un elemento (o elementos) del codominio. Dicho de otro modo, cada elemento del dominio tiene que tener una imagen en el codominio.

Por otra parte, según hemos visto en el Ejemplo 1.1.2, no existe razón alguna por la cual el codominio no pueda incluir elementos que no sean imágenes, ya que no se trata para nada de aplicar una fórmula, o una regla, a elementos del codominio. De hecho, resulta conveniente no insistir en que cada elemento del codominio sea imagen de un elemento del dominio. ¿Cómo, por ejemplo podríamos predecir el conjunto preciso de coeficientes de inteligencia (el codominio) de un conjunto de personas (el dominio) antes de medirlas? Lo único que sabemos es que todos los coeficientes de inteligencia tienen que encontrarse dentro del conjunto de los números naturales, de modo que este conjunto puede ser tomado como codominio.

Lo único que exigimos del codominio es que contenga el conjunto de todas las imágenes de los elementos del dominio. Así, por ejemplo, en el ejemplo del "color de los ojos", no nos importa incluir el carmesí como uno de nuestros colores, a pesar de no ser el color de los ojos de nadie.

Estamos ahora en condiciones de establecer algunas definiciones. *Obsérvese que en la primera definición definimos una aplicación como constituida por tres cosas (el dominio, la regla, y el codominio).*

Resumen de definiciones

Una APLICACION está formada por un conjunto A, un conjunto B y una regla o ley por la cual a cada elemento de A se le asigna un elemento (o un conjunto de elementos) de B.

El conjunto A es el DOMINIO de la aplicación.

El conjunto B es el CODOMINIO de la aplicación.

Si un elemento a tiene asignado a él un elemento b o un conjunto de elementos T del codominio, entonces b o T es la IMAGEN de a. Cada elemento de T es *una* imagen de a. Si T contiene un elemento único, b entonces b es *la* imagen de a.

Si T es el conjunto de todos los elementos del codominio que son imágenes de elementos del subconjunto S del dominio, entonces T es la IMAGEN de S.

Las aplicaciones para las cuales cada elemento del dominio tiene como imagen un elemento único del codominio desempeñan un papel muy destacado, por lo cual les vamos a dar un nombre especial.

Una FUNCION es una aplicación para la cual cada elemento del dominio tiene como imagen un elemento único del codominio.

Nota

Se hace cada vez más corriente tomar como sinónimos los términos "aplicación" y "función". Lo que nosotros hemos llamado aplicación recibe a veces el nombre de "correspondencia". Hemos adoptado el nombre de aplicación por creer que esta palabra sugiere más un movimiento de un conjunto a otro que la palabra correspondencia. Lo mismo que para cualquier término matemático, el lector debe asegurarse, al consultar un libro, del significado que el autor da al término utilizado.

Ejercicio 2

Dígase en cada uno de los casos siguientes si la proposición es verdadera o falsa:

(i) Una aplicación es siempre una función.
(ii) El dominio de una aplicación es el conjunto de todas las imágenes bajo la aplicación.
(iii) Si m es una función con dominio A y codominio B, entonces $m(a)$ tiene que ser un elemento de B. $(a \in A)$.
(iv) El conjunto de todas las imágenes bajo una aplicación recibe el nombre de codominio de la aplicación.

(v) Si $A = \{\alpha, \beta, \gamma\}$ y $B = \{1, 2, 3\}$ entonces la lista:

$$m : \alpha \longmapsto \{1, 2\}$$
$$m : \beta \longmapsto 1$$
$$m : \gamma \longmapsto 1$$

define una aplicación de A en B.

(vi) La lista de (v) define una función.

(vii) Si $A = \{\alpha, \beta, \gamma\}$ y $B = \{1, 2, 3\}$ entonces la lista:

$$m : \alpha \longmapsto \{1, 2\}$$
$$m : \beta \longmapsto 3$$

define una aplicación de A en B.

Reglas para aplicar números en números

Cuando el dominio y el codominio de una aplicación son conjuntos de números, podemos muchas veces abreviar la regla que nos dice cómo hallar la imagen de un elemento cualquiera del dominio utilizando una notación algebraica corriente.

Ejemplo 6

La aplicación de dominio R (conjunto de todos los números reales); codominio R, y regla

Doblarlo

puede ser descrita diciendo

Para cada elemento x del dominio $x \longmapsto 2x$

Ejemplo 7

Sea f la aplicación de dominio y codominio R y regla

para cualquier número real	(i)	elevarlo al cuadrado
	(ii)	multiplicar el resultado por 6
	(iii)	restar de este resultado el doble del número original
y después	(iv)	sumar 1

Corrientemente abreviamos esto y nos referimos a la aplicación

$$f: x \longmapsto 6x^2 - 2x + 1 \quad (x \in R)$$

Puede utilizarse cualquier letra en lugar de x como elemento arbitrario del dominio; sin embargo cuando el dominio es R es muy corriente utilizar x. Cualquier letra que se utilice de este modo en una proposición acerca de cada elemento de un conjunto, recibe el nombre de VARIABLE.

La proposición $x \in R$ en la fórmula anterior, contiene todo un repertorio de información. Nos dice que

(i) el dominio es R

y

(ii) la letra x es una variable que puede tomar un valor cualquiera del dominio.

Ejemplo 8

Las proposiciones

$$f: x \longmapsto 2x^2 - 3 \quad (x \in R)$$

$$f: t \longmapsto 2t^2 - 3 \quad (t \in R)$$

$$f: a \longmapsto 2a^2 - 3 \quad (a \in R)$$

son todas equivalentes, y definen todas la misma función; cada una de las proposiciones

$$x \in R$$

$$t \in R$$

$$a \in R$$

especifica el dominio (que es el conjunto R), y cada una de ellas declara la letra correspondiente como variable. Por otra parte, las proposiciones

$$f: x \longmapsto 2x^2 - 3$$

y

$$f: 6 \longmapsto 2 \times 6^2 - 3 = 69$$

no definen una aplicación, puesto que en ellas no se hace mención del dominio. Son simplemente proposiciones acerca de lo que ocurre a elementos *particulares* bajo la aplicación, en el primer caso el elemento x, en el segundo el elemento 6. Nuestra definición de aplicación establece (entre otras cosas) que tenemos que especificar el codominio, y sin embargo parece que lo estemos ignorando. ¿Es cierto que

$$f: x \longmapsto x^2 + 4x - 1 \quad (x \in R)$$

define una aplicación?

En rigor la respuesta es NO, pero si suponemos que el codominio es también R entonces la definición resulta completa. Puesto que, en general, una vez dado el dominio y la regla podemos deducir el conjunto de imágenes (y el codominio puede ser cualquier conjunto que contenga el conjunto de imágenes), no incluiremos en la definición la especificación del codominio a no ser que tengamos para ello alguna razón particular.

En rigor, dos aplicaciones son solamente iguales si tienen los mismos DOMINIO, CODOMINIO y REGLA. Sin embargo, nos contentaremos con exigir que tengan los mismos dominio y regla. Por ejemplo en la aplicación anterior

$$f: x \longmapsto x^2 + 4x - 1 \quad (x \in R)$$

no distinguiremos entre los dos casos en que el codominio es R y en que el codominio es el conjunto de los números reales mayores o iguales a -5, el cual constituye el conjunto de las imágenes. Si f y g son dos aplicaciones con el mismo dominio y con la misma regla, pondremos

$$f = g$$

Ejercicio 3

Para cada una de las funciones f, g y h que a continuación se definen, especificar

(a) el dominio
(b) la imagen del conjunto $\{1, 2, 3\}$,
(c) la imagen del dominio.

(i) $f: x \longmapsto 2x + 1$ ($x \in$ al conjunto de los números reales positivos que se designa por R^+),
(ii) $g: x \longmapsto x^2 - 2 \quad (x \in R)$,
(iii) $h: x \longmapsto 3 \quad (x \in R)$.

1.4 Gráficas

En esta sección relacionamos los términos hasta aquí introducidos con las gráficas, las cuales probablemente son ya conocidas por el lector.

Ejemplo 1

La función definida por

$$g : x \longmapsto x^2 - 2 \quad (x \in R)$$

tiene una gráfica que tiene el aspecto siguiente:

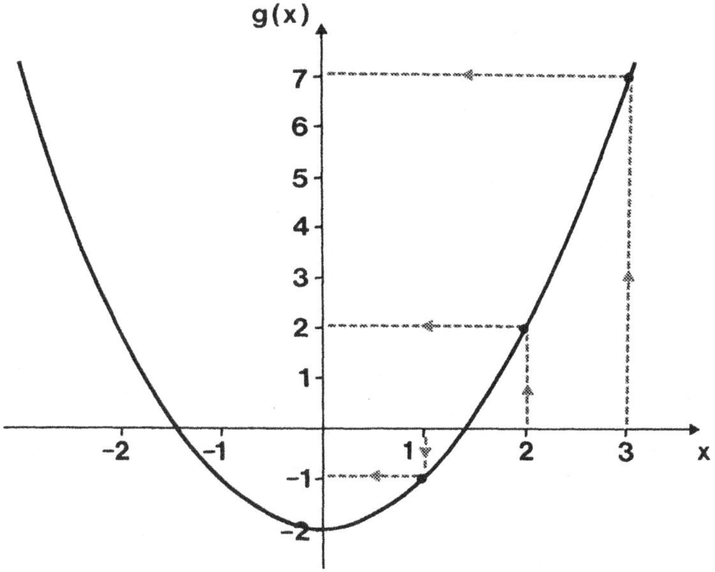

Gráfica de g

La aplicación del dominio al codominio puede ser visualizada mediante las flechas trazadas paralelamente a los ejes vertical y horizontal:

$$g : 1 \longmapsto -1$$

$$g : 2 \longmapsto 2$$

$$g : 3 \longmapsto 7$$

Muchas aplicaciones que no son funciones pueden ser también representadas gráficamente.

Ejemplo 2

Si $[-1, 1]$ es el conjunto de los números reales comprendidos entre -1 y $+1$ ambos inclusive, la aplicación m definida por

$$m : x \longmapsto \{\sqrt{1 - x^2}, -\sqrt{1 - x^2}\} \quad (x \in [-1, 1])$$

no es ciertamente una función, ya que cada elemento del dominio (excepto ± 1) tiene dos imágenes, pero tiene una gráfica con el aspecto siguiente:

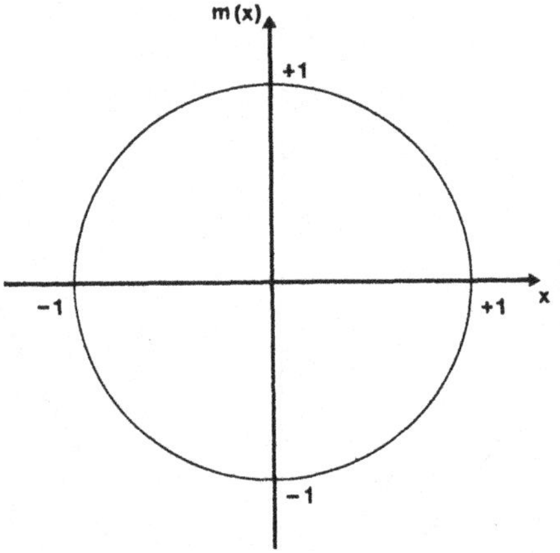

Gráfica de m

OBSERVACION

En algunos textos matemáticos antiguos se usa la palabra función para significar expresiones equivalentes a $x \longmapsto \{\sqrt{1 - x^2}, -\sqrt{1 - x^2}\}$ $(x \in [-1, 1])$.
Esto no encaja con las definiciones adoptadas en estos volúmenes.

Ejercicio 1

Indicar cuales de las gráficas siguientes son

(i) gráficas de funciones

o

(ii) gráficas de aplicaciones que no son funciones.

Por convenio, el eje horizontal se usa siempre para indicar el dominio y el eje vertical para el codominio. El dominio va señalado en rojo.

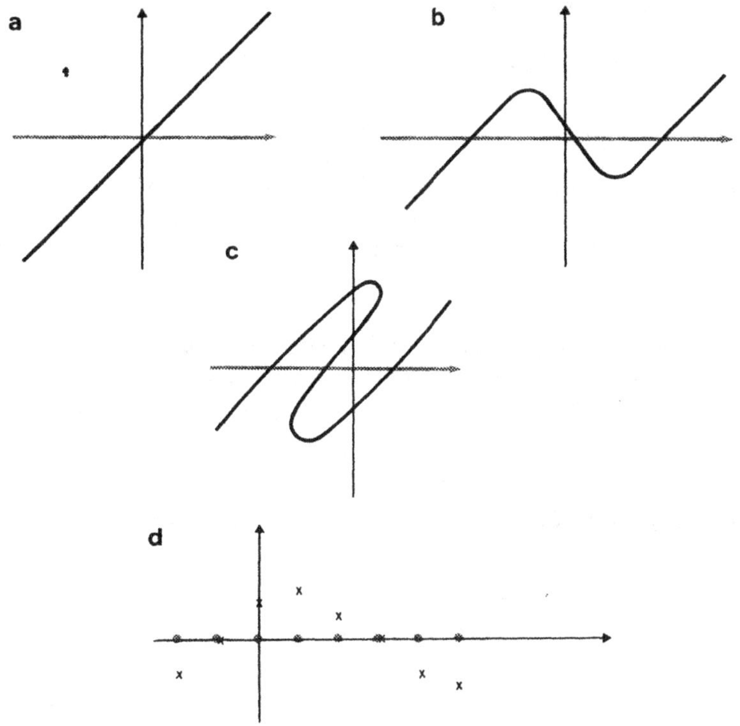

Coordenadas cartesianas

Según hemos dicho antes, es sólo debido a un convenio que se representa el dominio sobre un eje horizontal y el codominio sobre un eje vertical al dibujar gráficas de aplicaciones cuyos dominio y codominio son conjuntos de números. A este convenio nos atendremos invariablemente en toda nuestra exposición. Hemos visto que es general el uso de una letra x para representar una variable del dominio, y es por esto que al eje horizontal se le suele llamar también eje x.

De modo análogo la letra y es generalmente usada como una variable en el codominio, por lo cual al eje vertical se le llama también eje y.

Ejercicio 2

Trazar gráficas para cada una de las funciones siguientes, indicando el dominio, el codominio y la imagen del conjunto $\{1, 2, 3\}$.

(i) $f : x \longmapsto 2x + 1 \quad (x \in R^+)$
(ii) $g : x \longmapsto x^2 - 2 \quad (x \in R)$
(iii) $h : x \longmapsto 3 \quad (x \in R)$

¿Qué entendemos por gráfica?

Hemos adoptado la palabra GRAFICA para indicar una colección de puntos sobre un trozo de papel; pero, por desgracia, no siempre resulta posible esta interpretación visual de una aplicación (especialmente si el dominio y el codominio no son conjuntos de números reales).

Conviene aquí destacar que para hacer frente a este problema algunos definen la gráfica de la aplicación f como el conjunto de todos los pares de elementos (x, y) donde $x \in A$, el dominio de f e y es la imagen de x por f (o una imagen, cuando la imagen es un conjunto).

Utilización de una gráfica para definir una función o una aplicación

Hasta aquí hemos partido de una aplicación y con ayuda de ella hemos dibujado una gráfica. Algunas veces podemos invertir el proceso y utilizar una gráfica para que nos ayude a definir una aplicación.

Ejemplo 3

La gráfica

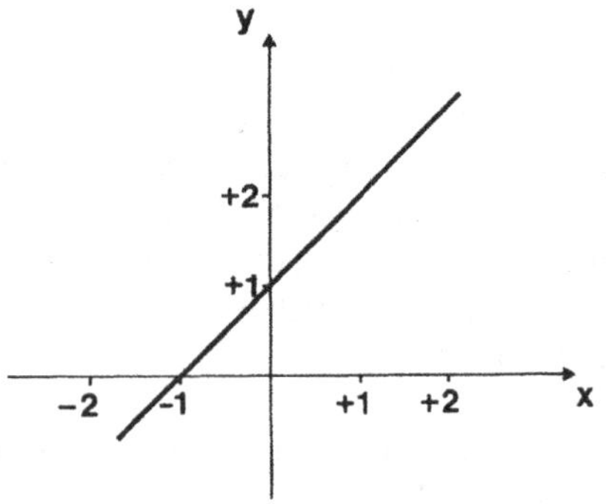

tiene la ecuación $y = x + 1$, y, si especificamos que x puede tomar cualquier valor real en esta ecuación, habremos definido entonces la función

$$f : x \longmapsto x + 1 \quad (x \in R)$$

Ejemplo 4

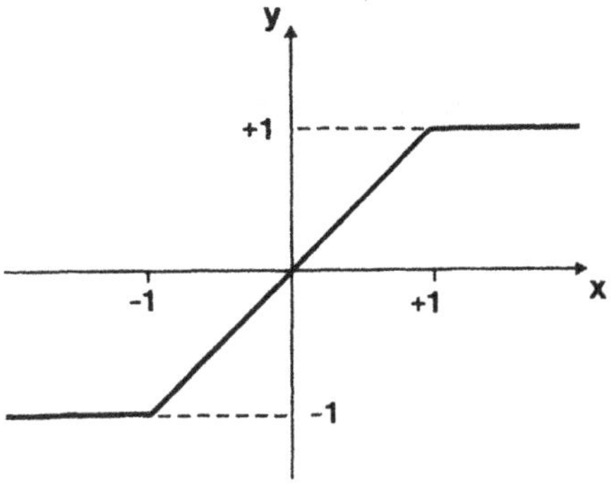

Esta gráfica junto con una especificación, por ejemplo la de que x puede tomar cualquier valor real, define una función. ¿Será posible expresar esta función mediante una fórmula? La fórmula es

$$y = -1 \quad \text{cuando} \quad x \leqslant -1$$
$$y = +1 \quad \text{cuando} \quad x \geqslant 1$$

y

$$y = x \quad \text{cuando} \quad x \in [-1, +1]$$

OBSERVACION

(i) $x \leqslant a$ significa "x es menor o igual que a"

(ii) $x \geqslant b$ significa "x es mayor o igual que b"

(iii) $x \in [a, b]$ significa "x pertenece al conjunto de todos los números reales comprendidos entre a y b, incluyendo a y b".

(iv) Las expresiones que contienen los dos primeros símbolos (o $>$ o $<$) reciben el nombre de desigualdades.

Así pues

$$
\begin{array}{|lll|}
\hline
 & f(x) = -1 & \text{si } x \leqslant -1 \\
 & f(x) = +1 & \text{si } x \geqslant 1 \\
\text{y} & & \\
 & f(x) = x & \text{si } x \in [-1, +1] \\
\hline
\end{array}
$$

es la regla que define la función f. El dominio de f es R.

Podríamos poner también

$$
\boxed{f : x \longmapsto \left\{ \begin{array}{ll} -1 & \text{si } x \leqslant -1 \\ +1 & \text{si } x \geqslant +1 \\ x & \text{si } -1 \leqslant x \leqslant 1 \end{array} \right\} (x \in R)}
$$

Ejercicio 3

(i) Trazar la gráfica de la función f, donde

$$f : x \longmapsto 1 + x \quad (x \in [-1, +1])$$

(ii) Trazar la gráfica de la función g, donde

$$g : x \longmapsto 1 - x \quad (x \in [-1, +1])$$

La función MODULO

La función

$$f : x \longmapsto \left\{ \begin{array}{ll} x & \text{si } x \geqslant 0 \\ -x & \text{si } x < 0 \end{array} \right\} \quad (x \in R)$$

se presenta muy frecuentemente en matemáticas, por lo cual le vamos a dar un nombre y vamos a adoptar para ella una notación especial. Designaremos $f(x)$ por el símbolo $|x|$ y lo llamaremos módulo de x. Así, por ejemplo $|1| = 1$ y $|-3| = 3$. La función recibe el nombre de función módulo

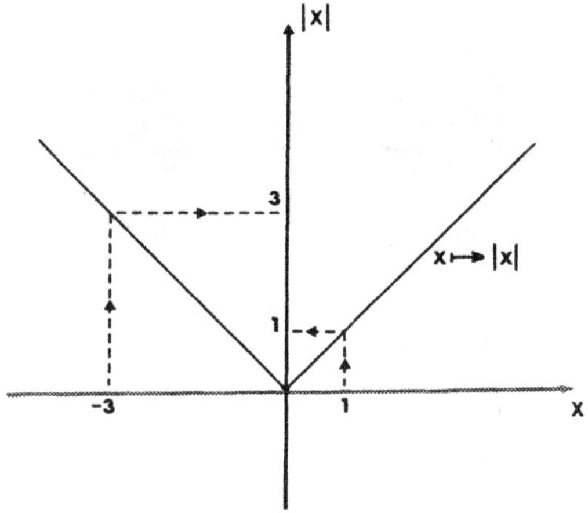

1.5 Productos cartesianos

Una manera muy precisa de especificar una aplicación consiste en escribir una lista de pares ordenados. Esto está bien, pero evidentemente resultará farragoso o incluso imposible de llevar a la práctica a no ser que la lista contenga solamente unos pocos elementos. Prácticamente esto lo hemos visto ya en el Ejemplo 1.1.4: Podríamos representar esta aplicación mediante el conjunto de pares de números

$$\{(20, 40), (30, 75), (40, 120), (50, 175), (60, 240)\}$$

Cada par consiste en un elemento del dominio seguido de su imagen correspondiente en el codominio. Obsérvese que es importante el orden en que se escriben los elementos de un par. Así (20, 40) no sería lo mismo que (40, 20).

Cuando tiene importancia el orden según el cual se escriben los elementos de un par decimos que el par es un par ordenado.

Ejemplo 1

Obsérvese la aplicación m de

$$A = \{a, b, c\}$$

en

$$B = \{1, 2, 3\}$$

ilustrada por

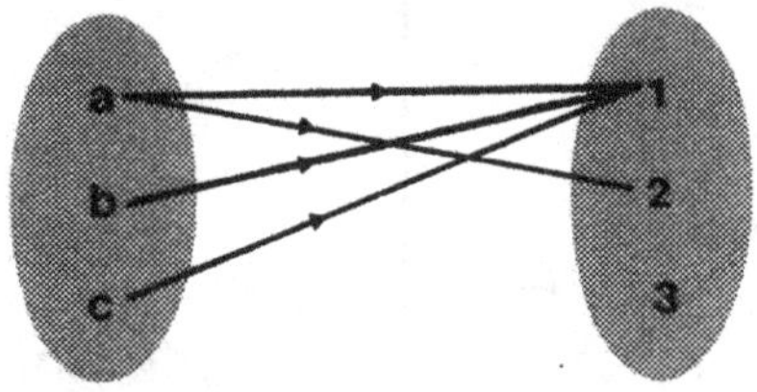

Esta aplicación la podemos representar igualmente mediante el conjunto de pares ordenados

$$\{(a, 1), (a, 2), (b, 1), (c, 1)\}$$

o mediante el diagrama

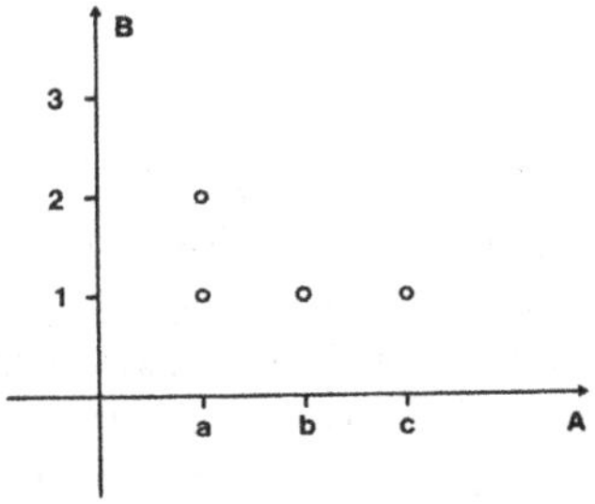

Cualquier aplicación de A a B corresponde a un conjunto de pares ordenados y un tal conjunto tiene que ser un subconjunto del conjunto de todos los pares ordenados posibles.

$$\{(a, 1), (a, 2), (a, 3), (b, 1), (b, 2), (b, 3), (c, 1), (c, 2), (c, 3)\}$$

Sin embargo, nuestra definición de aplicación es tal que no todo subconjunto del conjunto de todos los pares ordenados posibles definirá una aplicación.

Ejercicio 1

Cual de los siguientes conjuntos define aplicaciones del conjunto A al conjunto B, donde

$$A = \{a, b, c\}$$

y

$$B = \{1, 2, 3\}$$

(i) $\{(a, 1), (b, 2), (c, 3)\}$
(ii) $\{(a, 1), (a, 2), (a, 3)\}$;
(iii) $\{(a, 1), (a, 3), (b, 2), (b, 1), (c, 3)\}$;
(iv) $\{(a, 1), (b, 1), (c, 2)\}$.

¿Cuáles de estas aplicaciones son funciones?

Cualquier aplicación de un conjunto P en un conjunto Q corresponderá a un conjunto de pares ordenados. El primer elemento de cada par pertenecerá a P, y el segundo a Q. El conjunto de los pares ordenados será un subconjunto del conjunto de todos los pares posibles (p, q) donde $p \in P$ y $q \in Q$. Si llamamos S a este conjunto *de todos los pares posibles,* tendremos

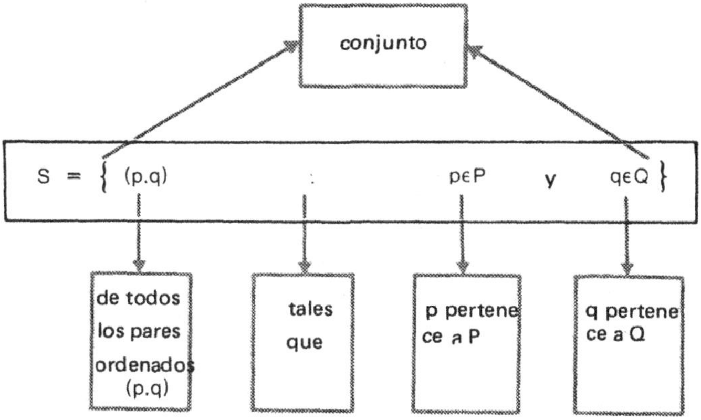

El conjunto S recibe el nombre de producto cartesiano de P y Q y lo designamos por

$$P \times Q$$

(Leemos esto diciendo "*P por Q*".)

La palabra "cartesiano" deriva del apellido Descartes. Renato Descartes fue un famoso matemático y filósofo francés del siglo XVII que fundó la *geometría analítica,* la aplicación del álgebra a la geometría. Su nombre fue traducido al latín por "Renatus Cartesius", de donde viene el adjetivo "cartesiano" el cual es quizá más conocido cuando aparece en la frase "coordenadas cartesianas rectangulares" que describe un par de ejes que se usan al trazar gráficas sobre un plano.

Ejemplo 2

Sea

$$P = \{\mathbf{K}, \mathbf{Q}, \mathbf{J}\}$$

y

$$Q = \{♥, ♣, ♦, ♠\}$$

Entonces

$$P \times Q = \{(K,\heartsuit), (Q,\heartsuit), (J,\heartsuit), (K,\clubsuit), (Q,\clubsuit), (J,\clubsuit),$$
$$(K,\diamondsuit), (Q,\diamondsuit), (J,\diamondsuit), (K,\spadesuit), (Q,\spadesuit), (J,\spadesuit)\}$$

Podemos considerar ahora una aplicación y una función desde un punto de vista ligeramente distinto como sigue:

> Un subconjunto de $P \times Q$ define una aplicación de P en Q si todo elemento de P aparece por lo menos una vez como primer término de un par ordenado del subconjunto.

> Un subconjunto de $P \times Q$ define una función de P en Q si cada elemento de P aparece una vez y solo una como primer término de un par ordenado del subconjunto.

(Obsérvese que en ninguno de los dos casos queda definido el codominio Q por el subconjunto de $P \times Q$, ya que no se exige que todo elemento del codominio tenga que aparecer necesariamente como segundo término de un par ordenado del subconjunto. Los elementos del dominio quedan sin embargo especificados junto con sus respectivas imágenes, con lo que el conjunto de las imágenes de los elementos de P queda definido y es éste precisamente el conjunto que importa conocer.)

Ejemplo 3

Las funciones que con mayor frecuencia se presentan son indudablemente aquellas cuyos dominio y codominio son ambos subconjuntos del conjunto R de los números reales.

Cada función de esta especie puede ser identificada con un cierto subconjunto particular de $R \times R$: Utilizando el sistema corriente de coordenadas cartesianas que es el usual en el trazado de gráficas, el conjunto $R \times R$ puede ser representado por el conjunto de todos los puntos del plano. Cualquier subconjunto de $R \times R$ corresponde entonces a un conjunto de puntos del plano.

Así por ejemplo el subconjunto de $R \times R$ con el que identificamos la función $x \longmapsto$ sen x viene representado por

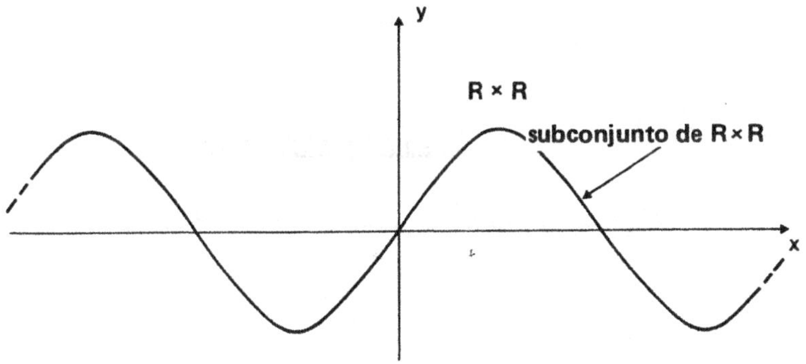

Otros posibles subconjuntos de $R \times R$ vienen representados mediante figuras del tipo de las que siguen:

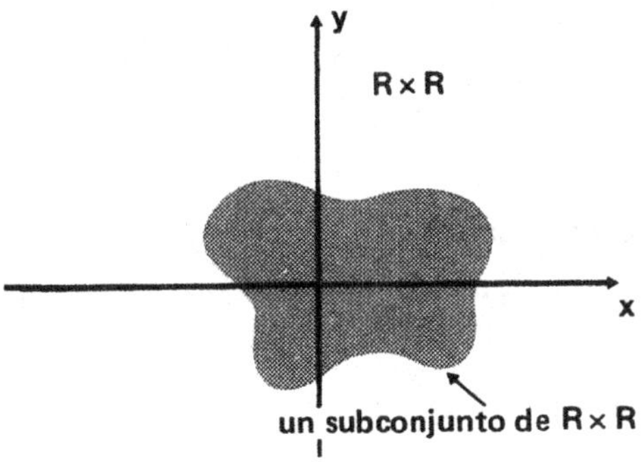

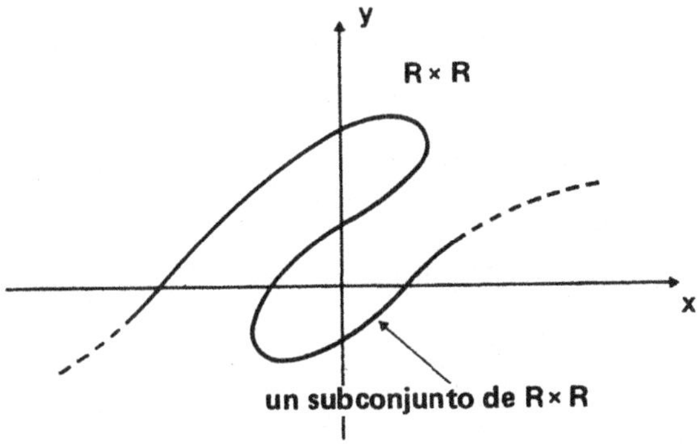

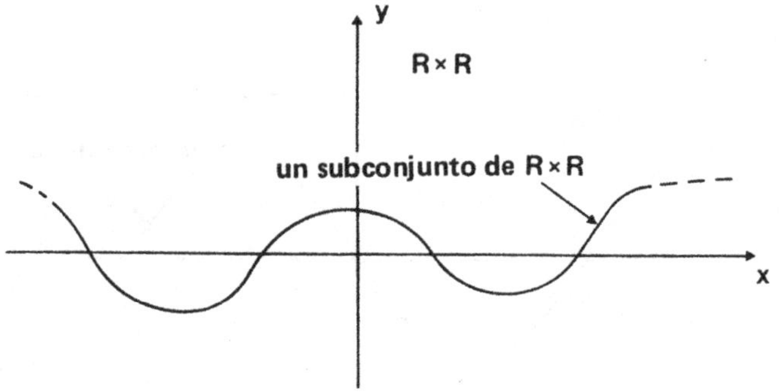

(Los extremos punteados quieren significar que las curvas han de entenderse extendidas indefinidamente en la dirección final indicada.)

Ejercicio 2

¿Por qué de los tres subconjuntos de $R \times R$ arriba representados, los dos primeros *no* representan una función $f : R \longrightarrow R$?

1.6 Ecuaciones y desigualdades

Es muy probable que el lector tenga ya cierta práctica en la solución de ecuaciones. Pero ¿qué se ha de entender realmente al decir

"Resuélvase la ecuación $f(x) = 0$"?

Sea f una aplicación de dominio A y codominio B, siendo A y B conjuntos de números reales.

La frase resuélvase la ecuación $f(x) = 0$ significa

hállese el conjunto de todos los elementos de A que por f se aplican en 0

Podemos expresar este conjunto poniendo

$$\{x : x \in A, f(x) = 0\}$$

y lo denominamos conjunto solución de la ecuación $f(x) = 0$.

Ejemplo 1

El conjunto solución de la ecuación

$$x^2 - 1 = 0 \quad (x \in R)$$

es el conjunto

$$\{-1, 1\}.$$

Tenemos así

$$\{x: x \in R, x^2 - 1 = 0\} = \{-1, 1\}.$$

Ejemplo 2

El conjunto solución de la ecuación

$$x^2 + 1 = 0 \quad (x \in R)$$

es el conjunto vacío $\varnothing$.

De modo análogo, al decir, por ejemplo, resuélvase la desigualdad $f(x) > 10$, ha de entenderse hállese el conjunto de todos los elementos de A que por f se aplican en números mayores que 10.

Podemos expresar este conjunto poniendo

$$\{x: x \in A, f(x) > 10\}$$

y lo llamamos conjunto solución de la desigualdad $f(x) > 10$.

Ejercicio 1

Señálense sobre una recta de números los conjuntos siguientes. Por ejemplo, la solución de (i) es

(i) $\{1, 1{,}5, 3{,}75\}$
(ii) $\{x: x \in R, 3 + x = 2\}$
(iii) $\{x: x \in R, x^2 + 3x + 2 = 0\}$
(iv) $\{x: x \in R, x > 0\}$
(v) $\{x: x \in R, x \leqslant 2\}$

Ejercicio 2

(i) Hállese un entero positivo N tal que

$$\frac{1}{N^2 + N + 1} < \frac{1}{10}$$

(ii) Hállese un entero positivo N tal que

$$\frac{1}{n+1} < 0{,}01 \quad \text{para TODOS los enteros } n \text{ mayores que } N$$

Esto es, determinando el valor adecuado de N, hállese un conjunto $A = \{n{:}n > N\}$ tal que todos los elementos de A pertenezcan al conjunto solución de la desigualdad (o, más brevemente, tal que A sea un subconjunto del conjunto solución).
(iii) Hállese un número real positivo δ tal que: δ sen $\delta < 0{,}1$.

1.7 Ejercicios adicionales

Ejercicio 1

(Consúltese la lista de símbolos para conjuntos especiales en las páginas 6 y 7).
Dígase cuáles de las proposiciones siguientes son verdaderas y cuáles falsas.

(i) $R \subset Z$
(ii) $Z \subseteq R$
(iii) $Z \subset Z^+$
(iv) $Z^- \subset Q^-$
(v) $Q \subseteq I$
(vi) $I \subseteq Q$
(vii) $Z^+ \subseteq Q^+ \subseteq R^+$
(viii) $Z \subset I \subset R$

Ejercicio 2

Si m es una aplicación que aplica un conjunto A en un conjunto B y si $a \in A$ y $b \in B$, ¿cuáles de las proposiciones siguientes son verdaderas y cuáles falsas?

(i) Si $m{:}a \longmapsto b$, entonces $m(a) = b$
(ii) Si $m{:}a \longmapsto b$, entonces $m(a)$ es la imagen de b
(iii) Si $m{:}a \longmapsto b$, entonces $m(a) \in B$

Ejercicio 3

Dígase cuáles de las proposiciones siguientes son verdaderas y cuales falsas:

(i) La proposición f: $x \longmapsto x^2 + 1$ $(x \in R)$ implica que $f(2) = 5$
(ii) La proposición f: $x \longmapsto x^2 + 1$ implica que $f(1) = 2$ (¡ojo!)
(iii) La proposición $f(2) = 5$ implica que f: $x \longmapsto x^2 + 1$ $(x \in R)$
(iv) La proposición f: $x \longmapsto 2x + 6$ $(x \in R^+)$ implica que $f(-10) = -14$

(v) La proposición $f: x \longmapsto 2x + 6$ $(x \in R)$ implica que $f: t \longmapsto 2t + 6$ donde t es un número real cualquiera

(vi) Las proposiciones $f: x \longmapsto 6x - 1$ $(x \in R)$ y $f: t \longmapsto 6t - 1$ $(t \in R)$ son equivalentes

(vii) Las proposiciones $f: x \longmapsto 4x^2 + 1$ $(x \in R)$ y $f: t \longmapsto 4t^2 + 1 (t \in R^+)$ son equivalentes

Ejercicio 4

(i) Trácese la gráfica de la función

$$f: x \longmapsto \begin{Bmatrix} 1 + x & \text{si } x \geqslant 0 \\ 1 - x & \text{si } x \leqslant 0 \end{Bmatrix}$$

con dominio $[-1, +1]$

(ii) Trácese la gráfica de la función

$$g: x \longmapsto \begin{Bmatrix} |x| \text{ si } -1 \leqslant x < 1 \\ |2 - |x|| \text{ si } x < -1 \text{ o } x \geqslant 1 \end{Bmatrix} \quad (x \in R)$$

(iii) Trácese la gráfica de la función

$$h: x \longmapsto \begin{Bmatrix} \left|\frac{1}{x}\right| \text{ si } x < 0 \\ 1 \text{ si } x \geqslant 0 \end{Bmatrix} \quad (x \in R)$$

Ejercicio 5

(i) La gráfica de la ecuación

$$x^2 + y^2 = 16 \quad (x, y \in R)$$

es una circunferencia. Trácese esta circunferencia e indíquese la región que representa el conjunto solución de la desigualdad

$$x^2 + y^2 < 16 \quad (x, y \in R)$$

(ii) Ilústrese el conjunto solución de

$$2x - 3y < 4 \quad (x, y \in R)$$

y también de

$$2x - 3y \leqslant 4 \quad (x, y \in R)$$

1.8 Soluciones a los ejercicios

Sección 1.2

Ejercicio 1

(i) (a), (e), (f), (g) son correctos.

(ii) Ninguna de las proposiciones es correcta.

El hecho de que A y B tengan el mismo número de elementos no basta para que haya igualdad. Para que dos conjuntos sean iguales, no solo tienen que tener el mismo número de elementos, sino que estos elementos tienen que ser los mismos.

Sección 1.3

Ejercicio 1

(i) 75
(ii) 51
(iii) 1944
(iv) 20
(v) 240
(vi) 10
(vii) $\{75, 120, 175\}$

Ejercicio 2

(i) FALSO
Una función constituye un tipo particular de aplicación. Por ejemplo si A es el conjunto de todos los receptores de televisión de Gran Bretaña y B es el conjunto de todas sus válvulas, la regla que asigna a cada receptor de televisión las válvulas que les son propias es una aplicación, pero no una función, ya que cada receptor se aplica en muchas válvulas. Pero si tomamos como codominio el conjunto de todas las marcas de televisores, entonces la aplicación de receptores a marcas es una función,ya que a cada receptor le corresponde una marca única.

(ii) FALSO

(iii) VERDAD
Por definición, el codominio contiene todas las imágenes de los elementos del dominio.

(iv) FALSO
El codominio puede contener elementos que no son imágenes por la aplicación.

(v) VERDAD
La lista satisface las condiciones de una "regla de aplicación". Asigna por lo menos un elemento de B a *cada* elemento de A.

(vi) FALSO
La aplicación no es una función ya que α no tiene como imagen un elemento *único*

(vii) FALSO
No hay ningún elemento que venga asignado a γ.

Ejercicio 3

(i) (a) R^+ (b) $\{3, 5, 7\}$ (c) El conjunto de los números reales mayores que 1

(ii) (a) R (b) $\{-1, 2, 7\}$ (c) El conjunto de los números reales mayores o iguales que -2

(iii) (a) R (b) 3 (c) 3

Esta última función constituye un ejemplo de función constante. Una función constante es una función para la cual la imagen de cada uno de los elementos del dominio es la misma.

Sección 1.4

Ejercicio 1

Una función tiene que especificar una imagen única para cada uno de los elementos del dominio, y lo mismo tiene que ocurrir con la gráfica de una función; cualquier recta trazada paralelamente "al eje del codominio" tiene que cortar a la curva a lo sumo una vez. De aquí que (c) no especifica una función.

(a) Función
(b) Función
(c) No es una función
(d) Función

Ejercicio 2

(i)

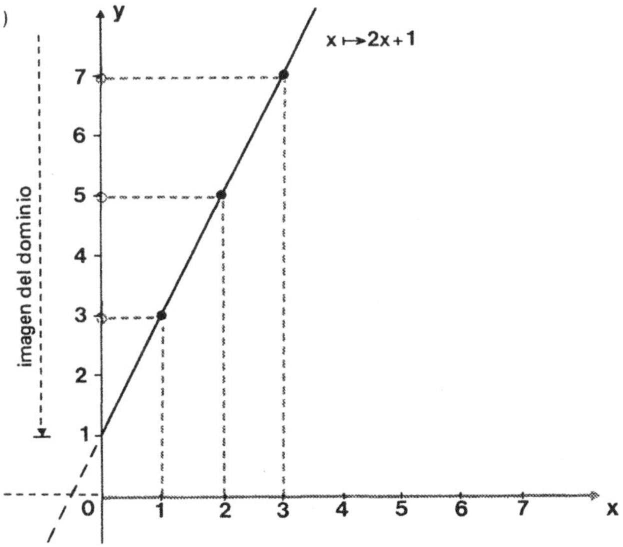

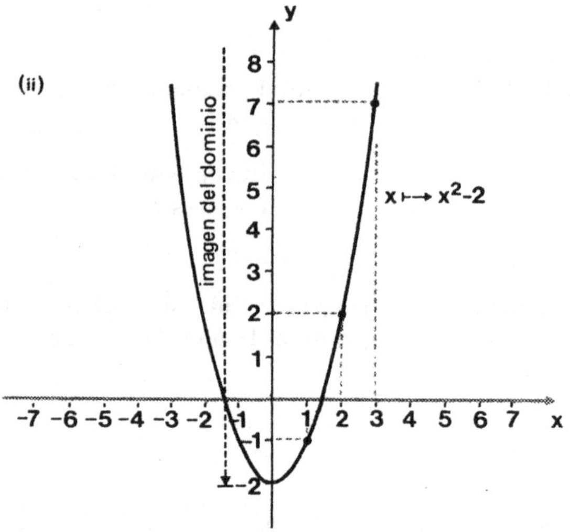
(ii)
y
imagen del dominio
x ⟼ x²-2
8
7
6
5
4
3
2
1
-1
-2
-7 -6 -5 -4 -3 -2 -1 1 2 3 4 5 6 7 x

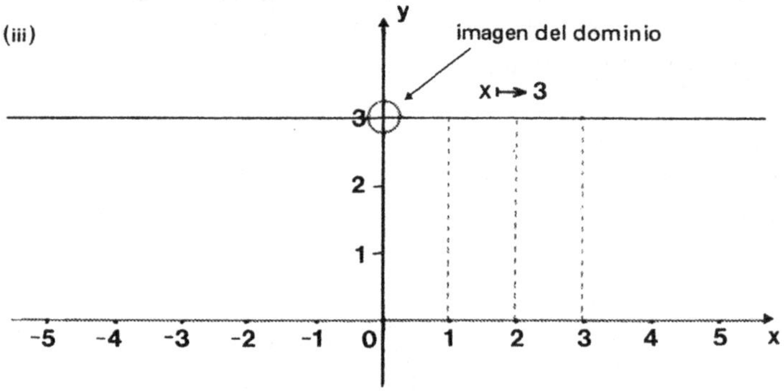
(iii)
y
imagen del dominio
x ⟼ 3
3
2
1
-5 -4 -3 -2 -1 0 1 2 3 4 5 x

Ejercicio 3

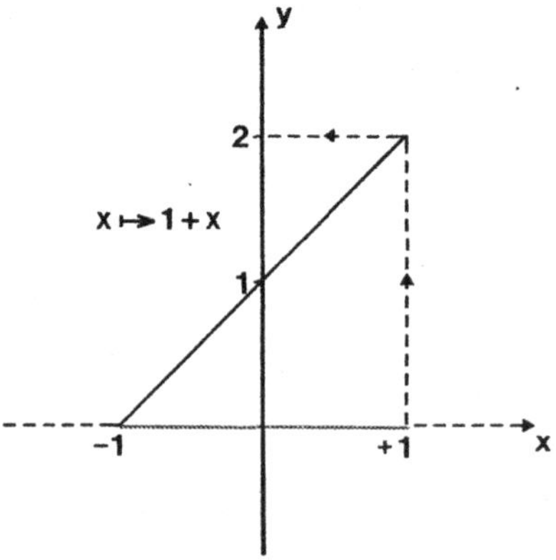
y
2
x ⟼ 1 + x
1
-1
+1
x

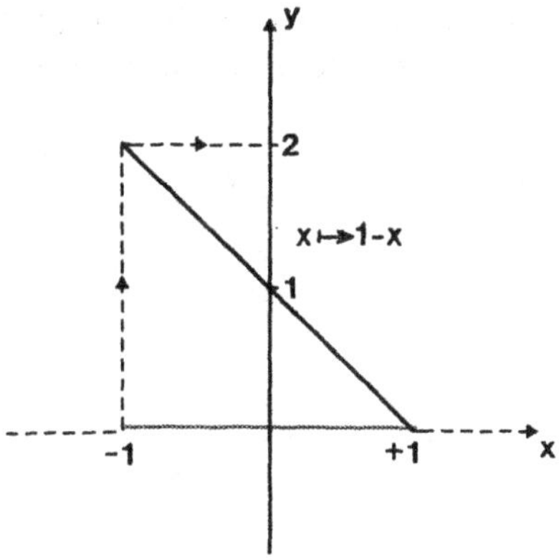

Sección 1.5

Ejercicio 1

(i), (iii) y (iv) definen aplicaciones; (ii) no define una aplicación, ya que los elementos *b* y *c* no tienen imágenes asignadas.

Las aplicaciones (i) y (iv) definen funciones.

La aplicación (iii) no define una función ya que por ejemplo el elemento *a* no tiene como imagen un elemento único.

Ejercicio 2

Ninguna *área* puede definir una función $R \longrightarrow R$. Si el par ordenado (a, b) pertenece al área, entonces existen otros pares ordenados (a, c) con $c \neq b$ que también pertenecen al área, con lo que *a* tiene como imagen más de un elemento.

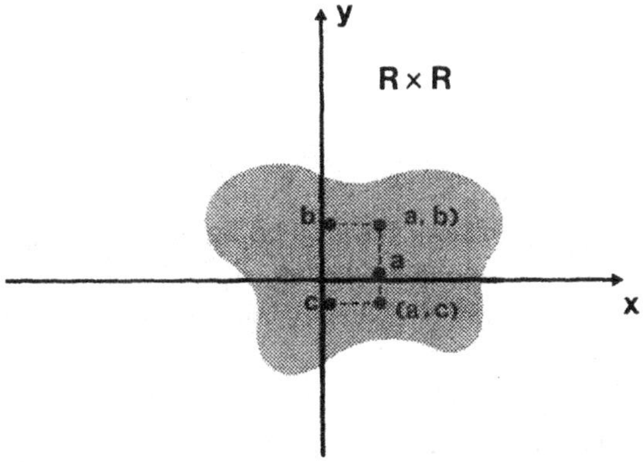

De modo análogo, en el caso del segundo subconjunto ilustrado habrá elementos tales como a que tendrán en su imagen más de un elemento,debido a la forma en que la curva "se dobla" sobre sí misma.

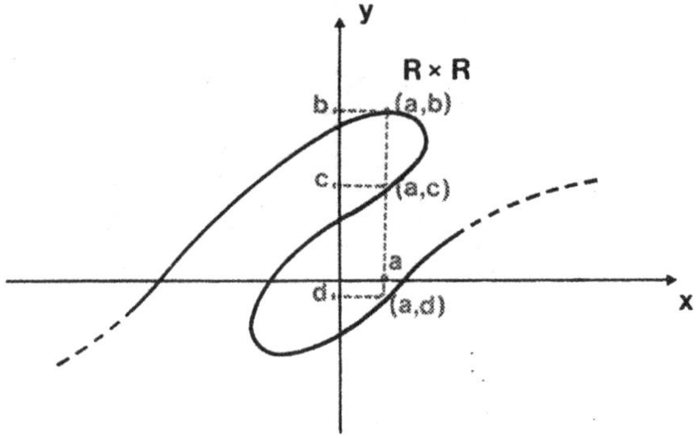

Sección 1.6

Ejercicio 1

(i)

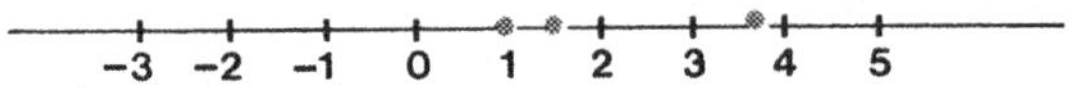

(ii)

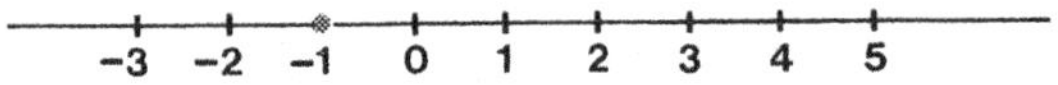

(iii) $\{x : x \in R,\ x^2 + 3x + 2 = 0\} = \{-1, -2\}$

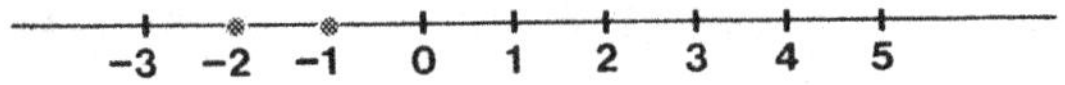

(iv)

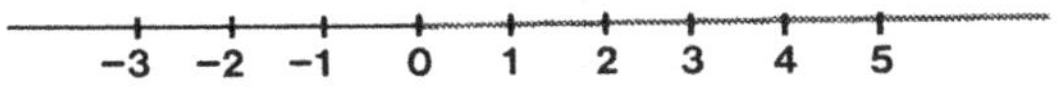

(v)

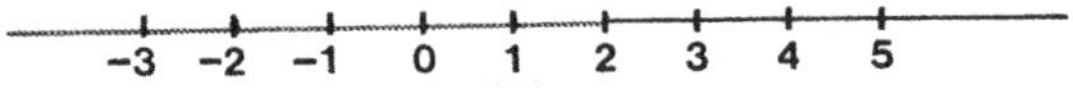

En los casos (iv) y (v) no queda claro,a partir de las figuras,si los respectivos extremos 0 y 2 están incluidos o no en los conjuntos solución. Existe una forma corriente de indicar esto. Para indicar que 0 ha de excluirse en el caso (iv) trazamos el diagrama siguiente:

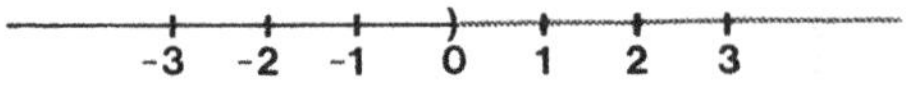

Para indicar que 2 ha de ser incluido en el caso (v) ponemos:

De manera análoga, el diagrama:

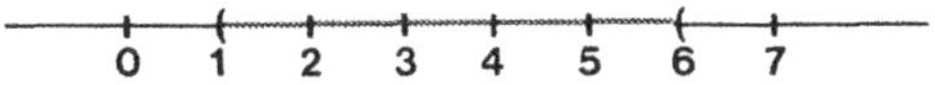

representa el conjunto $\{x: x \in R, 1 \leqslant x < 6\}$ en el cual 1 queda incluido y 6 excluido.

Ejercicio 2

(i) Para este fin servirá $N = 3$. Este número, y otros muchos, puede hallarse por tanteo.

(ii) Al hacerse n cada vez más grande $\dfrac{1}{n+1}$ se hace cada vez más pequeño: Si podemos hallar un valor *cualquiera* de N tal que $\dfrac{1}{N+1} < 0{,}01$, sabremos entonces que $\dfrac{1}{n+1} < 0{,}01$ para todos los valores de n mayores que N. Uno de estos valores de N es

$$N = 100$$

(iii) Una posibilidad la constituye $\delta = 0{,}3$.

Sección 1.7

Ejercicio 1

(i) FALSO
(ii) VERDAD
(iii) FALSO
(iv) VERDAD
(v) FALSO
(vi) FALSO
(vii) VERDAD
(viii) FALSO

Ejercicio 2

(i) VERDAD
(ii) FALSO

(iii) VERDAD ($m(a)$ representa la imagen de a por m. La imagen pertenece al conjunto B, así que $m(a) \in B$.)

Ejercicio 3

(i) VERDAD
La proposición define a f de un modo completo; 2 pertenece al dominio, así que podemos sustituirlo en la fórmula, y $2 \times 2 + 1 = 5$.

(ii) FALSO
La proposición no define a f ya que el dominio no queda especificado y así no sabemos si nos es permitido reemplazar la variable por el número 1 en la fórmula.

(iii) FALSO
f podría ser cualquier función que incluyera a 2 en su dominio y que aplicara a 2 en 5, por ejemplo.

$$f: x \longmapsto x^2 + 2x - 3 \quad (x \in R)$$

(iv) FALSO
-10 no pertenece al dominio de f.

(v) VERDAD
Por ser R el dominio, *podemos* poner en la fórmula cualquier número real.

(vi) VERDAD
Este ejemplo sirve para ilustrar el hecho de que cualquier letra sirve para ser utilizada como variable en la definición de una función. Una letra tal recibe a veces el nombre de *variable muda*.

(vii) FALSO
Los dominios son distintos.

Ejercicio 4

(i)

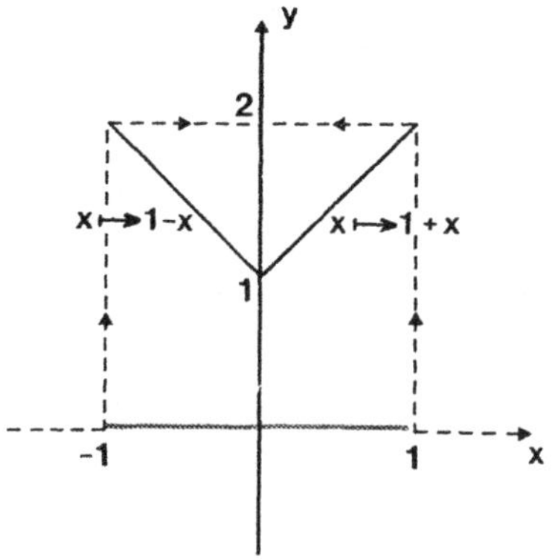

(ii)

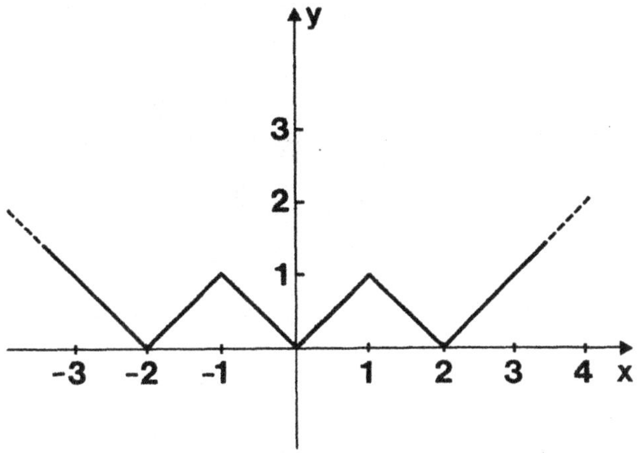

Este ejercicio es bastante rebuscado. Las rectas son

$$\begin{array}{ll}
x \longmapsto -x-2 & (x \leqslant -2) \\
x \longmapsto x+2 & (-2 \leqslant x \leqslant -1) \\
x \longmapsto -x & (-1 \leqslant x \leqslant 0) \\
x \longmapsto x & (0 \leqslant x \leqslant 1) \\
x \longmapsto 2-x & (1 \leqslant x \leqslant 2) \\
x \longmapsto x-2 & (x \geqslant 2)
\end{array}$$

(iii)

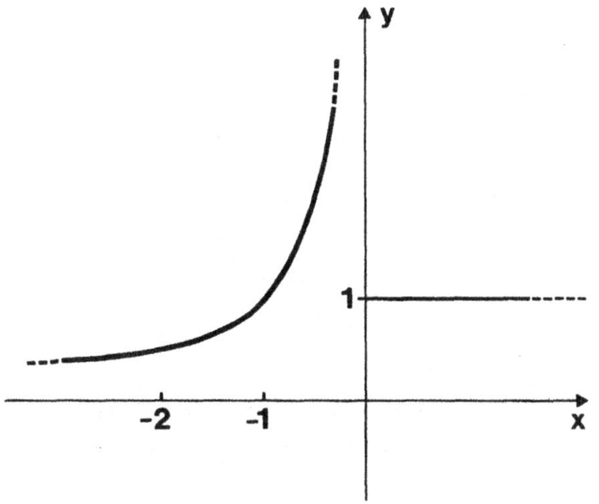

Ejercicio 5

(i)

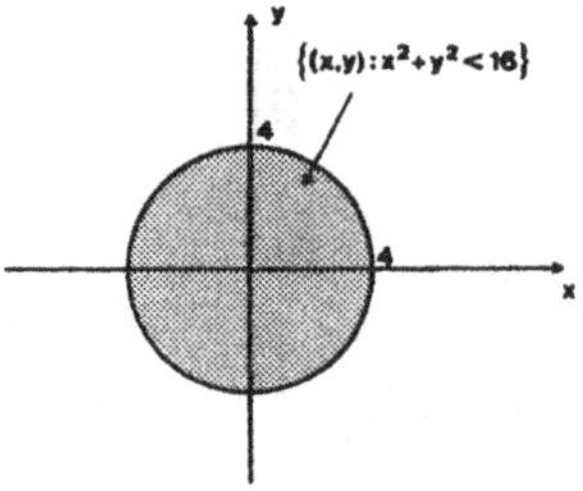

(ii)

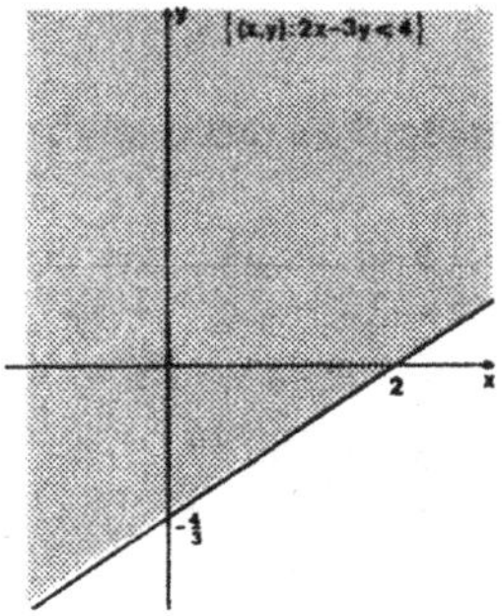

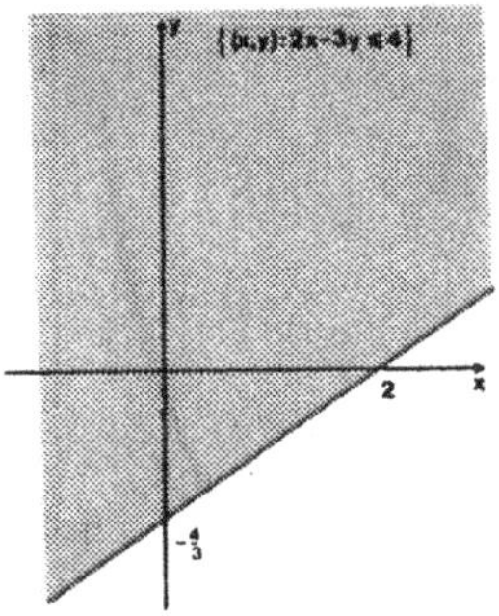

Esta vez el conjunto de los puntos representados por la recta $2x - 3y = 4$ *queda* incluido en el conjunto solución, por lo que hemos indicado la línea en rojo.

Capítulo 2

Sucesiones

2.0 Introducción

Nos ocuparemos en este capítulo del concepto de *sucesión,* para introducir el cual utilizaremos conceptos del Capítulo 1.

En primer lugar, nos ocuparemos de sucesiones finitas, pero una vez que el concepto de sucesión quede suficientemente aclarado, pasaremos a considerar sucesiones infinitas.

Las sucesiones infinitas llevan de un modo natural al concepto de *límite,* concepto que en principio será introducido solamente desde un punto de vista intuitivo, dejando para más adelante un planteamiento más riguroso.

2.1 ¿Qué es una sucesión?

El concepto de sucesión se presenta con mucha frecuencia en la vida diaria. Se habla, por ejemplo de una sucesión de hechos tal como una sucesión de operaciones ejecutadas en la confección de un cierto artículo.

Se define formalmente una sucesión en la forma siguiente

> Una SUCESION es una colección de objetos (no necesariamente distintos) dispuestos en un orden definido.

Damos a continuación algunos ejemplos de sucesiones:

(i) Una fila de cuatro coches detenidos ante un semáforo.

(ii) Las siete palabras que constituyen la frase:

"La división por cero no está definida"

tomadas en el orden en que aparecen:

la, división, por, cero, no, está, definida.

(iii) Los diez números de 1 a 10 tomados en su orden natural:

1, 2, 3, 4, 5, 6, 7, 8, 9, 10

Los objetos que constituyen la sucesión (los coches, las palabras o los números de los ejemplos que anteceden) son llamados sus elementos. Por el momento vamos a considerar solamente sucesiones finitas tales como las anteriores. Es decir, sucesiones que comprenden un número definido de elementos. Las sucesiones infinitas serán estudiadas más adelante. Existen distintas maneras de especificar una sucesión; la más sencilla, la utilizada en los ejemplos anteriores, consiste en dar la lista ordenada de sus elementos. Algunas veces utilizamos una *lista incompleta,* indicando mediante puntos que faltan elementos entre medio; por ejemplo, podríamos abreviar la tercera lista poniendo:

1, 2, 3, . . . , 10

Tales listas incompletas deben usarse siempre y cuando quede claro por el contexto cuales son los elementos que faltan.

La notación utilizada para listar secuencias es parecida a la notación para los conjuntos, pero distinguiremos las sucesiones de los conjuntos utilizando las llaves solamente para encerrar los elementos en el caso de tratarse de un conjunto. Esta distinción se hace necesaria debido a que son distintos los conceptos de conjunto y sucesión al ser importante el orden en las sucesiones y no serlo en los conjuntos.

La reordenación de los elementos de una sucesión da lugar a una sucesión distinta, mientras que la reordenación de los elementos de un conjunto no hace más que expresar el mismo conjunto de un modo diferente. Por ejemplo, la sucesión 1, 2, 3 es distinta de la sucesión 3, 1, 2 pero

$$\{1, 2, 3\} = \{3, 1, 2\}$$

Sin embargo, no siempre resulta factible describir una sucesión mediante una lista completa o incompleta. Por ejemplo, si una sucesión tiene un millón de elementos entonces una lista completa podría ocupar mil páginas, mientras que una lista incompleta podría no ser suficiente para describir la sucesión sin ambigüedad. En tales casos, es a veces posible describir la sucesión, economizando escritura, mediante una regla o fórmula que determine cual es el objeto que aparece en cada lugar de la sucesión. (De hecho algunas sucesiones aparecen así de un modo natural según veremos). Con el lenguaje del Capítulo 1, especificamos la sucesión definiendo una función. El dominio de esta función comprenderá los N primeros números naturales, o sea, será el conjunto $\{1, 2, 3, \ldots, N\}$, donde N es el número de elementos de la sucesión; la regla debe ser tal que, dado un número cualquiera k, perteneciente al dominio, podamos determinar el elemento k-ésimo de la sucesión. Para dar un primer ejemplo, la sucesión que comprende los recíprocos del primer millón de números naturales queda especificada mediante la función, llamémosla f, cuya regla es

$$k \longmapsto \frac{1}{k} \quad \text{y el dominio es } \{1, 2, \ldots, 1\,000\,000\}.$$

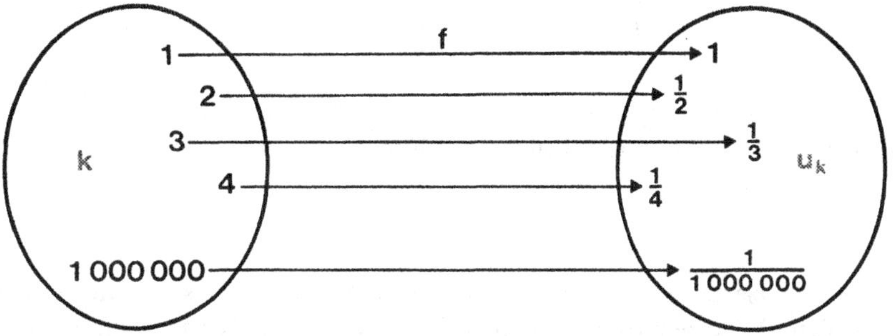

Podemos especificar f mediante la fórmula

$$f: k \longmapsto \frac{1}{k} \qquad (k \in \{1, 2, \ldots, 1\,000\,000\})$$

o bien

$$f(k) = \frac{1}{k} \qquad (k \in \{1, 2, \ldots, 1\,000\,000\})$$

Cualquiera de estas fórmulas nos dice que, para cada entero k comprendido entre 1 y 1.000.000, el término k-ésimo de la sucesión, designado por $f(k)$ es igual a $\frac{1}{k}$.

Otra abreviación consiste en escribir u_k (o cualquier otra letra con el subíndice k) en vez de poner $f(k)$ para representar el elemento k-ésimo de la sucesión. Es también costumbre abreviar ligeramente la descripción del dominio, de tal modo que para representar el ejemplo expuesto se pone

$$u_k = \frac{1}{k} \qquad (k = 1, 2, \ldots, 1\,000\,000)$$

Finalmente, se suele utilizar una *fórmula de recurrencia* que exprese cada elemento de la sucesión en términos de uno o varios de los elementos que de modo inmediato le preceden. Pero en este último caso será preciso también especificar el primer elemento o los primeros elementos para saber como empieza la sucesión. Ejemplos de ellos son

$$u_k = \frac{u_{k-1}}{k} \qquad (u_1 = 1;\, k = 2, \ldots, 1\,000\,000)$$

$$u_k = \frac{1}{2}\left(u_{k-1} + \frac{a}{u_{k-1}}\right) \quad (u_1 = 1;\, k = 2, \ldots, 20)$$

La fórmula de recurrencia más general tiene la forma

$$u_k = F(u_{k-1}, u_{k-2}, u_{k-3}, \ldots)$$

donde F es una cierta función. Por ahora vamos a considerar solamente el tipo más sencillo de fórmula de recurrencia en el cual cada elemento depende sólo del elemento que le precede. Una fórmula de recurrencia general de este tipo es

$$u_k = F(u_{k-1})$$

donde F es una cierta función. El cálculo implicado por esta fórmula puede ser representado mediante un diagrama:

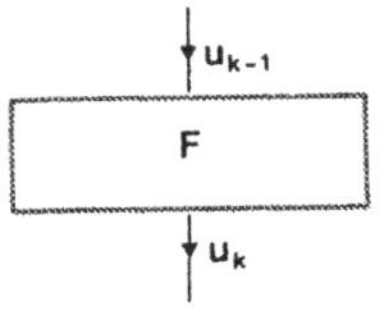

el cual indica que ponemos el número u_{k-1} en la función F y de ello obtenemos el número u_k.

Puesto que k puede tener solamente los valores 2, 3, . . . , N, siendo N el número de elementos de la sucesión, el diagrama anterior representa en realidad ($N - 1$) diagramas distintos en los cuales k puede tomar estos valores distintos. Estos ($N - 1$) diagramas pueden unirse para dar lugar a un nuevo diagrama representativo del proceso completo mediante el cual calculamos los elementos sucesivos de la sucesión $u_1, u_2, \ldots u_N$.

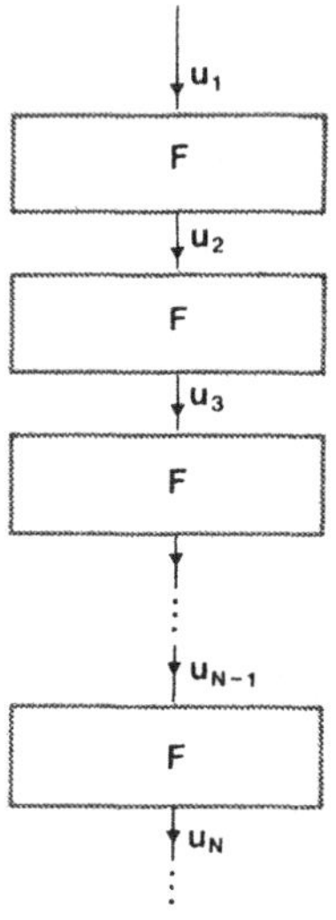

Ejercicio 1

Escríbase en forma de lista completa la sucesión especificada por

$$u_n = n(n + 1) \quad (n = 1, 2, \ldots, 5)$$

Escríbase una especificación distinta utilizando una fórmula de recurrencia.

2.2 Sucesiones infinitas

En la sección anterior hemos limitado nuestro estudio a sucesiones finitas, es decir a sucesiones con un número finito de elementos. Así una sucesión finita puede ser especificada mediante una función $k \longmapsto u_k$ cuyo dominio es $\{1, 2, \ldots N\}$. Por otra parte una sucesión especificada mediante una función $k \longmapsto u_k$ cuyo dominio sea Z^+, el conjunto de *todos* los enteros positivos, recibe el nombre de sucesión infinita.

Modo de especificar sucesiones infinitas

Para poder estudiar sucesiones infinitas será ante todo necesario saber cómo éstas se pueden especificar. Los métodos utilizados son exactamente los mismos que para las sucesiones finitas, con la única excepción de que nunca será posible dar una lista completa. Damos a continuación un ejemplo en el cual una misma sucesión viene especificada mediante tres métodos distintos:

(i) lista incompleta

$$1, 2, 4, 8, 16, 32, \ldots$$

(ii) función

$$k \longmapsto 2^{k-1} \quad (k \in Z^+)$$

(iii) fórmula de recurrencia

$$u_1 = 1$$

$$u_k = 2u_{k-1} \quad (k = 2, 3, \ldots)$$

Ejercicio 1

Listar los cinco primeros elementos de las sucesiones especificadas por:

(i) $u_n = (-1)^n \qquad (n \in Z^+)$

(ii) $u_1 = 3$

$$u_k = 3 + \frac{u_{k-1}}{10} \quad (k = 2, 3, 4, \ldots)$$

Ejercicio 2

Expresar funciones que especifiquen las sucesiones siguientes:

(i) $1, -2, 3, -4, 5, -6, \ldots$

(ii) $u_1 = 0$

$$u_k = \frac{1}{2 - u_{k-1}} \quad (k = 2, 3, 4, \ldots)$$

Ejercicio 3

Especificar mediante fórmulas de recurrencia las sucesiones:

(i) $1, -1, 1, -1, \ldots$

(ii) $u_k = \dfrac{1}{(-2)^k} \quad (k \in Z^+)$

2.3 Límite de una sucesión

Estamos ahora en condiciones de empezar a considerar el concepto de *límite*. Al igual que ocurre con cualquier otro concepto matemático, existen dos maneras de plantear la cuestión: la intuitiva y la rigurosa. El aspecto intuitivo nos permite reconocer situaciones en que el concepto resultaría de utilidad, mientras que el aspecto riguroso nos permite utilizar el concepto de un modo correcto. Los dos aspectos son esenciales para una verdadera comprensión; es cierto que muchos usuarios de las matemáticas optan solamente por el aspecto intuitivo, pero esto es como viajar en coche sin rueda de repuesto: en cualquier momento podrá presentarse una situación para la cual el equipo disponible no sea suficiente. Vamos a abordar los dos aspectos del concepto. Empezamos aquí con el planteamiento intuitivo y continuamos con él en el Capítulo 4. La definición rigurosa aparecerá finalmente en el Capítulo 6.

Si una sucesión infinita es una sucesión de aproximaciones sucesivas a un cierto número, al tal número le llamaremos entonces límite de la sucesión. Por ejemplo, la sucesión

$$0{,}3,\ 0{,}33,\ 0{,}333,\ 0{,}3333,\ 0{,}33333, \ldots$$

es una sucesión de aproximaciones decimales cada vez más próximas al número $\frac{1}{3}$; su límite es por lo tanto $\frac{1}{3}$. Si a la sucesión $u_1, u_2, u_3 \ldots$ la designamos por $\underset{\sim}{u}$ una manera conveniente de formular este concepto intuitivo es la siguiente

> Definición intuitiva de límite
>
> "El número lim u es el límite de la sucesión infinita $\underset{\sim}{u}$" equivale a decir "si k es muy grande, entonces u_k es una aproximación muy buena para lim $\underset{\sim}{u}$".

No todas las sucesiones tienen límite; por ejemplo ninguna de las sucesiones

$$1, 2, 4, 8, 16, \ldots, 2^{k-1}, \ldots \quad \text{y} \quad 1, 0, 1, 0, 1, \ldots$$

tiene límite.

En la primera sucesión los elementos crecen al crecer k y en la segunda oscilan entre 0 y 1: en ninguno de los dos casos existe ningún número que satisfaga nuestra definición intuitiva de límite. Distinguiremos dos tipos de sucesiones: de una sucesión con límite diremos que es convergente (o que converge) y de una que no tenga límite diremos que es no convergente. (También se usa el término "divergente".)

Para saber si una sucesión es o no convergente es muchas veces útil observar su gráfica. A continuación exponemos las gráficas de las dos primeras sucesiones dadas anteriormente. ¿Puede el lector observar la propiedad geométrica de la primera gráfica que corresponde al carácter convergente de la sucesión?

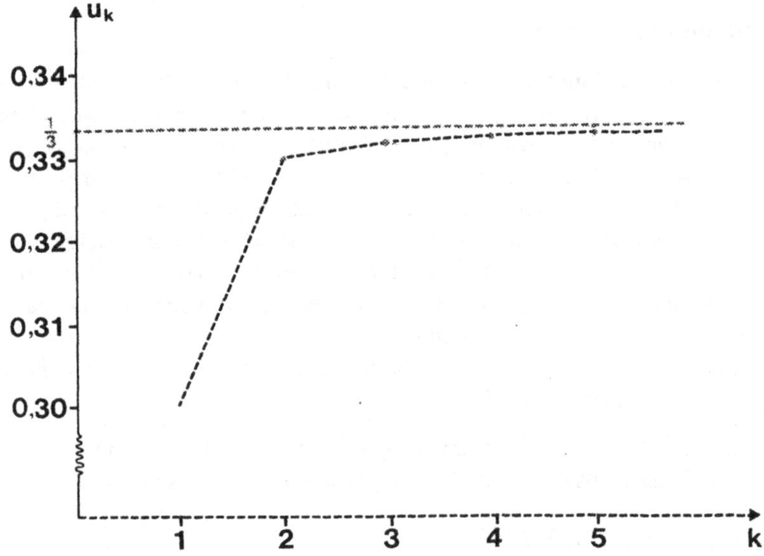

Gráfica de la sucesión 0,3, 0,33, 0,333, . . .
Las líneas de trazos han de entenderse solamente como guía visual; no forman parte de la gráfica.

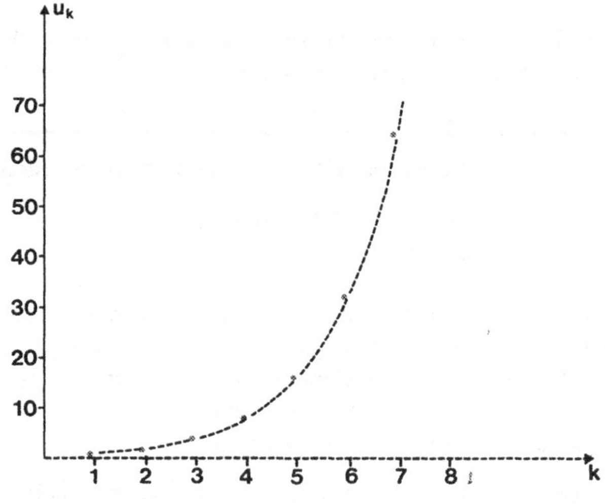

Gráfica de la sucesión 1, 2, 4, 8, 16, 32, . . .

La primera sucesión consiste en aproximaciones sucesivas del número $\frac{1}{3}$, y así al crecer k los puntos de la gráfica se acercan cada vez más a la recta roja. En la segunda gráfica no podemos trazar una recta con esta propiedad. Estos ejemplos constituyen una ilustración del hecho de que la gráfica de una sucesión convergente $\underset{\sim}{u}$ queda caracterizada por esta propiedad: para valores grandes de k, los puntos (k, u_k) se aproximan mucho a una recta paralela al eje k trazada a una distancia de este eje igual a lim $\underset{\sim}{u}$.

Ejercicio 1

Damos a continuación las gráficas de algunas sucesiones infinitas. ¿Cuáles de ellas son convergentes y cuáles son los límites de las convergentes? ($k \in Z^+$ en todas ellas.)

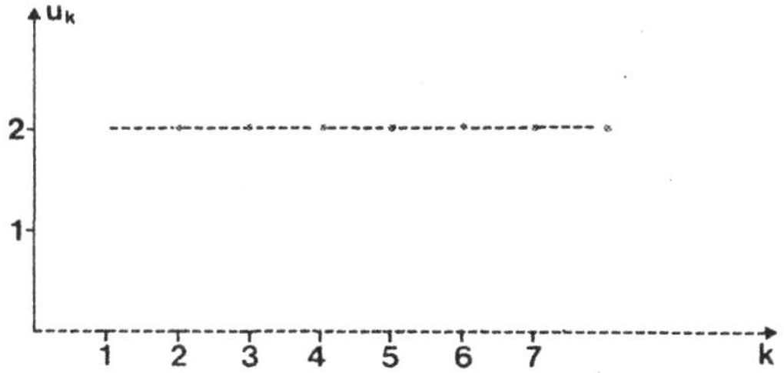

(i) Gráfica de $u_k = 2$

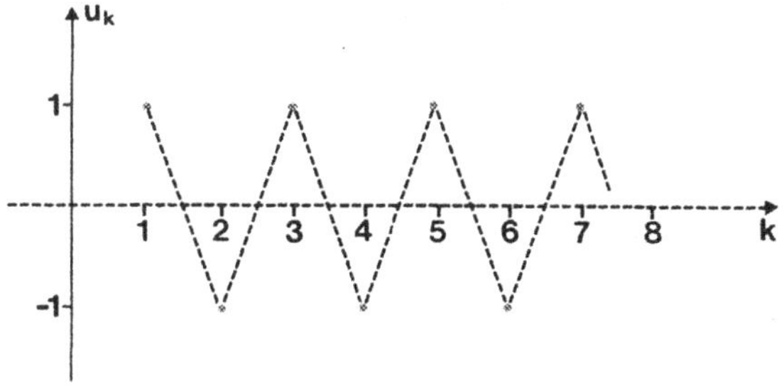

(ii) Gráfica de $u_k = (-1)^{k+1}$

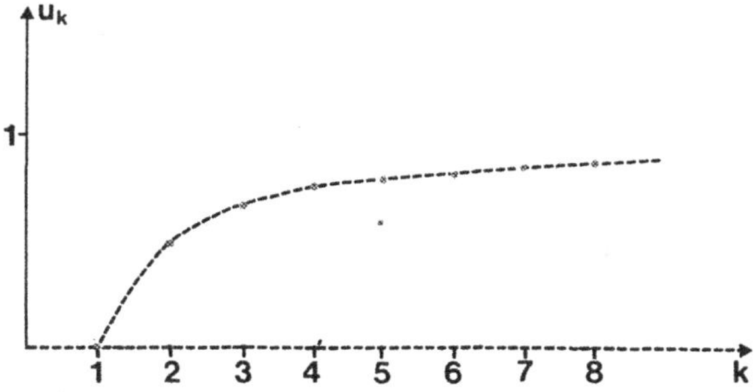

(iii) Gráfica de $u_k = \frac{k-1}{k}$

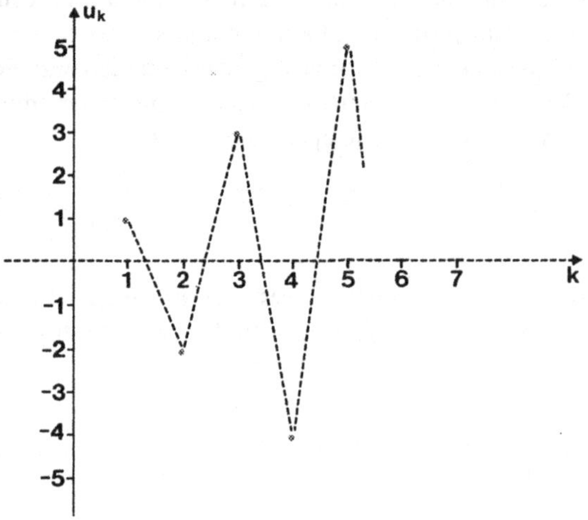

(iv) Gráfica de $u_k = (-1)^{k-1}k$

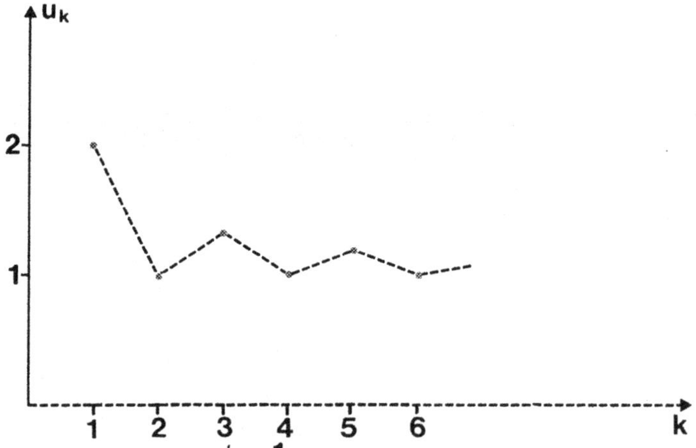

(v) Gráfica de $u_k = \begin{cases} 1+\frac{1}{k} \text{ si } k \text{ es par} \\ 1 \text{ si } k \text{ es impar} \end{cases}$

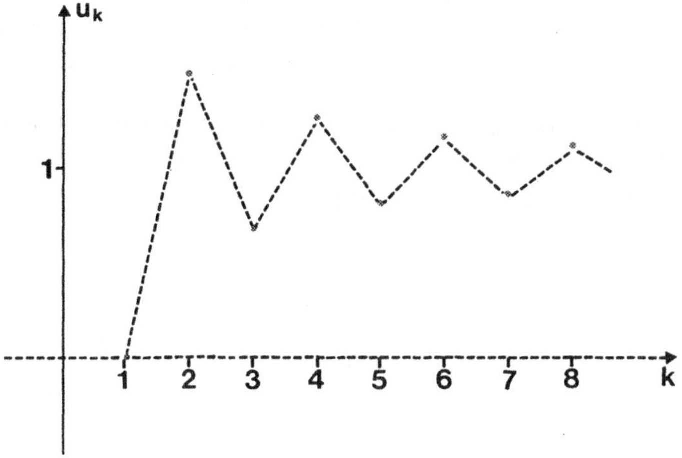

(vi) Gráfica de $u_k = 1 + \frac{(-1)^k}{k}$

Ejercicio 2

¿Cuáles de las siguientes sucesiones son convergentes y cuáles son los límites de éstas?

(i) $u_k = k$

(ii) $u_k = \frac{1}{k}$

(iii) $u_k = \begin{cases} \frac{1}{\sqrt{k}} & \text{si } k \text{ es par} \\ 0 & \text{si } k \text{ es impar} \end{cases}$

(iv) $u_k = 1 + \frac{1}{k}$

(v) $u_k = \frac{1}{10^6} + \frac{1}{k}$

donde $k \in Z^+$ en todos los casos.

Este último ejercicio proporciona una idea de las dificultades con que se puede tropezar si "viajamos sin rueda de repuesto" confiando totalmente en la idea intuitiva de límite. Para valores grandes de k, los elementos de la sucesión $u_k = \frac{1}{10^6} + \frac{1}{k}$ de (v) son todos aproximaciones muy buenas del número $\frac{1}{10^6}$, de modo que $\frac{1}{10^6}$ satisface la definición intuitiva de límite; pero al estar $\frac{1}{10^6}$ muy cerca de 0, los elementos son también "aproximaciones muy buenas de 0" de modo que podría parecer que 0 pudiera ser también llamado límite. Esto indica que la definición intuitiva de límite dada en la página 51 puede llevar a ambigüedades si se toma al pie de la letra.

2.4 Ejercicios adicionales

Ejercicio 1

Escribir funciones que especifiquen las sucesiones siguientes:

(i) $3, \frac{4}{3}, 1, \frac{6}{7}, \frac{7}{9}, \frac{8}{11}, \ldots$

(ii) $\frac{1}{2}, \frac{2}{5}, \frac{3}{10}, \frac{4}{17}, \frac{5}{26}, \ldots$

(iii) $\frac{1}{101}, \frac{2}{51}, \frac{9}{103}, \frac{2}{13}, \frac{5}{21}, \frac{18}{53}, \ldots$

Ejercicio 2

Determinar como se pueda si cada una de las sucesiones (i) – (iii) del Ejercicio 1 es o no es convergente. ¿Cuáles son los límites de las sucesiones convergentes?

2.5 Soluciones a los Ejercicios

Sección 2.1

Ejercicio 1

2, 6, 12, 20, 30

$$u_n = \frac{n+1}{n-1} u_{n-1} \quad (u_1 = 2; n = 2, \ldots, 5)$$

Sección 2.2

Ejercicio 1

(i) $-1, 1, -1, 1, -1$

(ii) 3, 3,3, 3,33, 3,333, 3,3333

Ejercicio 2

(i) $k \longmapsto k \cdot (-1)^{k+1} \qquad (k \in Z^+)$

(ii) La sucesión es

$$0, \tfrac{1}{2}, \tfrac{2}{3}, \tfrac{3}{4}, \tfrac{4}{5}, \tfrac{5}{6}, \ldots$$

y una función que especifica esta sucesión es

$$k \longmapsto \frac{k-1}{k} \quad \text{o} \quad k \longmapsto 1 - \frac{1}{k} \quad (k \in Z^+)$$

Ejercicio 3

(i) $u_1 = 1$

$u_k = -u_{k-1} \qquad (k = 2, 3, 4, \ldots)$

(ii) $u_1 = -\tfrac{1}{2}$

$u_k = -\tfrac{1}{2}u_{k-1} \qquad (k = 2, 3, 4, \ldots)$

Sección 2.3

Ejercicio 1

(i) Convergente con límite 2. Aquí los puntos (k, u_k) quedan todos *sobre* la recta paralela al eje k situada a una distancia de este eje de dos unidades.
(ii) No convergente.
(iii) Convergente, con límite 1.
(iv) No convergente.
(v) Convergente, con límite 1.
(vi) Convergente, con límite 1.

Ejercicio 2

La manera más rápida de hacer estos ejercicios consiste en utilizar la definición intuitiva de la página 51, pero si no se tiene seguridad acerca de la manera de usarla se puede también trazar las gráficas.

(i) Divergente. Los elementos crecen al crecer k; no llegan nunca a quedar cerca unos de otros como ocurriría si la sucesión fuese convergente.
(ii) Convergente con límite 0. Los elementos se acercan cada vez más a 0 al crecer k.
(iii) Convergente con límite 0. La mitad de los elementos de la sucesión son de hecho iguales a 0, y los demás elementos se aproximan cada vez más a 0 al crecer k.

(iv) Convergente con límite 1. Al ser $\frac{1}{k}$ muy pequeño para valores grandes de k, la cantidad $1 + \frac{1}{k}$ se aproxima mucho a 1 cuando k es grande.

(v) Convergente con límite $\frac{1}{10^6}$ Véanse los comentarios de las páginas 55, 56.

Sección 2.4

Ejercicio 1

(i) $k \longmapsto \dfrac{k+2}{2k-1} \qquad (k \in Z^+)$

(ii) $k \longmapsto \dfrac{k}{k^2+1} \qquad (k \in Z^+)$

(iii) $k \longmapsto \dfrac{k^2}{k+100} \qquad (k \in Z^+)$

Ejercicio 2

Es posible obtener una indicación de convergencia (o de no convergencia) mediante el trazado de las gráficas, pero resulta mejor hacer una manipulación algebraica muy sencilla puesto que las sucesiones no convergen necesariamente muy deprisa hacia sus límites.

(i) Póngase la sucesión en la forma

$$k \longmapsto \frac{1+\dfrac{2}{k}}{2-\dfrac{1}{k}} \qquad (k \in Z^+)$$

dividiendo el numerador y el denominador por k. Al hacerse k muy grande, $2/k$ y $1/k$ se hacen muy pequeños, con lo que la sucesión será convergente con límite 1/2.

(ii) Póngase en la forma

$$k \longmapsto \frac{1}{k+\dfrac{1}{k}} \qquad (k \in Z^+)$$

al crecer k, $1/k$ se hará muy pequeño y la sucesión convergerá con límite 0.

(iii) Póngase en la forma

$$k \longmapsto \frac{k}{1+\dfrac{100}{k}} \qquad (k \in Z^+)$$

al hacerse k muy grande, $100/k$ se hace muy pequeño y sólo nos quedaremos con k. La sucesión no será por lo tanto convergente.

Capítulo 3

Funciones

3.0 Introducción

Continuamos en este capítulo el estudio iniciado en el Capítulo 1 y pasamos a considerar aquellas aplicaciones que son también *funciones*.

Empezamos con una clasificación de las aplicaciones y de las funciones y después entramos en la consideración de la *aritmética* de las funciones, así llamada por su analogía con la aritmética de los números.

Consideraremos también el concepto de *función de una función* lo cual supone una nueva manera de combinar funciones conocida con el nombre de *composición*.

Ocurre con frecuencia que nos interesa hallar la recíproca de una aplicación, es decir empezar con elementos que pertenecen al codominio. Si la aplicación es una función queremos saber entonces bajo qué condiciones la recíproca de una aplicación es una función. Este problema se estudia en la sección que trata de las *funciones inversas*.

3.1 Clases de aplicaciones

En el Capítulo 1 hemos dado la definición siguiente de aplicación.

Una APLICACION consiste en un conjunto A, un conjunto B y una regla mediante la cual se asigna un elemento (o un conjunto de elementos) de B a *cada uno* de los elementos de A.

Obsérvese que ha de asignarse una imagen a *cada uno* de los elementos del dominio.

Vimos también que el conjunto de todas las imágenes es un subconjunto del codominio de una aplicación.

Es posible asignar imágenes de distintas maneras. En particular cada elemento del dominio de una aplicación puede tener como imagen un elemento único del codominio, en cuyo caso la aplicación es una función.

Una FUNCION es una aplicación para la cual cada elemento del dominio tiene como imagen un elemento único del codominio.

Existen funciones en las cuales ningún elemento del codominio es asignado a más de un elemento del dominio, y otras en las que elementos distintos del dominio tienen una misma imagen.

Las distintas posibilidades quedan resumidas en el diagrama siguiente:

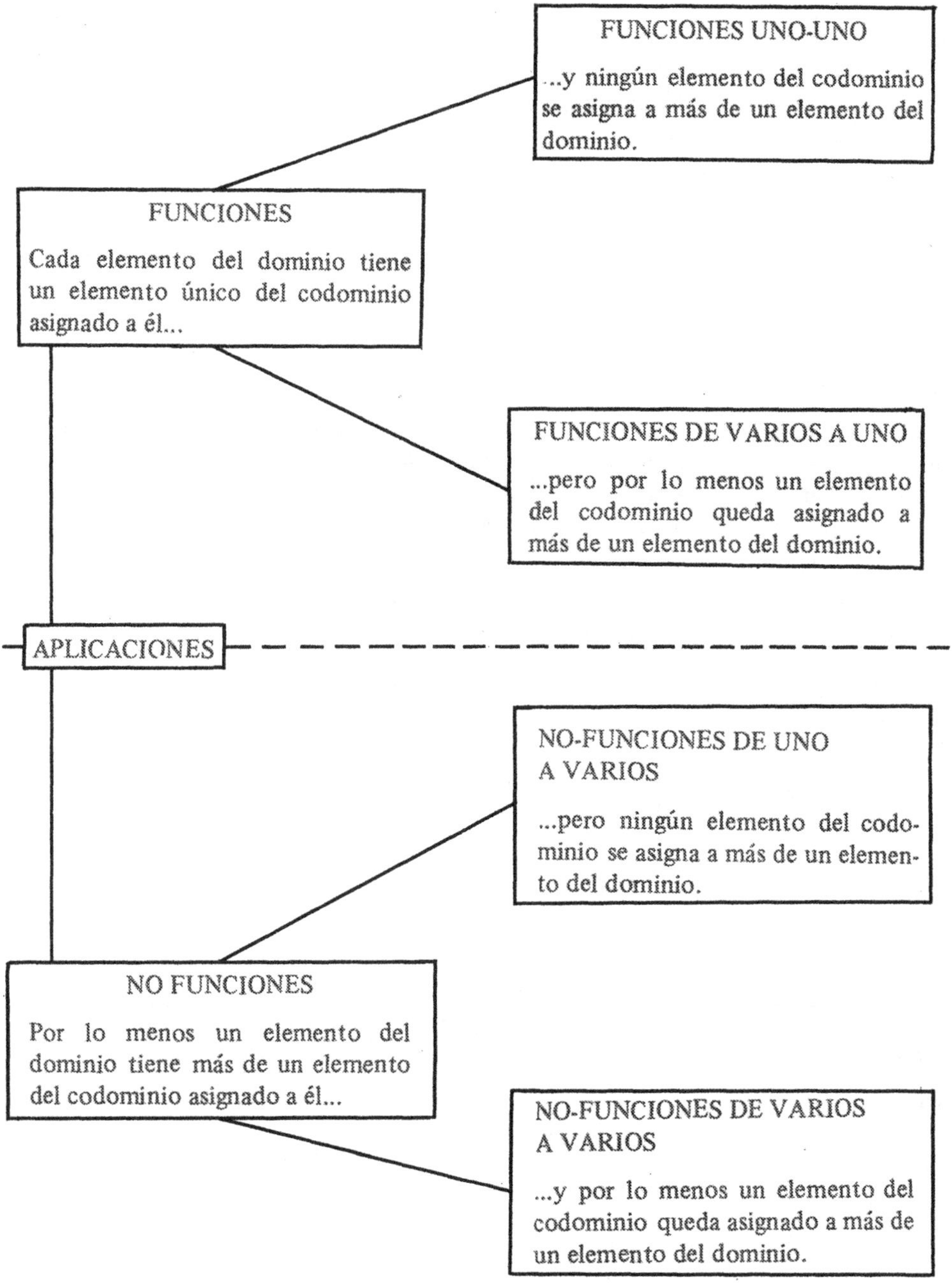

Vamos a ocuparnos ahora solamente de aquellas aplicaciones que son funciones.

Ejercicio 1

Clasificar las funciones siguientes como

uno a uno	o	varios a uno

(i) $x \longmapsto 3x^2 + 2 \qquad (x \in R)$

(ii) $x \longmapsto x^3 + 2 \qquad (x \in R)$

(iii) $x \longmapsto \operatorname{sen} x \qquad (x \in R)$

3.2 La "aritmética" de las funciones

Al iniciarse uno en un juego, pueden considerarse por lo general dos fases. En primer lugar, hace falta averiguar algo acerca de los materiales nuevos con que se ha de tratar: "tómese una baraja ordinaria de cartas" o "tómense 22 hombres y un balón de cuero" o "tómese un huevo, una taza de harina y media taza de leche". La fase siguiente consiste en aprender las reglas del juego, es decir, cómo ha de hacerse uso de los materiales.

Esta es la fase en que nos encontramos ahora. Hemos definido nuestros materiales y nos disponemos a aprender las reglas del juego.

Supóngase que dos funciones f y g tienen a R como dominio y como codominio. Podemos entonces definir

La SUMA de f y g

que expresamos poniendo $f + g$, por

$$f + g : x \longmapsto f(x) + g(x) \quad (x \in R)$$

Ejemplo 1

Sea

$$f : x \longmapsto x^2 \qquad (x \in R)$$

y

$$g : x \longmapsto x^6 \qquad (x \in R)$$

Entonces

$$f + g: x \longmapsto x^2 + x^6 \quad (x \in R)$$

Resulta completamente natural definir las otras operaciones "aritméticas" como sigue:

DIFERENCIA

$$f - g: x \longmapsto f(x) - g(x) \quad (x \in R)$$

PRODUCTO

$$f \times g: x \longmapsto f(x) \times g(x) \quad (x \in R)$$

COCIENTE

$$f \div g: x \longmapsto \frac{f(x)}{g(x)}$$

La especificación del dominio del cociente no resulta inmediata. Esto se debe a la dificultad que se presenta cuando $g(x) = 0$. En este caso,la imagen de x queda sin definir, y por lo tanto tenemos que quitar del dominio los elementos en que esto ocurre. Así,el dominio de $f \div g$ es R con la omisión de estos elementos.

Ejercicio 1

En el texto anterior hemos empezado diciendo "supóngase que dos funciones f y g tienen a R como dominio y como codominio". Esto lleva consigo una restricción innecesaria. ¿Es preciso que tanto el dominio como el codominio tengan que ser R para que se puedan definir las operaciones de la aritmética aquí utilizadas? ¿Qué condiciones es preciso que cumplan los dominios de f y de g? ¿Puede el lector dar algún ejemplo en el que el dominio o el codominio no sean R?

Ejercicio 2

Si las funciones f y g se definen por

$$f: x \longmapsto 6x^2 \quad (x \in [-1, 1])$$

y

$$g: x \longmapsto 6x \quad (x \in [-1, 1])$$

póngase la fórmula y el dominio adecuado para

(i) $g + f$
(ii) $g \div f$
(iii) $f \div g$
(iv) $f \times g$

3.3 Composición de funciones

Existe otra manera de combinar funciones que difiere fundamentalmente de las combinaciones "aritméticas" de la última sección. En esta combinación se pone el acento en la aplicación de un conjunto en otro, en vez de hacer una simple generalización de las operaciones de la aritmética ordinaria.

Ejemplo 1

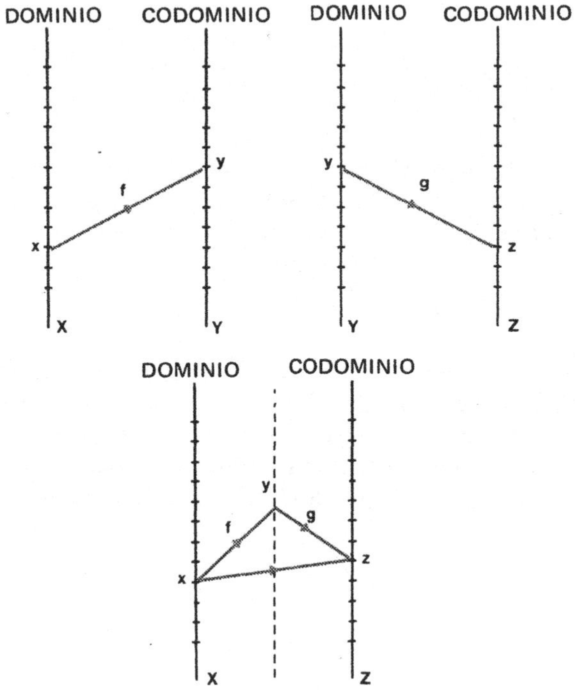

Obsérvese que en el ejemplo anterior

$$f:\mathbf{x} \longrightarrow \mathbf{y} \quad \text{y} \quad g:\mathbf{y} \longrightarrow \mathbf{z}$$

La aplicación de la figura última se obtiene utilizando primero f y después g. Si la llamamos h entonces

$$h:\mathbf{x} \longrightarrow \mathbf{z}$$

Ejemplo 2

Supóngase que tenemos las funciones

$f =$ TOMESE EL DOBLE con dominio R

$g =$ ELEVESE AL CUADRADO con dominio R

entonces

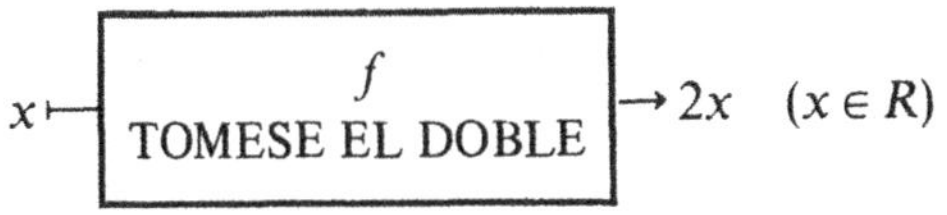

y

Supóngase ahora que construimos la función

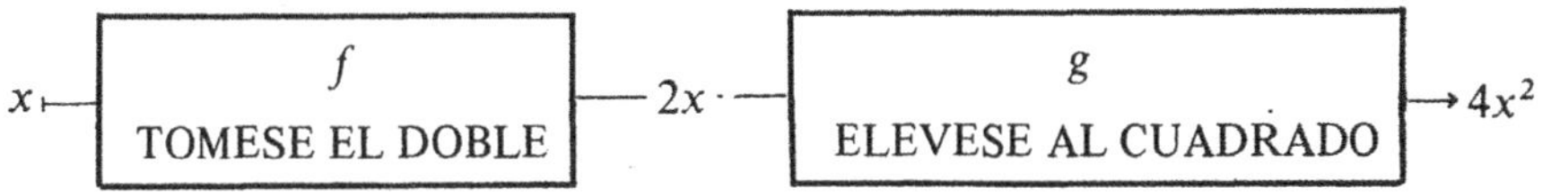

utilizando *primero* f y *después* g. Si llamamos h a esta *función compuesta*, entonces

$$h : x \longmapsto 4x^2 \quad (x \in R)$$

Composición

Estos ejemplos ilustran el mismo método de composición de funciones. A diferencia de las operaciones de la sección última, que eran simples extensiones de las operaciones aritméticas ordinarias, esta nueva composición no tiene analogía en la aritmética de los números. No podemos extender el uso de un símbolo, como hicimos con $+$, $-$, $\times$ y $\div$ ya que un tal símbolo no existe. Así pues tendremos que inventar un símbolo nuevo. El símbolo más comúnmente adoptado es el pequeño círculo $\circ$.

Así pues $g \circ f$ (pronúnciese "g con f") representa la función obtenida ejecutando *primero* f y *después* g.

> Si podemos definir una función h mediante la regla:
>
> $h(x) = g(f(x))$ ($x \in$ dominio de f)
>
> entonces designamos esta función por
>
> $h = g \circ f$

(Decimos a veces de $g \circ f$ que es una *función de función.*)

En forma de diagrama tenemos la regla extendida

$$x \longmapsto f(x) \longmapsto g(f(x)).$$

> Es muy importante tener en cuenta que $g \circ f$ significa que utilizamos primero f y después g.

Ejemplo 3

Si las funciones f y g están definidas por

$$f: x \longmapsto 2x + 3 \quad (x \in R)$$

y

$$g: x \longmapsto x^2 - 1 \quad (x \in R)$$

podemos calcular $g(f(x))$ sustituyendo x por $f(x)$ en la expresión que da $g(x)$:

$$g(x) = x^2 - 1$$

así que

$$g(f(x)) = [f(x)]^2 - 1$$

Pero

$$f(x) = 2x + 3$$

de modo que

$$g(f(x)) = (2x + 3)^2 - 1$$
$$= 4x^2 + 12x + 8$$

Así pues $g \circ f$ es la función definida por

$$g \circ f: x \longmapsto 4x^2 + 12x + 8 \quad (x \in R)$$

Ejercicio 1

(i) Si f y g son funciones definidas por

$$f : x \longmapsto x - 1 \quad (x \in R)$$

y

$$g : x \longmapsto x^2 \qquad (x \in R)$$

complétese lo siguiente:

(a) $f \circ g : x \longmapsto ? \quad (x \in R)$

(b) $g \circ f : x \longmapsto ? \quad (x \in R)$

(ii) Si f es la aplicación que traduce inglés a francés y g es la aplicación que traduce francés a alemán, ¿es $g \circ f$ o $f \circ g$ lo que traduce inglés a alemán?

Ejercicio 2

Dadas dos funciones cualesquiera f y g.

(i) ¿Es siempre posible formar $g \circ f$?

(ii) Si se puede formar $g \circ f$, ¿se podrá necesariamente formar $f \circ g$?

Dese una explicación de las respuestas.

3.4 Descomposición de funciones

En la última sección hemos visto métodos para construir fórmulas que describen funciones compuestas. Pero es muchas veces tan importante desmenuzar una fórmula en partes elementales como construir una fórmula nueva. Este es precisamente el proceso que se hace necesario cuando se ha de preparar una fórmula para ser "digerida" por un ordenador electrónico.

Ejemplo 1

Considérese la función sencilla

$$f : x \longmapsto 2x + 1 \quad (x \in R)$$

y supóngase que se nos pide hallar $f(7)$. Contestamos 15 apenas sin pensar. Pero ¿cómo tendríamos que describir este cálculo para una máquina?

INSTRUCCIONES
(i) Multiplique el número que yo le dé por 2
(ii) Añada 1 al resultado de (i).
(iii) Imprima el resultado de (ii).

Podríamos, por ejemplo, describir esta función f como una composición de dos funciones más sencillas g y h

$$h : x \longmapsto 2x \qquad (x \in R)$$

y

$$g : x \longmapsto x + 1 \qquad (x \in R)$$

entonces

$$g \circ h : x \longmapsto 2x + 1 \quad (x \in R)$$

Puede uno imaginar que, para funciones complicadas, este desmenuzamiento del cálculo en partes más simples constituye un aspecto importante del trabajo numérico. En cálculos complicados vale muchas veces la pena planificar las fases del trabajo, ya sea utilizando un diagrama de aplicaciones, por ejemplo

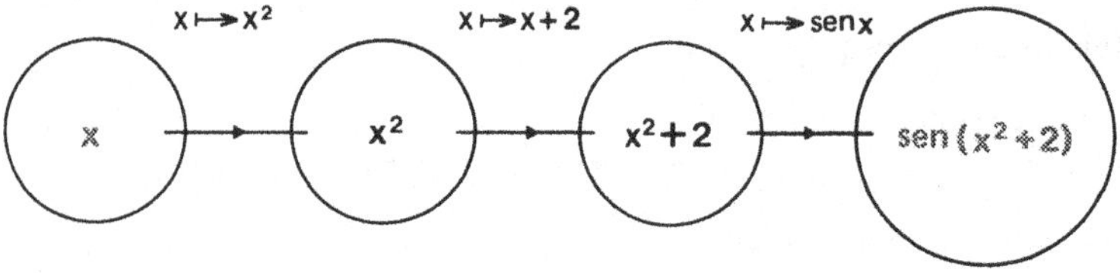

o bien mediante un DIAGRAMA DE FLUJO

x

| Elevar al cuadrado |

x^2

| Añadir 2 al número |

$x^2 + 2$

| Tomar el seno del número |

$\operatorname{sen}(x^2 + 2)$

Es importante saber analizar un procedimiento complicado descomponiéndolo en pequeñas unidades, ya se trate de un cálculo o de un problema de organización.

Ejercicio 1

Representar la descomposición de la función

$$f: x \longmapsto \frac{\cos(x-\theta)}{2} \quad (x \in R)$$

mediante (i) un diagrama de aplicaciones

y

(ii) mediante un diagrama de flujo.

3.5 Funciones inversas

Aplicaciones recíprocas

Uno de los ejemplos utilizados en el primer capítulo de este volumen fue la aplicación de un conjunto de personas en los grupos sanguíneos de las mismas. Este ejemplo ilustra un tipo de aplicación que se presenta a menudo en el que tiene sentido invertir la aplicación. En este caso la aplicación se invierte cuando alguien necesita una transfusión de sangre y se hace preciso encontrar un donante. En esta sección vamos a analizar este concepto de inversión de una aplicación.

Cuando alguien trata de localizar un libro en una biblioteca, el procedimiento recomendado consiste en consultar el catálogo y obtener su número de clasificación: el sistema de clasificación proporciona una aplicación pongamos c, tal que

$$c: \text{libros} \longrightarrow \text{números de clasificación}$$

Resulta muy de desear que c sea una función y no simplemente una aplicación. ¿Podría el lector decir por qué?

Por otra parte si lo que se desea es encontrar un libro sobre una materia particular, y se conoce el número clasificatorio de esta materia entonces se consulta un catálogo distinto que representa la aplicación, pongamos m, tal que

$$m: \text{números de clasificación} \longrightarrow \text{libros}$$

Si m es una función y no sólo una aplicación, podremos entonces estar seguros de que la biblioteca no es muy buena. ¿Podría el lector decir por qué?

Diremos que m es la APLICACION RECIPROCA de c

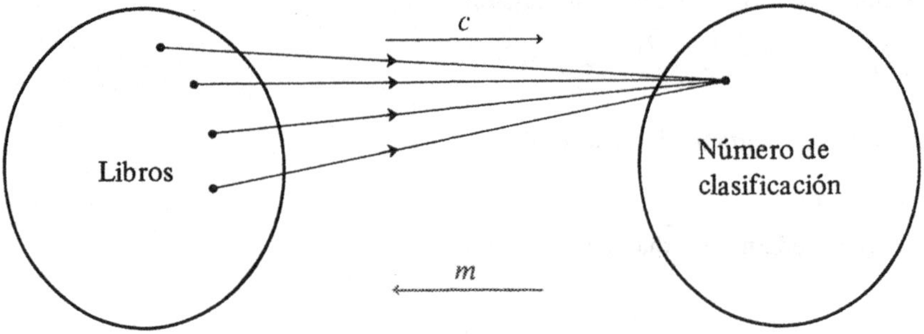

Una definición

Según hemos venido diciendo repetidamente en este libro, en matemáticas no basta con comprender un concepto, sino que hace falta definirlo con precisión. La manera más conveniente de definir una aplicación recíproca se basará probablemente en la lista de los pares que definen la aplicación. Una aplicación f de A en B tiene una gráfica que viene definida como el conjunto de todos los pares (x, y) tales que $x \in A$ e y es $f(x)$ o pertenece a $f(x)$, si $f(x)$ es un conjunto de elementos pertenecientes a $f(x)$.

> Si f aplica A en B y
>
> $S = \{(x, y) : x \in A \quad \text{e} \quad y = f(x) \text{ o } y \in f(x)\}$
>
> entonces la aplicación de un subconjunto de B en A cuya gráfica es
>
> $\{(y, x) : (x, y) \in S\}$
>
> recibe el nombre de aplicación recíproca de f.

Esta definición no es más que una manera rigurosa de decir que invertimos el orden de todos los pares en la lista que define la aplicación para obtener la aplicación recíproca. Pero hay un punto que no queda del todo claro. ¿Cuál es el dominio? Hemos dicho que es un subconjunto de B. Consideremos los ejemplos siguientes.

Ejemplo 1

Considérese la aplicación

Conjunto de personas en conjunto de números de teléfono

Una guía telefónica es una lista de todos los pares

(Persona, número de teléfono)

Si invertimos el orden, obtenemos una lista de todos los pares

(Número de teléfono, persona)

Esto sería la aplicación recíproca.

Ejemplo 2

Consideremos de nuevo el ejemplo del "color de los ojos"

Persona residente en Inglaterra → color de sus ojos

La inversión de esto consistiría simplemente en poner

Color de los ojos → persona residente en Inglaterra con este color de ojos

Pero hemos incluido CARMESI en nuestra lista de colores y

CARMESI → ?

¿Es en este caso la aplicación recíproca verdaderamente una aplicación? ¿Cuál es el dominio de la aplicación inversa? (Si no se está seguro de la respuesta a dar, repásese cuidadosamente la definición de APLICACION.)

Se podrá decir que estas dificultades vienen de nuestra imprudencia al incluir en el codominio colores tales como el carmesí. Pero ¿cómo podemos saber que colores son los que hemos de incluir si es que antes no hemos examinado el color de los ojos de cada una de las personas en cuestión?

Si g es la aplicación recíproca de f, y f tiene por dominio A, entonces el dominio de g es $f(A)$

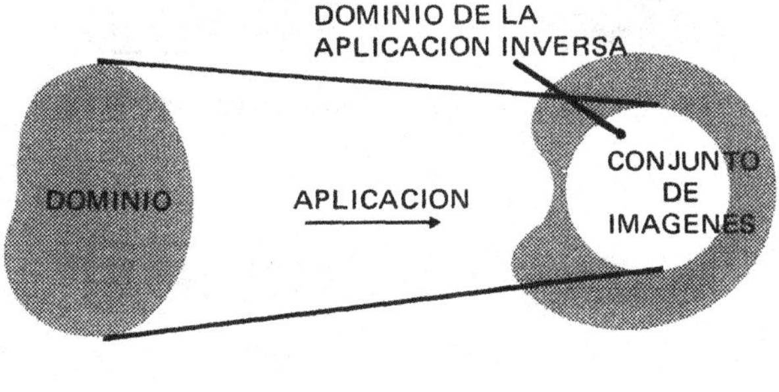

Hemos dicho antes que las funciones son importantes, pero ¿cuándo ocurre que la aplicación recíproca es una función? No existe ciertamente garantía alguna de que la recíproca de una función sea una función.

Ejemplo 3

$$f: x \longmapsto x^2 \quad (x \in [-1, 1])$$

es una función. La recíproca de f

$$g: x \longmapsto \{\sqrt{x}, -\sqrt{x}\} \quad (x \in [0, 1])$$

no es una función de acuerdo con la definición dada, ya que cada uno de los números en [0, 1] (con excepción de 0) tiene *dos* raíces cuadradas distintas.

En la sección 3.1 hemos resumido las distintas clases de aplicaciones mediante un diagrama. Podemos ahora considerar por separado cada una de las posibilidades, con lo que obtenemos los siguientes resultados:

Una aplicación uno a uno es una función cuya aplicación recíproca es también una función.

Una aplicación de varios a uno es una función cuya aplicación recíproca no es una función.

Una aplicación de uno a varios es una aplicación que no es una función, pero cuya aplicación recíproca es una función.

Una aplicación de varios a varios es una aplicación que no es una función, y cuya aplicación recíproca tampoco es una función.

Ejemplo 4

APLICACION UNO A UNO (FUNCION)

La aplicación anterior es UNO A UNO (por lo menos las autoridades de tráfico quieren que así sea.)

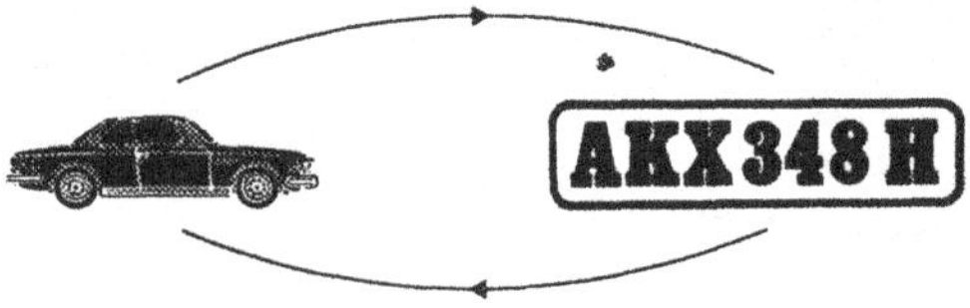

Cada coche tiene una matrícula única. Cada matrícula corresponde exactamente a un solo coche.

Ejemplo 5

APLICACION DE VARIOS A UNO (FUNCION)

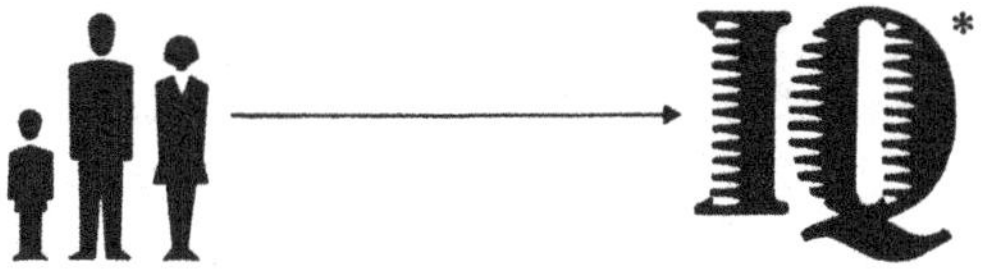

La aplicación del conjunto de todas las personas de Gran Bretaña en el conjunto de los enteros que se obtiene al aplicar una persona en su cociente de inteligencia (en uno de enero de 1971, por ejemplo) es de VARIOS A UNO. Cada persona tiene un cociente de inteligencia único (es de suponer) pero, por ejemplo habrá muchas personas cuya aplicación caerá en 100.

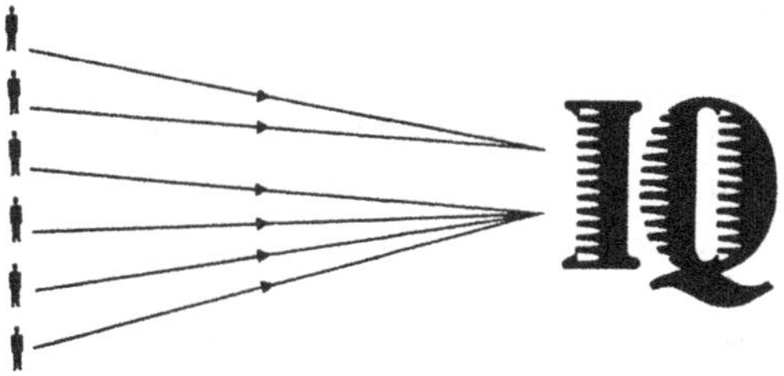

Ejemplo 6

APLICACION DE UNO A VARIOS (NO FUNCION)

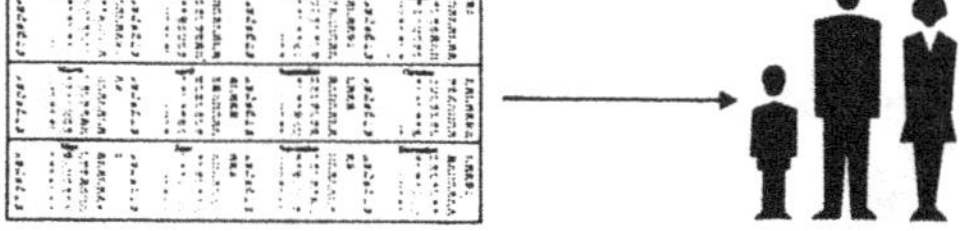

*Nota del Traductor: IQ es la representación abreviada de "Intelligence Quotient", en castellano "Cociente de Inteligencia".

La aplicación del calendario al conjunto de todas las personas que viven en Europa obtenida al aplicar una fecha al conjunto de todas las personas nacidas en dicha fecha, es de UNO A VARIOS.
Cada persona tiene un solo día de cumpleaños pero muchas personas distintas cumplen los años el mismo día.

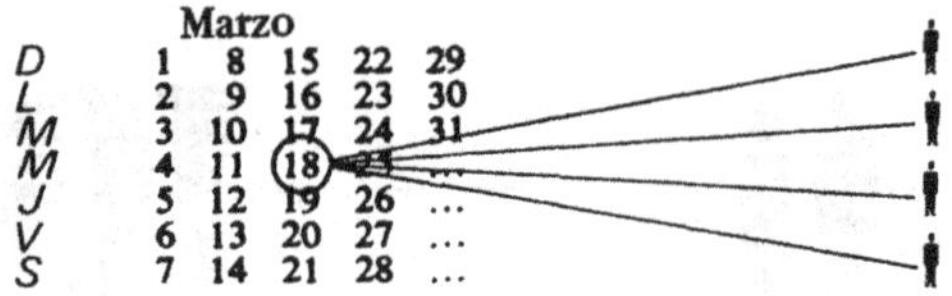

Ejemplo 7

APLICACION DE VARIOS A VARIOS (NO FUNCION)

La aplicación del conjunto de todas las mujeres que están o han estado casadas en el conjunto de todos los hombres, obtenida al aplicar una mujer en su marido o ex-marido es de VARIOS A VARIOS, ya que hay gente que se divorció y se vuelve a casar varias veces, y su compañero pudo haber estado antes casado. (El hecho de que esto no sea así para todos es irrelevante. Si se cumple para varias personas, ya es suficiente para que la aplicación sea de varios a varios.)

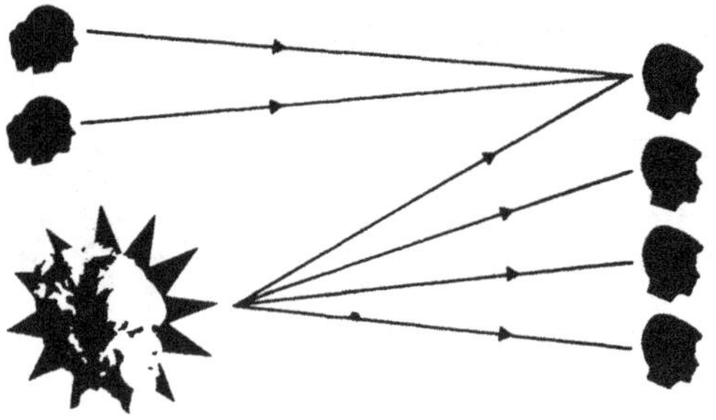

Ejemplo 8

La aplicación definida por

$$f: x \longmapsto x^2 - 1 \qquad (x \in R)$$

es de varios a uno (una función). $x^2 - 1$ se define como un solo número al dar un valor a x. Por otra parte una imagen puede corresponder a más de un número; por ejemplo, $f(3) = 8$ y $f(-3) = 8$.

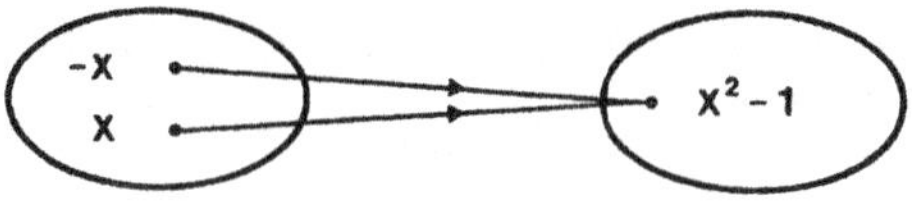

$f: x \longmapsto x^2 - 1$

Funciones inversas

Nos hemos planteado antes la cuestión: "¿Cuándo es la aplicación recíproca una función?" Podemos ahora contestar esto de manera muy sencilla:

> La aplicación recíproca es una función si la aplicación original es UNO A UNO o UNO A VARIOS. En ambos casos podremos llamar función inversa a la aplicación recíproca.

Caso uno a uno

Las funciones UNO a UNO son interesantes, ya que si f aplica A en B y g es la función inversa de f: entonces f toma un elemento a de A y lo lleva a su imagen en B, mientras que g trae de nuevo esta imagen en a, (y solamente en a).

Dicho de otro modo

$$g(f(a)) = a \quad \text{para todo } a \in A$$

Obsérvese que este enunciado sería también verdad en el caso de ser f una aplicación de uno a varios. Pero existe una diferencia; para aplicaciones uno a uno podemos *también* afirmar

$$f(g(b)) = b \quad \text{para todo } b \in f(A)$$

Podemos adoptar ahora la definición siguiente :

Si f es una función UNO a UNO de A en B, y si $f(A) = B$ (es decir, el codominio de f es igual al conjunto de todas las imágenes) entonces la función g de B en A donde $g(f(a)) = a (a \in A)$ recibe el nombre de FUNCION INVERSA de f.

La condición que imponemos al codominio de f, a saber, de que sea $f(A) = B$, se incluye para conservar la simetría; de este modo f aplica A en B y g aplica B en A. La condición $f(A) = B$ equivale a decir que B es el conjunto más pequeño que puede desempeñar el papel de codominio; dicho de otro modo, nos interesa excluir todos los elementos extraños tales como el desafortunado color carmesí de nuestro ejemplo del "color de los ojos".

Para funciones uno a uno cuyos dominio y codominio son R, o subconjuntos de R, es muchas veces posible calcular las inversas mediante operaciones algebraicas.

Ejemplo 9

Supóngase que nos interesa calcular la función inversa de f siendo

$$f: x \longmapsto 3x + 2 \quad (x \in R)$$

Si ponemos

$$y = f(x)$$

entonces

$$y = 3x + 2$$

y podemos calcular y si se nos da x.

La función inversa nos va a permitir el cálculo de x cuando se nos dé y, y podremos hallar esta inversa g sin más que reordenar la ecuación $y = 3x + 2$ para que nos de una ecuación de la forma

$$x = \text{algo que implica a } y \text{ (y no a } x) = g(y)$$

Haciendo esto obtenemos

$$x = \frac{y-2}{3}$$

así que

$$g(y) = \frac{y-2}{3}$$

y por lo tanto g es la aplicación

$$g : x \longmapsto \frac{x-2}{3} \quad (x \in R)$$

Podríamos por supuesto poner esto en la forma equivalente

$$g : y \longmapsto \frac{y-2}{3} \quad (y \in R)$$

Ejercicio 1

Determinar la función inversa de

$$f : x \longmapsto 4 - \frac{3}{x} \quad (x \in R^+)$$

(Téngase presente el dominio de la función inversa.)

Ejercicio 2

Si g es la función inversa de la función uno a uno f, ¿se cumple que

(i) f es la función inversa de g?
(ii) $g \circ f = f \circ g$?
(iii) $g(x) = \dfrac{1}{f(x)}$?

Inversas de funciones compuestas

Hemos visto que el problema de obtener una función inversa no es en esencia otro que el de "volver al revés" la función original. Para funciones de R en R esto significa por lo general encontrar un modo de cálculo. En algunos libros se conoce este procedimiento como "cambio del sujeto de la fórmula". Resulta a veces útil para obtener funciones inversas de funciones relativamente sencillas, descomponer una función en otras más elementales.

Ejemplo 10

La función

$$f: x \longmapsto 2x + 3 \quad (x \in R)$$

tiene dos componentes : "doblar" y "sumar 3". Si queremos invertir esta función tendremos que deshacer el cálculo "restar 3" y "hallar la mitad".

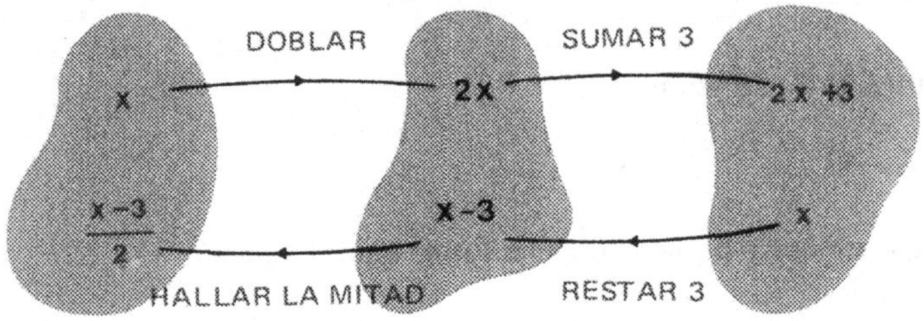

La función inversa es

$$g: x \longmapsto \frac{x-3}{2} \quad (x \in R)$$

En general, si f_1 y f_2 son funciones uno a uno y tienen inversas g_1 y g_2, entonces

la inversa de $f_2 \circ f_1$ es $g_1 \circ g_2$

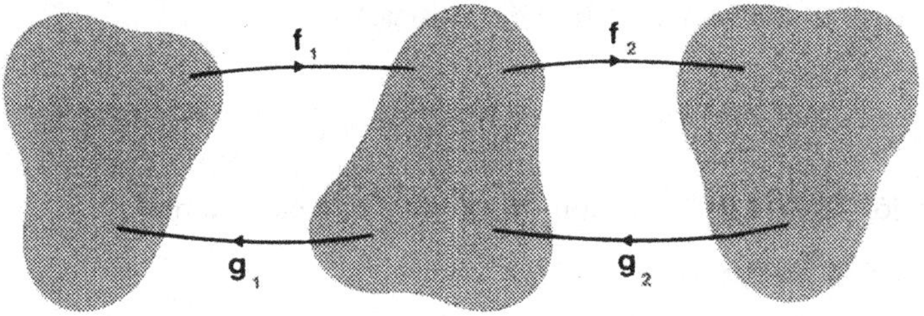

Póngase atención en el orden en que se combinan las inversas; al invertir, lo primero que se invierte es el último paso. Ocurre con esto lo mismo que con muchas operaciones de la vida ordinaria. Al poner un parche en un neumático de bicicleta, se quita primero el neumático y después la recámara. Para invertir esta operación una vez hecho el trabajo se coloca primero la recámara y después el neumático.

Ejercicio 3

La función uno a uno f en que

$$f: x \longmapsto 3x^2 + 2 \quad (x \in R^+)$$

aplica un elemento x a un elemento y donde

$$y = 3x^2 + 2$$

La función inversa g, volverá a aplicar y en x. Obténgase una fórmula para g cambiando el sujeto, es decir expresando x en términos de y.

3.6 Ejercicios adicionales

Ejercicio 1

Clasificar las aplicaciones siguientes como

uno a uno	o	varios a uno	o	uno a varios	o	varios a varios

(i) $x \longmapsto |x^3 + 1|$ $(x \in R)$
(ii) $x \longmapsto \operatorname{sen} x + \cos x$ $(x \in R)$
(iii) $x \longmapsto (|x| - 1)^2$ $(x \in R)$
(iv) $x \longmapsto \{x, -x\}$ $(x \in R^+)$
(v) $x \longmapsto \{\sqrt{(1 + 3x^2)}, -\sqrt{(1 + 3x^2)}\}$ $(x \in R)$

Ejercicio 2

Si f y g son funciones

$$f: x \longmapsto x^2 + 1 \quad (x \in R)$$
$$g: x \longmapsto 2x - 3 \quad (x \in R)$$

completar el siguiente cálculo de la función $g \circ f$.

La imagen de R por f es el conjunto de los números reales mayores o iguales que 1 y este conjunto está contenido en el dominio de g. La combinación de $g \circ f$ es por lo tanto posible.

Podemos especificar $g \circ f$ dando una fórmula $g(f(x))$ y diciendo cual es el dominio.

(i) El dominio de f es ?
Por lo tanto el dominio de $g \circ f$ será ?

(ii) Sea $y = f(x)$, de modo que $y = ?$

(iii) Sea $z = g(y)$, de modo que $z = ?$

(iv) Poniendo (ii) en (iii) se obtiene $z = ?$

(v) $g \circ f$ es la función definida por ?

Ejercicio 3

¿Qué se puede decir acerca de la gráfica de una función uno a uno, suponiendo que esta gráfica es una curva no interrumpida? (AYUDA: Un modo de abordar esto podría ser trazando unas cuantas gráficas, diciendo de cada una de ellas si es o no es uno a uno, y después intentando dar una generalización.)

Ejercicio 4

Calcular las aplicaciones recíprocas o las funciones inversas de las funciones que a continuación se definen:

(i) $f: x \longmapsto 7x - 1 \quad (x \in R)$
(ii) $f: x \longmapsto 4x^2 + 3 \quad (x \in R)$

3.7 Soluciones a los Ejercicios

Sección 3.1

Ejercicio 1

(i) Varios a uno, por ejemplo $1 \longmapsto 5$ y $-1 \longmapsto 5$.
(ii) Uno a uno.
(iii) Varios a uno, por ejemplo $0 \longmapsto 0$, $\pi \longmapsto 0$, etc.

Sección 3.2

Ejercicio 1

Si observamos las definiciones, vemos que nuestra aritmética la practicamos en el codominio. Es por lo tanto sólo el codominio el que tiene que ser necesariamente R. La única restricción para el dominio es la de que tiene que ser el mismo para f que para g. Un ejemplo, entre muchos posibles sería

$f: x \longmapsto$ calificación en el primer examen (x ∈ conjunto
$g: x \longmapsto$ calificación en el segundo examen de estudiantes)

Ejercicio 2

(i) $g + f : x \longmapsto 6x + 6x^2 \quad (x \in [-1, 1])$
(ii) $g \div f : x \longmapsto 1/x \quad (x \in [-1, 1]$ y $x \neq 0)$
(iii) $f \div g : x \longmapsto x \quad (x \in [-1, 1]$ y $x \neq 0)$

(Aunque sea $f(x)/g(x) = x$, esto solamente se cumple cuando podemos efectuar efectivamente la operación de dividir. Por lo tanto matemáticamente, y por definición, tenemos que excluir $x = 0$. Esto es un punto importante.)

(iv) $f \times g : x \longmapsto 36x^3 \quad (x \in [-1, 1])$

Sección 3.3

Ejercicio 1

(i) (a) $f \circ g : x \longmapsto x^2 - 1 \quad (x \in R)$
(b) $g \circ f : x \longmapsto (x - 1)^2 \quad (x \in R)$

(ii) Tendría que ser $g \circ f$ aunque en la práctica el resultado es distinto cuando se pasa al alemán a través del francés de cuando se va directamente desde el inglés.

Ejercicio 2

(i) NO. Solamente podemos formar $g \circ f$ si el conjunto de todas las imágenes del dominio de f es un subconjunto del (o es igual al) dominio de g. Consideremos, por ejemplo,

f :persona → color de sus ojos (dominio el conjunto de todas las personas)

$g : x \longmapsto x^2 \quad (x \in R)$

Entonces no podemos formar $g \circ f$, ya que el cuadrado de un color no está definido.

(ii) NO. Tenemos ahora. restricciones en el conjunto de las imágenes por g y en el dominio de f. Considérese, por ejemplo,

$f : x \longmapsto \sqrt{x} \quad (x \in R^+)$

$g : x \longmapsto x + 3 \quad (x \in R)$

Entonces

$g \circ f : x \longmapsto \sqrt{x} + 3 \quad (x \in R^+)$ es satisfactorio

pero

$f \circ g : x \longmapsto \sqrt{(x + 3)}$ no está definida para $x < -3$.

Sección 3.4

Ejercicio 1

(i) $x \longmapsto x - \theta \qquad x \longmapsto \cos x \qquad x \longmapsto \dfrac{x}{2}$

$$x \longmapsto x - \theta \longmapsto \cos(x - \theta) \longmapsto \frac{\cos(x - \theta)}{2}$$

(ii)

x

↓

Restar θ del número

↓

Tomar el coseno del número

↓

Tomar la mitad del número

Sección 3.5

Ejercicio 1

$$g : x \longmapsto \frac{3}{4 - x} \quad (x \in \text{conjunto de números reales menores que } 4)$$

Recuérdese que el dominio es $f(R^+)$. Al ser x positivo, $4 - \frac{3}{x}$ es siempre menor que 4. La gráfica de f hace ver bien claramente que el conjunto de las imágenes es el conjunto de todos los números reales menores que 4.

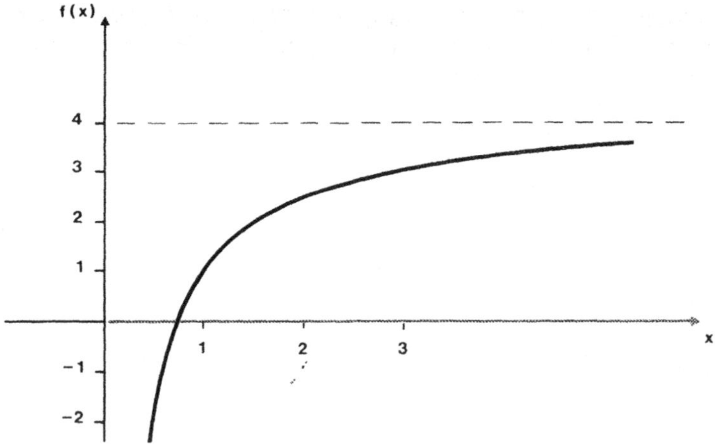

Ejercicio 2

(i) SI. En realidad hemos definido la función inversa de f solamente cuando f es uno a uno. Según hemos indicado en el texto, podríamos haber definido una función inversa de una aplicación f de uno a varios; por supuesto f no es en tal caso una función.

(ii) Tanto $g \circ f$ como $f \circ g$ vienen dadas por la fórmula $x \longrightarrow x$. Pero el dominio de $g \circ f$ es el de f, y el dominio de $f \circ g$ es el de g De este modo $f \circ g = g \circ f$ si y sólo si f y g tienen el mismo dominio.

Por ejemplo, en el ejercicio anterior se puede comprobar que la fórmula es $x \longrightarrow x$ tanto para $g \circ f$ como para $f \circ g$. Pero el dominio de $g \circ f$ es el dominio de f, es decir R^+, mientras que el dominio de $f \circ g$ es el dominio de g, o sea el conjunto de los números reales menores que 4.

El ejemplo 9 proporciona un caso en que $g \circ f = f \circ g$.

(iii) NO. Si f: $x \longrightarrow x$, entonces g: $x \longrightarrow x$, de modo que $g(x) \neq \frac{1}{x}$ a no ser que el dominio de f sea $\{1\}$.

Ejercicio 3

Reordenando la ecuación obtenemos

$$x = \pm\sqrt{\left(\frac{y-2}{3}\right)}$$

Al ser f uno a uno tendremos que elegir los signos correctamente y obtener un solo valor de x en términos de y. Al ser $x \in R^+$, tomamos el signo positivo y de este modo

$$x = \sqrt{\left(\frac{y-2}{3}\right)}$$

o

$$g: y \longmapsto \sqrt{\left(\frac{y-2}{3}\right)}$$

Para hallar el dominio de g, necesitamos conocer $f(R^+)$. Si $x \in R^+$ entonces $f(x)$ es siempre mayor que 2. Obtenemos así finalmente

$$g: x \longmapsto \sqrt{\left(\frac{x-2}{3}\right)} \quad (x \in \text{conjunto de los números reales mayores que } 2)$$

(Obsérvese que esto constituye un ejemplo en que el dominio de f resulta crítico. Si f tuviera por dominio R, no sería uno a uno, y la aplicación recíproca (*no* la inversa) no sería una función.)

Sección 3.6

Ejercicio 1

(i) Varios a uno, por ejemplo $1 \longmapsto 2$ y $-\sqrt[3]{3} \longmapsto 2$

(ii) Varios a uno, por ejemplo $0 \longmapsto 1$ y $\frac{\pi}{2} \longmapsto 1$

(iii) Varios a uno, por ejemplo $-1 \longmapsto 0$ y $1 \longmapsto 0$

(iv) Uno a varios. (Si el dominio hubiese sido R en lugar de R^+, la aplicación hubiese sido entonces de varios a varios.)

(v) Varios a varios, por ejemplo $1 \longmapsto \{2, -2\}$, $-1 \longmapsto \{2, -2\}$.

Ejercicio 2

(i) R, R

(ii) $y = x^2 + 1$

(iii) $z = 2y - 3$

(iv) $z = 2(x^2 + 1) - 3$

(v) $x \longmapsto 2x^2 - 1 \quad (x \in R)$

Ejercicio 3

La gráfica no puede "doblarse" sobre sí misma. $f(x)$ tiene que o bien crecer continuamente o bien decrecer continuamente al crecer x.

Ejercicio 4

(i) $g: x \longmapsto \frac{x+1}{7} \qquad (x \in R)$

(ii) $g: x \longmapsto \left\{\sqrt{\left(\frac{x-3}{4}\right)}, -\sqrt{\left(\frac{x-3}{4}\right)}\right\}$ ($x \in$ conjunto de los números reales mayores o iguales que 3)

Capítulo 4

Límites

4.0 Introducción

En el Capítulo 2 hemos introducido de una manera muy intuitiva el concepto de límite de una sucesión.

En este capítulo vamos a extender el concepto de límite a *funciones reales*. Son estas funciones aquellas cuyos dominio y codominio son R o subconjuntos de R. Consideraremos en primer lugar el límite de una función de una variable real x cuando x se hace muy grande. Después consideraremos el concepto de límite de una función real en un punto cualquiera.

Este segundo concepto nos permitirá llegar al concepto de continuidad de una función. Sin embargo, en todo este capítulo seguiremos con nuestro planteamiento intuitivo dejando para el Capítulo 6 un tratamiento más riguroso.

4.1 Límites de funciones reales

Si bien el concepto de límite adquiere su forma más sencilla cuando se aplica a sucesiones, su aplicación no se restringe en ningún modo a las sucesiones. Por ejemplo, al golpear una campana la presión del aire de alrededor variará con el tiempo de una manera aproximada a la que se indica a continuación.

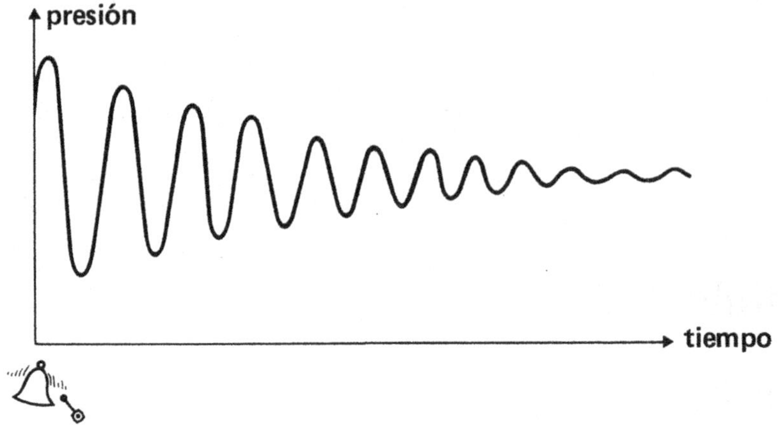

La amplitud de las oscilaciones decrece lentamente con el tiempo, de modo que mucho tiempo después de haber tocado la campana, la presión es aproximadamente constante e igual a la presión atmosférica.

Esta gráfica es análoga cualitativamente a la gráfica de una sucesión convergente, por ejemplo la parte (vi) del Ejercicio 2.3.1 (página 55), y así podemos abrigar la esperanza de poder utilizar aquí también los conceptos de convergencia y de límite. En los dos casos estamos tratando con una función: en el ejemplo de la campana porque la presión del aire depende del tiempo transcurrido desde el momento de tocar la campana, y en el ejemplo de la sucesión porque el término k-ésimo de la sucesión depende de k. La diferencia principal en estas dos funciones reside en que en el ejemplo de la campana el dominio es R, mientras que para una sucesión infinita el dominio es Z^+.

A pesar de esta diferencia, la definición intuitiva puede ser trasladada muy fácilmente del caso de las sucesiones al caso de funciones de dominio R^+ y codominio R o subconjuntos de R. Para dar otro ejemplo, tenemos aquí una gráfica que hace ver la dependencia de la presión atmosférica (en un determinado instante) de la altura sobre el nivel del mar.

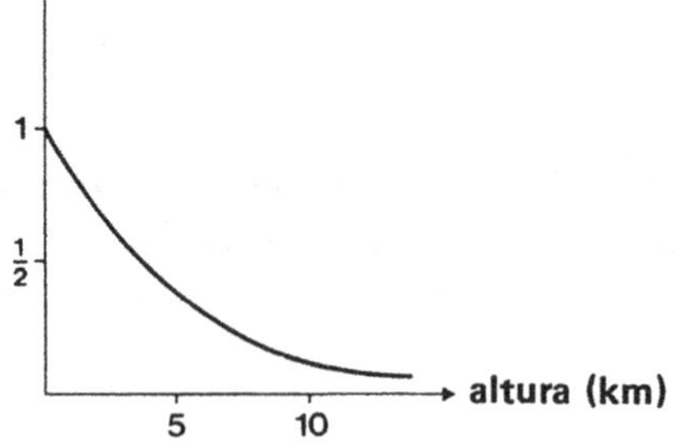

Cuando la altura es muy grande, la presión atmosférica es muy pequeña.

La analogía de este enunciado con la definición intuitiva de límite de una sucesión infinita (página 51) parece indicar que el concepto de límite será aquí también útil. En consecuencia adoptamos aquí la siguiente:

Definición intuitiva de límite
Si f es una función real y L un número, entonces "L es el límite de f para números grandes de su dominio" equivale a decir "cuando x es muy grande, $f(x)$ es una aproximación muy buena de L".

Utilizamos la notación $\lim_{x \text{ grande}} f(x)$ para el límite de f para números grandes de su dominio. * Así pues, si f es la función que aplica el tiempo en la presión en la primera gráfica de esta sección, entonces $\lim_{x \text{ grande}} f(x)$ es la presión atmosférica media; y si g es la función que aplica la altura en la presión en la gráfica segunda, entonce $\lim_{x \text{ grande}} g(x)$es 0. Puede también utilizarse la misma notación para límites de sucesiones; así pues el límite de la sucesión $1, \frac{1}{2}, \frac{1}{3}, \ldots$ puede ponerse en la forma $\lim_{k \text{ grande}} \frac{1}{k}$.

Ejercicio 1

Las funciones siguientes tienen todas por dominio R^+. ¿Cuáles de ellas tienen límite para números grandes de su dominio y cuáles son los límites en cuestión?

(i) $t \longmapsto 4$

(ii) $t \longmapsto t^2$

(iii) $t \longmapsto \dfrac{1}{t}$

(iv) $t \longmapsto \operatorname{sen} t$

(v) $t \longmapsto \dfrac{\operatorname{sen} t}{t}$

Límite cerca de un punto

Existe otra manera de aplicar a las funciones el concepto de límite. Esta vez la analogía con los límites de sucesiones, si bien todavía existe, ya no es tan próxima. Consideremos

*Se podría haber utilizado aquí cualquier letra en lugar de x por ejemplo $\lim_{t \text{ grande}} f(t)$. Es muy corriente utilizar en este mismo sentido notaciones tales como $\lim_{x \to \infty} f(x)$, pero preferimos evitar el símbolo ∞ por ahora, ya que nos parece peligroso utilizarlo cuando no se entiende debidamente.

el significado de "tasa de cambio" de las imágenes por una función. Por ejemplo, la posición de un coche que circula hacia el norte en una carretera recta desde Londres puede especificarse con bastante aproximación dando su distancia desde su posición inicial (pongamos desde Westminster). Esta distancia depende del tiempo: designémosla por $f(t)$, donde t es el tiempo que ha transcurrido desde que el coche salió de Londres (pongamos a mediodía). Si conocemos la función f, ¿cómo calcularemos la velocidad,** es decir, la tasa de cambio de $f(t)$?

Resulta muy fácil calcular la velocidad *media* del coche durante un cierto intervalo de tiempo dado; es la distancia recorrida en dicho intervalo de tiempo dividida por la duración del intervalo. Por ejemplo, si el coche recorre 11 millas en 10 minutos, entonces su velocidad media sobre dicho intervalo de tiempo es $\frac{11}{\frac{1}{6}} = 66$ millas/h (ya que 10 minutos = $\frac{1}{6}$ hora). Esta regla para el cálculo de velocidades medias la podremos expresar en una fórmula:

$$\text{velocidad media} = \frac{x_2 - x_1}{t_2 - t_1} = \frac{f(t_2) - f(t_1)}{t_2 - t_1} = w(t_1, t_2), \qquad \text{Ecuación (1)}$$

donde t_1 y t_2 son los tiempos a partir de mediodía al comienzo y al final respectivamente del intervalo de tiempo y $x_1 = f(t_1)$, $x_2 = f(t_2)$ son las distancias desde Londres al principio y al final del intervalo de tiempo respectivamente. Esta fórmula define $w(t_1, t_2)$ para $t_1 < t_2$ y también para $t_1 > t_2$ pero no para $t_1 = t_2$.

Lo que importa sin embargo en muchos casos no es la velocidad media sino la velocidad *instantánea.*

Supongamos por ejemplo que el coche tuviera un choque; entonces la velocidad que sería de vital importancia para los ocupantes del coche sería la velocidad en el instante del impacto, no la velocidad media durante los 10 minutos anteriores, ni siquiera durante los 10 segundos anteriores, durante los cuales el conductor puede haber frenado violentamente. La manera inmediata de tratar de obtener las velocidades instantáneas a partir de la ecuación (1) consiste en considerar el intervalo de tiempo cuya duración tiende a anularse, o sea, en poner $t_2 = t_1$. Puesto que la distancia recorrida por el coche durante este intervalo nulo es 0, la fracción de la ecuación (1) toma ahora la forma $\frac{0}{0}$; esta expresión carece sin embargo de sentido ya que no existe ningún modo racional de definir la división por 0. Si hacemos $(t_2 - t_1)$ pequeño, podremos calcular la velocidad media

**Al decir "velocidad" se ha de entender conocida la dirección. Aquí son solamente posibles dos direcciones: de Londres hacia fuera y hacia Londres. Las distinguimos dando a la velocidad un signo positivo para el movimiento de Londres hacia fuera, y negativo para el movimiento hacia Londres.

sobre un intervalo de tiempo tan corto como queramos, pero si intentamos alcanzar la velocidad instantánea haciendo que el intervalo de tiempo sea exactamente 0, la cantidad que estamos buscando se nos escapa.

Para alcanzar a este pez escurridizo (suponiendo que realmente existe) se hace necesaria una técnica más refinada mediante la cual deducimos la velocidad instantánea a partir de las velocidades medias sobre intervalos de tiempo muy cortos. Para construir una definición de la velocidad instantánea en términos de las velocidades medias, hacemos uso del concepto de límite. Resulta razonable suponer que la velocidad instantánea no cambia con mucha rapidez ni fluctúa a lo loco, y que por lo tanto la velocidad media sobre un intervalo de tiempo muy corto que incluya el instante t_1, constituirá una aproximación muy buena de la velocidad instantánea. Para simplificar, intentemos hallar una definición de la velocidad instantánea, v_1, en un instante particular t_1 en términos de las velocidades medias sobre intervalos de tiempo que empiezan o finalizan en t_1.

Dicho de otro modo, si definimos una función g poniendo:

$$g: t \longmapsto w(t_1, t) \quad (t \in \text{ dominio de } f \text{ y } t \neq t_1)$$

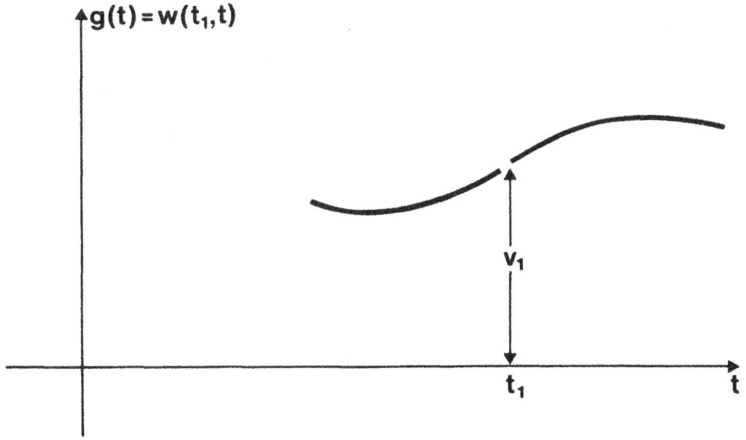

entonces $g(t)$ constituye una aproximación muy buena de v_1 siempre que t se halle muy próximo a t_1, pero $g(t_1)$ no existe. Esto tiene un cierto parecido con la definición intuitiva de la página 87 del límite de una función para valores muy grandes de su dominio, sólo que aquí nos interesan los valores muy próximos a t_1 en vez de los valores muy grandes. Hemos llegado así a un nuevo tipo de límite, cuya definición intuitiva puede formularse como sigue:

Definición intuitiva de límite

Si g es una función real y a y L son números reales, "L es el límite de g cerca de a" equivale a decir "si x está muy cerca de a, pero no es igual a a, entonces $g(x)$ está muy cerca de L".

La notación que vamos a utilizar para el límite de g cerca de a es

$$\lim_{x \rightsquigarrow a} g(x)$$

La notación

$$\lim_{x \to a} g(x)$$

es más corriente, pero ya hemos convenido en utilizar la flecha recta para aplicaciones.

El límite de g cerca de a se describe a menudo como "el límite de $g(x)$ cuando x se acerca (o tiende hacia) a" ya que resulta muchas veces conveniente interpretar el límite en términos de un movimiento: si el valor de x varía con el tiempo, acercándose constantemente hacia a (sin alcanzarlo nunca) el valor de $g(x)$ varía de una manera continua y eventualmente se acerca tanto como queramos a $\lim_{x \rightsquigarrow a} g(x)$.

En esta definición puede observar el lector que el mismo a no tiene que pertenecer necesariamente al dominio de g: la definición hace referencia a valores de x que están muy cerca de a, pero no considera el valor $x = a$. Si a pertenece al dominio de g, el valor de $g(a)$ no afecta al valor de $\lim_{x \rightsquigarrow a} g(x)$ y los dos números pueden ser iguales o distintos. Si a no pertenece al dominio de g entonces $g(a)$ no existe, pero aun siendo así puede existir $\lim_{x \rightsquigarrow a} g(x)$. En el ejemplo que damos a continuación los límites cuando x se aproxima a 1 y a -1 tienen exactamente los mismos valores como si la gráfica fuese una recta continua:

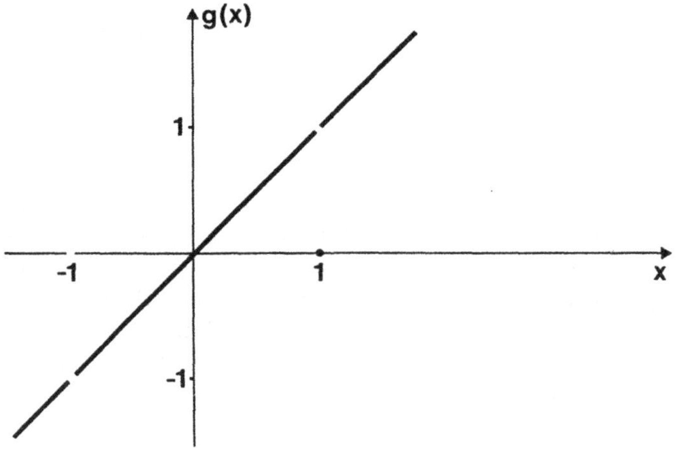

El diagrama que precede es una gráfica de la función g definida por

$$g: x \longmapsto \begin{cases} x & \text{si } x \neq 1 \\ 0 & \text{si } x = 1 \end{cases} \quad (x \in R \quad \text{y } x \neq -1)$$

En esta gráfica

$$\lim_{x \to 0} g(x) = 0 = g(0)$$

pero

$$\lim_{x \to 1} g(x) = 1 \neq g(1)$$

y

$$\lim_{x \to -1} g(x) = -1, \text{ pero } g(-1) \text{ no existe.}$$

(Compárese con el ejemplo de velocidad al cual nos hemos referido antes: es precisamente por no estar definido $g(t_1)$ que utilizamos $\lim_{x \to t_1} g(x)$ para definir v_1.)

Ejercicio 2

Trácense las gráficas de las funciones siguientes y determínense sus límites cerca de 1.

(i) g_1, donde $g_1: x \longmapsto x + 1 \qquad (x \in R)$

(ii) g_2, donde $g_2: \begin{cases} x \longmapsto x + 1 & \text{si } x \neq 1 \\ x \longmapsto 0 & \text{si } x = 1 \end{cases} \qquad (x \in R)$

(iii) g_3, donde $g_3: x \longmapsto \dfrac{(x^2 - 1)}{x - 1} \qquad (x \in R \quad \text{y } x \neq 1)$

Ejercicio 3

¿Es verdadera o falsa la proposición que sigue? Si es verdadera dése una demostración.* Si es falsa, preséntese un contraejemplo.

"Si $\lim_{x \to a} f(x) = L$, donde a y L son números reales y f es una función real, y $x_1, x_2, x_3 \ldots$ es una sucesión con límite a, ninguno de cuyos elementos es igual a a, entonces el límite de la sucesión $f(x_1), f(x_2), \ldots$ es L."

*Entendemos aquí por demostración un modo de argumentar que no es necesariamente una deducción rigurosamente lógica. Puede ser por ejemplo un razonamiento basado en un diagrama o en una "definición intuitiva".

4.2 Continuidad

Las gráficas de ciertas funciones reales pueden dibujarse sin levantar el lápiz del papel, mientras que para otras funciones esto no resulta posible. De las primeras se dice que son funciones continuas, y este concepto de continuidad lo podemos expresar en forma matemática utilizando el concepto de límite de una función. Empezamos considerando algunos ejemplos.

Ejemplo 1

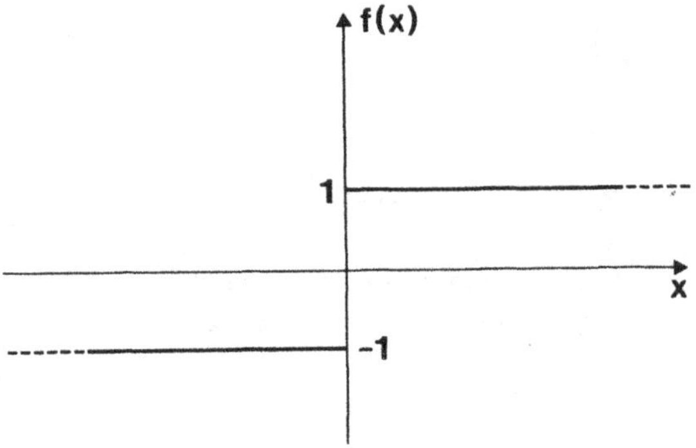

Esta es la gráfica de la función:

$$f: x \longmapsto \begin{cases} +1 \text{ si } x > 0 \\ -1 \text{ si } x < 0 \end{cases}$$

de dominio R (excluyendo el cero).

Ejemplo 2

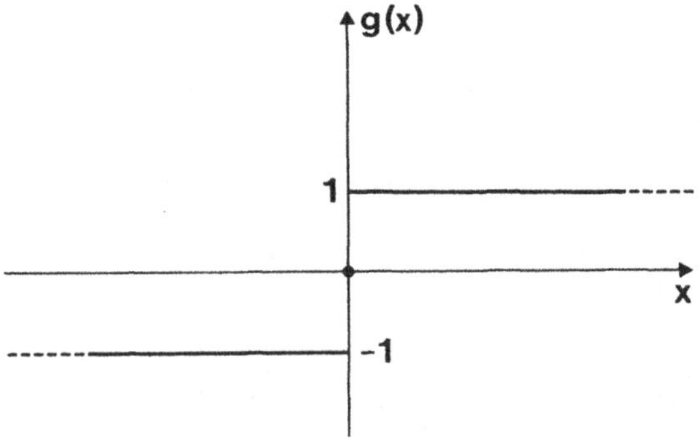

Esta es la gráfica de la función:

$$g : x \longmapsto \begin{Bmatrix} +1 \text{ si } x > 0 \\ 0 \text{ si } x = 0 \\ -1 \text{ si } x < 0 \end{Bmatrix} \quad (x \in R)$$

Recibe a veces el nombre de función signo, ya que $g(x)$ tiene el signo, pero no la magnitud de x.

Ejemplo 3

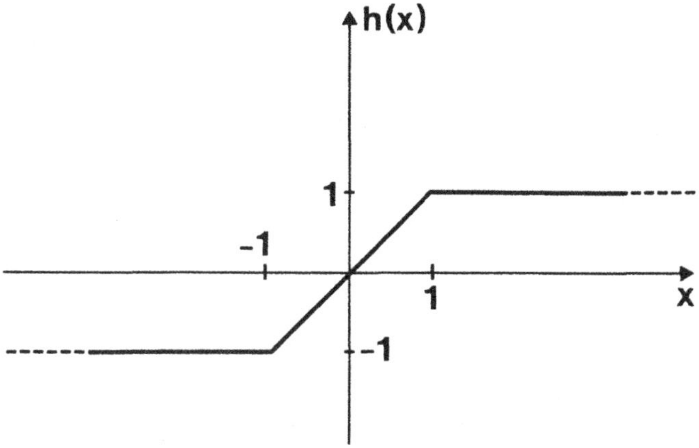

Esta es la gráfica de la función:

$$h : x \longmapsto \begin{Bmatrix} -1 \text{ si } x \leqslant -1 \\ x \text{ si } -1 < x < 1 \\ +1 \text{ si } x \geqslant 1 \end{Bmatrix} (x \in R)$$

La *interrupción* y el *salto* de la gráfica del Ejemplo 1, al combinarse, producen el efecto de que si x es verdaderamente muy pequeño, entonces un ligero cambio en x puede producir un cambio de magnitud 2 en $f(x)$. De manera análoga, los saltos en la gráfica del Ejemplo 2 tienen el efecto de que un ligero cambio en x cerca del valor cero puede dar lugar a un cambio de magnitud 1 ó 2 en $g(x)$.

En el Ejemplo 3, la gráfica no presenta ni interrupción ni salto. Un cambio pequeño en x produce necesariamente sólo un cambio pequeño en $h(x)$. Las funciones de los Ejemplos

1 y 2 se dice que son *discontinuas* en 0, pero *continuas* en los demás puntos. La función del Ejemplo 3 es continua por todas partes en su dominio.

El concepto de límite de una función en un punto sirve admirablemente para proporcionar una definición precisa de continuidad. Para una función real f, hemos definido el límite de f cerca de a como un número L tal que si x está muy cerca de a, pero no coincide con a, entonces $f(x)$ está muy cerca de L. Si este límite existe, y a pertenece al dominio de f, entonces la única interrupción posible en la gráfica cuando x está cerca de a consistirá en un punto desplazado para $x = a$; por ejemplo:

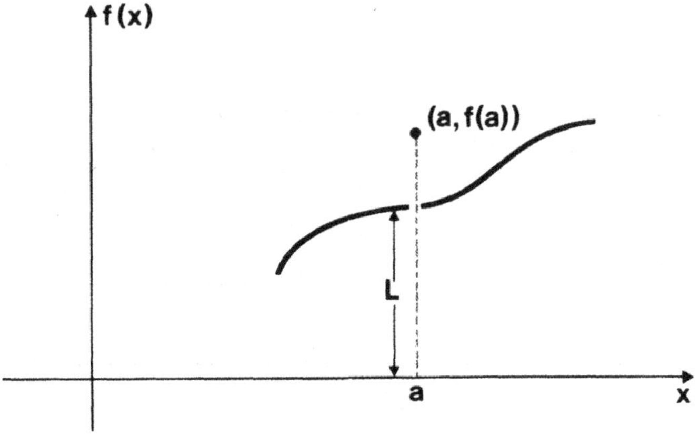

Sin embargo, si el límite cerca de a no solamente existe sino que es igual a $f(a)$, entonces la función no tiene ni interrupción ni salto en a y de ella se puede decir muy bien que es continua en a.

En consonancia con esto damos la

> Definición de continuidad
>
> Si f es una función real y a es un elemento de su dominio, entonces "f es continua en a" equivale a decir : "$\lim_{x \to a} f(x)$ existe y es igual a $f(a)$".

Obsérvese que ahora exigimos que a pertenezca al dominio, mientras que al definir $\lim_{x \to a} f(x)$ no lo exigíamos; según esta definición, si $f(a)$ no está definido (es decir, si a no pertenece al dominio), entonces f no es continua en a. De este modo la definición encaja también en este caso con nuestra idea intuitiva de continuidad, ya que la gráfica tiene que tener una interrupción en a si $f(a)$ no está definido.

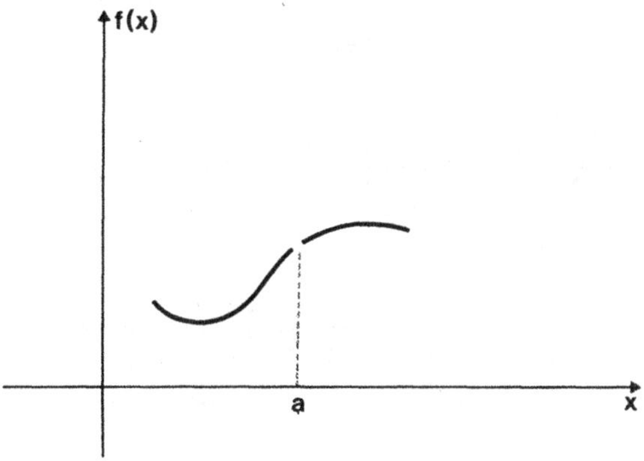

Ejemplo de una función f
para la cual f(a) no está definido

La manera práctica de descubrir si una función es o no continua consiste en trazar su gráfica. A continuación damos las gráficas de unas cuantas funciones:

Ejemplo 4

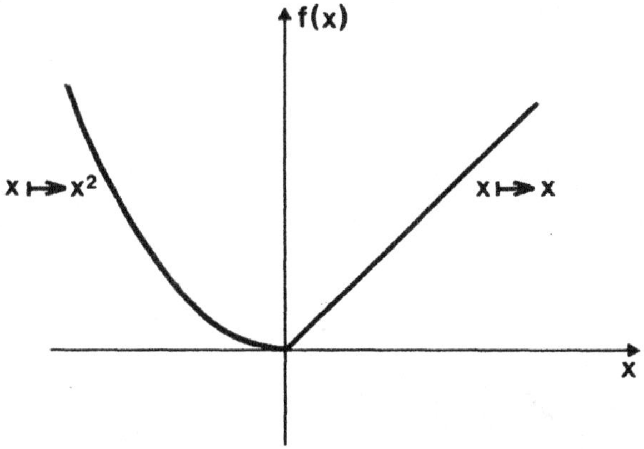

$$f : x \longmapsto \left\{ \begin{array}{ll} x & \text{si } x \geqslant 0 \\ x^2 & \text{si } x < 0 \end{array} \right\} \quad (x \in R)$$

es continua en todo su dominio.

Ejemplo 5

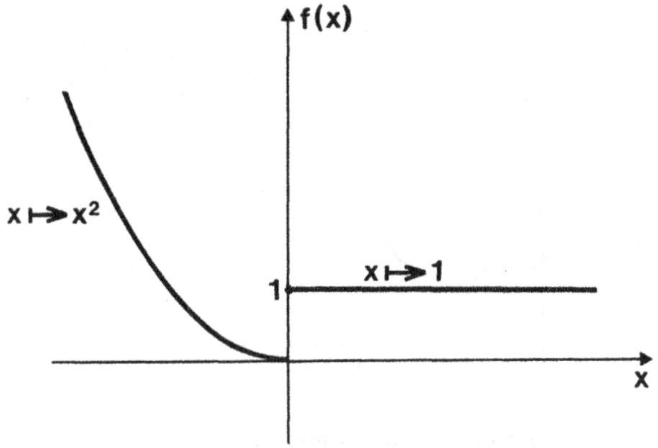

$$f: x \longmapsto \begin{Bmatrix} 1 & \text{si } x \geqslant 0 \\ x^2 & \text{si } x < 0 \end{Bmatrix} \quad (x \in R)$$

es discontinua en 0 (debido al salto), pero continua en todo lo demás.

Ejemplo 6

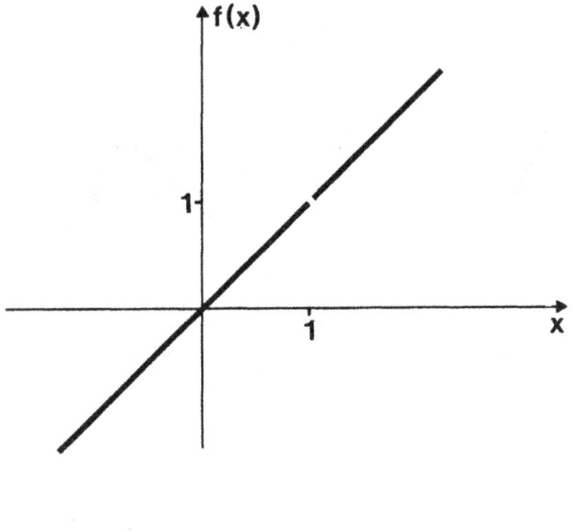

$$f: x \longmapsto x \quad (x \in R \ \text{ y } \ x \neq 1)$$

es discontinua en 1 (debido a la interrupción en el dominio), pero continua en todo lo demás.

Ejercicio 1

¿Cuáles de las funciones siguientes son continuas en 0?

(i) h_1, donde $h_1:\begin{Bmatrix} x \longmapsto x & \text{si } x \geqslant 0 \\ x \longmapsto 0 & \text{si } x < 0 \end{Bmatrix}$ $(x \in R)$

(ii) h_2, donde $h_2:\begin{Bmatrix} x \longmapsto \dfrac{|x|}{x} & \text{si } x \neq 0 \\ x \longmapsto 1 & \text{si } x = 0 \end{Bmatrix}$ $(x \in R)$

(iii) h_3, donde $h_3 : x \longmapsto \dfrac{1}{x^2}$ $(x \in R \text{ y } x \neq 0)$

(iv) h_4, donde $h_4 : x \longmapsto 1$ $(x \in R \text{ y } x \neq 0)$

4.3 Ejercicios adicionales

Ejercicio 1

Si a y L son números reales y g es una función real, entonces la afirmación $L = \lim_{x \to a} g(x)$ ¿cuál de las proposiciones siguientes implica?

(i) Dado un número positivo cualquiera ε, es posible hallar un número positivo δ tal que para todos los x de $[a - \delta, a + \delta]$ tenemos $g(x) \in [L - \varepsilon, L + \varepsilon]$.
(ii) Para todo número positivo ε, existe un número positivo δ tal que la imagen por g del conjunto $\{x : 0 < |x - a| \leqslant \delta\}$ es un subconjunto de $[L - \varepsilon, L + \varepsilon]$.
(iii) $L = g(a)$.

Ejercicio 2

Dígase cuales (si es que hay alguna) de las funciones siguientes son discontinuas.

(i)

$$f : x \longmapsto \begin{Bmatrix} 1 & \text{si } x < 0 \\ x^2 + 1 & \text{si } x \geqslant 0 \end{Bmatrix} \qquad (x \in R)$$

(ii)

$$g : x \longmapsto \begin{Bmatrix} 1 & \text{si } x < 0 \\ x^2 + 1 & \text{si } x > 0 \end{Bmatrix} \qquad (x \in R \text{ excluyendo } 0)$$

(iii)

$$h: x \longmapsto \begin{Bmatrix} -(x^2+1) \text{ si } x < 0 \\ x^2+1 \text{ si } x \geqslant 0 \end{Bmatrix} \quad (x \in R)$$

4.4 Soluciones a los Ejercicios

Sección 4.1

Ejercicio 1

(i) 4.

(ii) El límite no existe.

(iii) 0; ya que si ε es un número positivo dado cualquiera, entonces para todos los $t > \frac{1}{\varepsilon}$, $\frac{1}{t}$ queda en el intervalo $[0 - \varepsilon, 0 + \varepsilon]$.

(iv) El límite no existe.

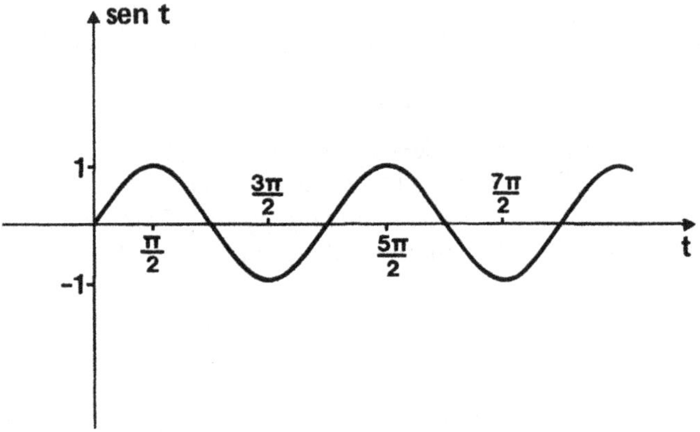

La gráfica sigue oscilando entre 1 y -1, con lo que el límite no existe, análogamente con lo que ocurre con la sucesión $1, -1, 1, -1, \ldots$

(v) 0; ya que si ε es un número positivo dado cualquiera podemos asegurar que $\left|\frac{\operatorname{sen} t}{t}\right| \leqslant \varepsilon$ sin más que hacer $t > \frac{1}{\varepsilon}$, ya que $|\operatorname{sen} t| \leqslant 1$.

Ejercicio 2

(i)

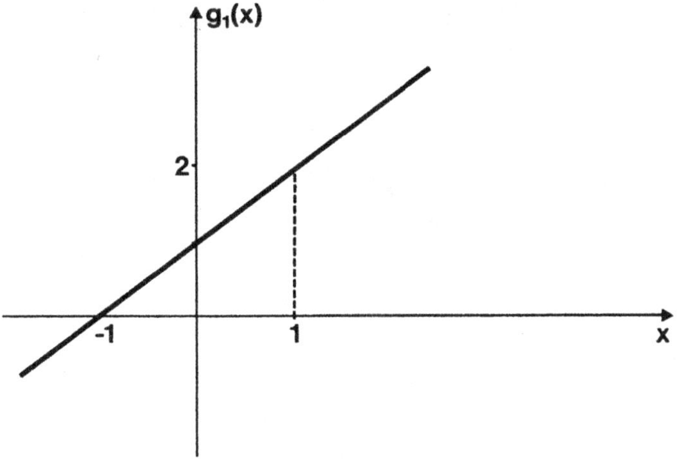

Vemos que $\lim_{x \to 1} g_1(x) = 2$. En este caso $g_1(1)$ existe y es también igual a 2.

(ii)

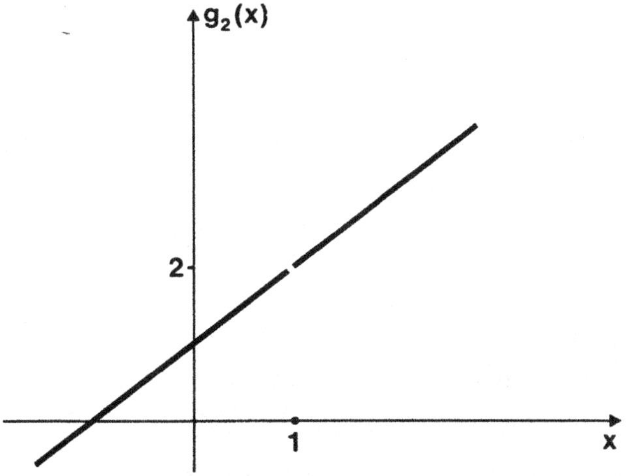

A pesar de ser $g_2(1) = 0$, el límite es el mismo que para (i). En este caso $g_2(1)$ existe (su valor es 0) pero no es el mismo que $\lim_{x \to 1} g_2(x)$, cuyo valor es 2.

(iii)

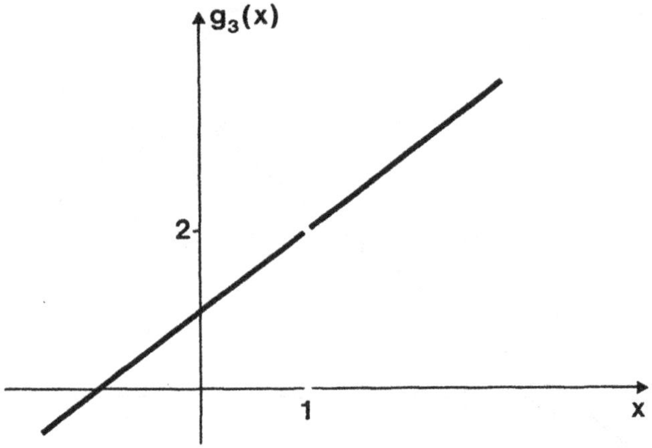

En este caso

$$g_3(x) = \frac{x^2 - 1}{x - 1} = \frac{(x-1)(x+1)}{x-1}$$
$$= x + 1$$

(La división por $x - 1$ es admisible; $x - 1$ *no es nunca cero* ya que 1 no pertenece al dominio de g_3.) A pesar de no estar definido $g_3(1)$, $\lim_{x \to 1} g_3(x)$ existe y es igual a 2.

Ejercicio 3

El enunciado es válido.

Tenemos dos elementos de información:

(i) $\lim_{k \text{ grande}} x_k = a$,

(ii) $\lim_{x \to a} f(x) = L$.

(i) nos dice que

si k es grande, entonces x_k queda cerca de a;

(ii) nos dice que

si x_k queda cerca de a, entonces $f(x_k)$ queda cerca de L.

Combinando los dos obtenemos que

si k es grande, entonces $f(x_k)$ queda cerca de L,

o dicho de otro modo,

$$\text{que} \lim_{k \text{ grande}} f(x_k) = L.$$

Sección 4.2

Ejercicio 1

De las funciones dadas en la lista, h_1 es la única continua en 0. Su gráfica es:

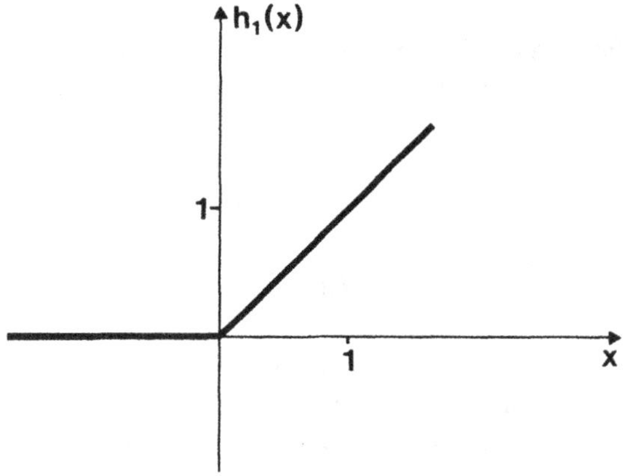

Al ser $|x| = x$, para $x > 0$, pero $|x| = -x$ para $x < 0$ la gráfica de h_2 es:

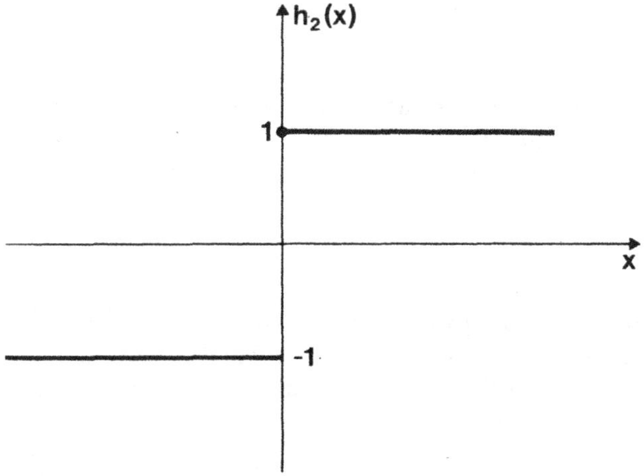

la cual tiene una interrupción en $x = 0$, con lo que h_2 no es continua en 0.

h_3 y h_4 no son continuas en 0 ya que las funciones no están definidas en este punto.

Sección 4.3

Ejercicio 1

La alternativa correcta es la (ii).

La alternativa (iii) es falsa ya que $g(a)$ no es necesariamente igual a $\lim_{x \to a} g(x)$.

Un ejemplo en que son distintos se encuentra en el Ejercicio 4.1.2, (ii). El límite L cuando x tiende hacia 1 es 2, pero la imagen de 1 es cero.

La alternativa (i) es falsa ya que hace referencia a "todos los x de $[a - \delta, a + \delta]$" cuando, de hecho, el punto $x = a$ tiene que ser excluido del conjunto de los valores de x considerados.

Una vez más, (ii) del Ejercicio 4.1.2 nos proporciona un contraejemplo. Tenemos aquí

$$g(x) = \begin{cases} x + 1 & \text{si } x \neq 1 \\ 0 & \text{si } x = 1 \end{cases} \quad (x \in R)$$

y de este modo, si $x \in [1 - \delta, 1 + \delta]$, entonces $g(x) \in [2 - \delta, 2 + \delta]$ si $x \neq 1$, pero $g(1) = 0$. Se sigue que dado un número positivo pequeño cualquiera, ε, es imposible hallar un número positivo δ tal que, para todos los x de $[1 - \delta, 1 + \delta]$, $g(x) \in [L - \varepsilon, L + \varepsilon]$|, según se exige en (i).

La alternativa (ii) es correcta: solamente difiere de (i) por la exclusión del punto $x = a$ del conjunto de los valores de x considerados. De hecho este enunciado sirve de base para la siguiente definición más completa de $\lim_{x \to a} g(x)$:

Un límite de una función g cerca de un punto a es un número L tal que para cada número positivo ε, por pequeño que sea, existe un número positivo δ tal que el conjunto $\{x: 0 < |x - a| \leqslant \delta$ y $x \in$ dominio de $g\}$ no es vacío, y su imagen por g es un subconjunto de $[L - \varepsilon, L + \varepsilon]$.

Ejercicio 2

(i) f es continua por todas partes.
(ii) g es discontinua en 0 ya que 0 queda excluido de su dominio.
(iii) h es discontinua en 0 ya que existe un salto de $g(x) = -1$ a $g(x) = +1$ al crecer x pasando por el valor 0.

Capítulo 5

La función exponencial

5.0 Introducción

En el Capítulo 4 hemos considerado brevemente el concepto de límite. Este constituye un instrumento poderoso, según hemos de ver en este capítulo cuando lo utilicemos para definir nuevos números y nuevas funciones que no podrían ser definidos mediante procesos finitos de la aritmética ordinaria.

Introducimos la función exponencial considerando primero el crecimiento de una población. Esto nos lleva a considerar la convergencia de una sucesión particular y a introducir el importante número e y la función $x \longmapsto \exp(x)\ (x \in R)$.

A continuación presentamos el teorema exponencial y los logaritmos naturales, y concluimos dando dos demostraciones formales de resultados utilizados con anterioridad en el capítulo pero cuya demostración no dimos en su lugar para no interrumpir el hilo de la cuestión.

5.1 Crecimiento de una población

La importancia de la función exponencial reside en que proporciona la representación matemática más sencilla de los procesos de crecimiento y también de los procesos de descomposición. Un ejemplo de ello lo constituye el crecimiento de la población mundial: la "explosión demográfica". Podemos establecer un modelo matemático de esto designando el tiempo (es decir el número de años transcurridos a partir de un cierto instante inicial dado) por t, la población en el tiempo t por $f(t)$(es decir, f es la función que aplica el tiempo en la población en dicho tiempo), y las tasas de nacimientos y defunciones por año por cabeza de población por b y d respectivamente. Para mayor sencillez suponemos que b y d son constantes. Como primer paso para determinar en qué modo $f(t)$ depende de t, consideremos los cambios de población durante un solo año desde, pongamos, el tiempo t_0 al $t_0 + 1$. El cálculo puede ahora plantearse como sigue (el signo $\simeq$ significa "aproximadamente igual"):

número de personas vivas en el tiempo t_0 $\quad = f(t_0)$;

número de nacimientos entre t_0 y $t_0 + 1$ $\quad \simeq bf(t_0)$;

número de fallecimientos entre t_0 y $t_0 + 1$ $\quad \simeq df(t_0)$;

número de personas vivas en el tiempo $t_0 + 1$ $\quad \simeq f(t_0) + bf(t_0) - df(t_0)$

o sea $f(t_0 + 1) \simeq (1 + x)f(t_0)$ Ecuación (1)

donde definimos x; la tasa neta de crecimiento anual por cabeza de población, por

$$x = (b - d)$$

¿Se da cuenta el lector de que hemos utilizado el signo "$\simeq$" en lugar del "$=$"? La inexactitud proviene de que hemos calculado los nacimientos y las defunciones como si la población tuviera el valor constante $f(t_0)$ a lo largo de todo el año. Para un cálculo más exacto tendríamos que tener en cuenta el hecho de que $f(t)$ va creciendo a lo largo de todo el año, de tal modo que la población es mayor en la segunda mitad del año que en la primera, y en consecuencia (permaneciendo constantes las tasas de nacimientos y de defunciones) se producen más nacimientos y defunciones en la segunda mitad del año que en la primera. Una manera de tener esto en cuenta consiste en considerar por separado las dos mitades del año, según se indica a continuación:

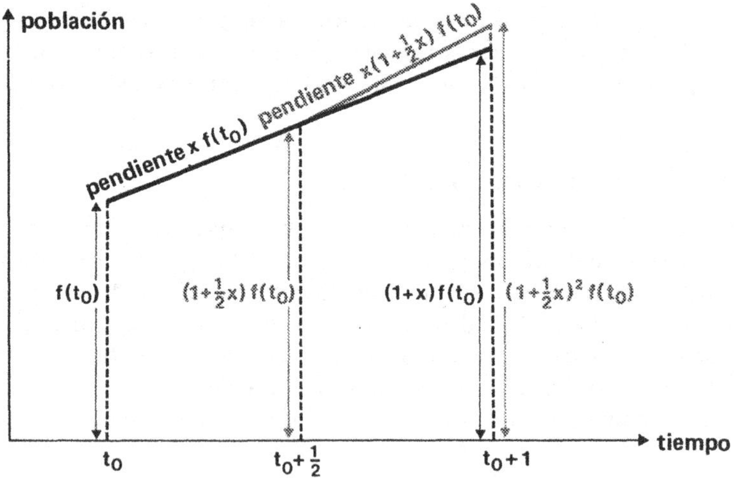

Negro: Esta parte se basa en el supuesto de que la tasa de crecimiento de población es constante a lo largo de todo el año.

Rojo: Esta parte se basa en el supuesto de que la tasa de crecimiento de población es mayor en la segunda mitad del año que en la primera.

Para el primer medio año el cálculo es:

número de vivos en el tiempo t_0	$= f(t_0)$
número de nacidos en el primer medio año	$\simeq \frac{1}{2}bf(t_0)$;
número de muertos en el primer medio año	$\simeq \frac{1}{2}df(t_0)$;
número de vivos en el tiempo $t_0 + \frac{1}{2}$	$\simeq (1 + \frac{1}{2}b - \frac{1}{2}d)f(t_0)$,

de modo que

$$f(t_0 + \tfrac{1}{2}) \simeq (1 + \tfrac{1}{2}x)f(t_0)$$

Mediante un cálculo análogo partiendo de la mitad del año, obtenemos:

$$f(t_0 + 1) \simeq (1 + \tfrac{1}{2}x)f(t_0 + \tfrac{1}{2});$$

y sustituyendo $f(t_0 + \frac{1}{2})$ por su valor en la ecuación anterior, se obtiene

$$f(t_0 + 1) \simeq (1 + \tfrac{1}{2}x)^2 f(t_0) \qquad \text{Ecuación (2)}$$

Este resultado es más exacto que el de la ecuación (1), si bien resulta todavía aproximado ya que hemos supuesto que existían el mismo número de nacimientos en el primer cuarto del año que en el segundo y asimismo igual número en el tercero que en el último cuarto.

Para mejorar la aproximación todavía más podríamos dividir el año en cuatro partes. Mediante un cálculo análogo al anterior obtendríamos

$$\left.\begin{aligned} f(t_0 + \tfrac{1}{4}) &\simeq (1 + \tfrac{1}{4}x)f(t_0) \\ f(t_0 + \tfrac{1}{2}) &\simeq (1 + \tfrac{1}{4}x)f(t_0 + \tfrac{1}{4}) \\ f(t_0 + \tfrac{3}{4}) &\simeq (1 + \tfrac{1}{4}x)f(t_0 + \tfrac{1}{2}) \\ f(t_0 + 1) &\simeq (1 + \tfrac{1}{4}x)f(t_0 + \tfrac{3}{4}) \end{aligned}\right\}$$

Al combinar las cuatro ecuaciones se llega al resultado

$$f(t_0 + 1) \simeq (1 + \tfrac{1}{4}x)^4 f(t_0) \qquad \text{Ecuación (3)}$$

Este resulta más exacto que la ecuación (2), aunque sigue siendo aproximado.

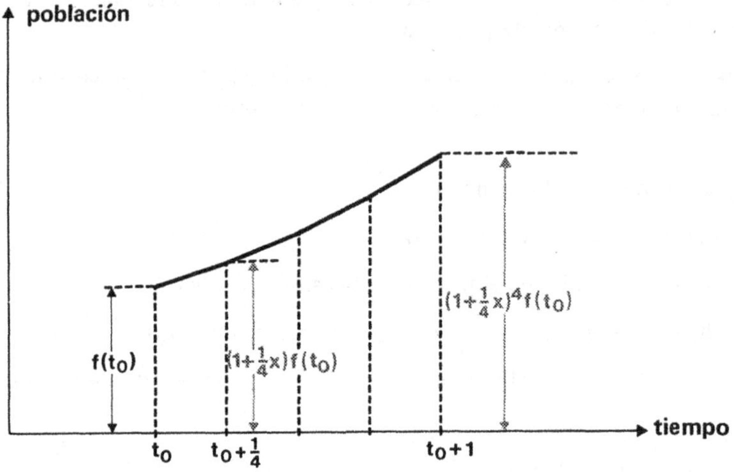

De esta manera, subdividiendo el año en un número de partes cada vez mayor, obtendremos aproximaciones cada vez mejores de $f(t_0 + 1)$; al subdividir el año en k partes iguales se obtiene

$$f(t_0 + 1) \simeq \left(1 + \frac{x}{k}\right)^k f(t_0) \qquad \text{Ecuación (4)}$$

Haciendo muy grande el número k de subdivisiones podríamos esperar que esta fórmula nos diese una aproximación muy buena. La definición "intuitiva" de límite nos dice que $f(t_0 + 1)$ viene dado con la máxima exactitud posible mediante el límite de la sucesión de aproximaciones sucesivas.

Expresándolo en símbolos, nos dice que

$$f(t_0 + 1) = \lim_{k \text{ grande}} \left(1 + \frac{x}{k}\right)^k f(t_0)$$

Esta fórmula, la cual es exacta dentro de las restricciones de nuestro modelo de crecimiento de población, resuelve el problema planteado al principio de esta sección, diciéndonos que en un año la población queda multiplicada por un factor que es el límite de la sucesión

$$1 + x, (1 + \tfrac{1}{2}x)^2, (1 + \tfrac{1}{3}x)^3, \ldots$$

La importancia de este límite va mucho más allá del problema particular utilizado aquí para introducirlo. Tiene muchas aplicaciones en las ciencias materiales, en la ingeniería y en las ciencias sociales, así como en las mismas matemáticas. Para dar una idea del comportamiento de la sucesión, damos en la tabla que sigue los 10 elementos primeros en los casos $x = 0{,}1$ y $x = 1$.

k	$\left(1 + \frac{0{,}1}{k}\right)^k$	$\left(1 + \frac{1}{k}\right)^k$
1	1,1	2
2	1,1025	2,25
3	1,103370	2,370370
4	1,103813	2,441406
5	1,104081	2,488320
6	1,104260	2,521626
7	1,104389	2,546500
8	1,104486	2,565785
9	1,104561	2,581175
10	1,104622	2,593742

Para $x = 0{,}1$, la sucesión converge con bastante rapidez y su límite, expresado con tres decimales es 1,105: Para $x = 1$ la convergencia es más lenta, pero tomando los términos necesarios obtendríamos cualquier exactitud deseada. El valor de este límite para $x = 1$ es un número que resulta ser un digno rival de π por la frecuencia con que se presenta dentro de las matemáticas. Se le designa por e y su valor con 5 decimales es

$$e = 2{,}71828$$

El valor del límite para otros valores de x aparece también con mucha frecuencia. La función que aplica x al valor de este límite recibe el nombre de función exponencial, y se la designa por exp, de manera que

$$\exp : x \longmapsto \lim_{k \text{ grande}} \left(1 + \frac{x}{k}\right)^k \qquad (x \in R)$$

y

$$\exp(x) = \lim_{k \text{ grande}} \left(1 + \frac{x}{k}\right)^k \qquad (x \in R)$$

Con frecuencia se escribe abreviadamente exp x en lugar de exp (x).

La gráfica de esta función es la que se expone a continuación.

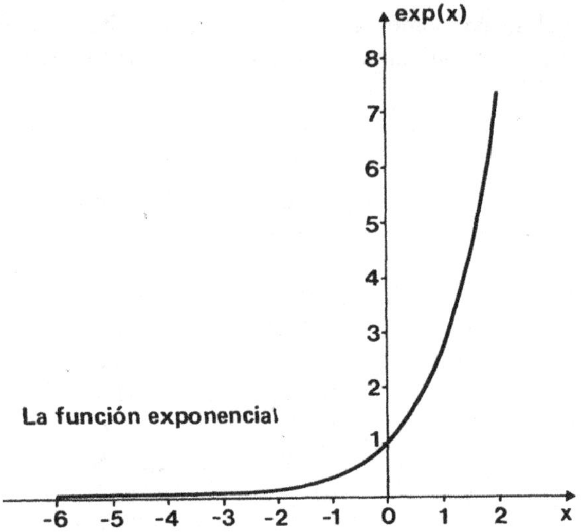

A partir de la gráfica vemos que exp x es *positivo* para *todos* los valores de x.

Ejercicio 1

Utilizando la información dada en las últimas páginas calcular

$$\exp(0),\ \exp(1) \quad \text{y} \quad \exp(\tfrac{1}{10})$$

con 3 decimales.

5.2 El teorema exponencial

El lector se habrá podido preguntar por qué utilizamos el nombre de "exponencial" para la función estudiada en la sección anterior. La razón hay que buscarla en el hecho de que se halla íntimamente relacionada con el concepto de exponente (exponente es un número que nos dice la potencia a que hay que elevar otro número, por ejemplo el 2 de 5^2 o el 6 de 10^6 son exponentes). En esta sección enunciamos un teorema que hace ver esta relación: el estudio de la demostración lo daremos en la sección 5.4, junto con otros resultados enunciados en este capítulo.

Un caso particular del teorema es

$$\exp\left(\frac{p}{q}\right) = e^{p/q} \quad (p \in Z,\ q \in Z^+)^* \qquad \text{Ecuación (1)}$$

*Ponemos, por ejemplo $-\frac{1}{2}$ en la forma $\frac{-1}{2}$.

Significa esto, por ejemplo, que

$$\exp(-1) = e^{-1} = \frac{1}{e}$$

y que

$$\exp(\tfrac{1}{2}) = e^{1/2} = \sqrt{e}$$

y así sucesivamente.

Ejercicio 1

Calcular exp (2) con dos cifras significativas, partiendo solamente de la ecuación (1) y de la información contenida en este libro.

El enunciado general del teorema exponencial es

$$\exp(x) = e^x \quad (x \in R)$$ **Ecuación (2)**

Aun suponiendo que no resulta difícil el demostrar el resultado expresado mediante la ecuación (1), existe un nuevo punto de importancia en la ecuación (2): ¿Qué ha de entenderse por e^x cuando x es irracional? Puesto que exp (x) se define para todos los números reales x, podemos utilizar la ecuación (2) para dar significado a e^x. Es decir, para valores racionales de x demostramos el resultado de la ecuación (2) y para valores irracionales de x *definimos* e^x mediante la ecuación (2).

Vale la pena observar que si x e y son números racionales, de la ecuación (2) se sigue que

$$\exp(x + y) = e^{x+y} = e^x e^y = \exp(x)\exp(y)$$

por la regla de los exponentes. En efecto, la ecuación

$$\exp(x + y) = \exp(x)\exp(y)$$ **Ecuación (3)**

se cumple para *todos* los números reales x y y.

5.3 Logaritmos naturales

Hemos visto como se define e^x para valores irracionales de x. ¿Cómo definiremos a^x, cuando a es un número real positivo distinto de e? Una manera de hacer esto consiste en obtener un número real b tal que

$$a = e^b = \exp(b)$$ **Ecuación (1)**

y después (teniendo en cuenta las leyes de los exponentes) definir

$$a^x = (e^b)^x = e^{bx} = \exp(bx)$$ **Ecuación (2)**

Para calcular a^x necesitamos, por lo tanto, el número real b; o sea, tenemos que resolver la ecuación (1) invirtiendo la función exp. Del mismo modo que la inversa de la función $x \longmapsto 10^x$ es una función denominada logaritmo en base 10, así la inversa de la función exp: x

$\to e^x$ recibe el nombre de logaritmo en base e o logaritmo natural. Las primeras tablas de logaritmos elaboradas por Juan Napier en 1614, eran una especie de logaritmo natural. El símbolo para la función logaritmo natural es ln (o a veces $\log_e$, o simplemente log).

La gráfica de la función exponencial, que exponemos de nuevo, hace ver que exp es una función uno a uno de dominio R y codominio R^+. Su recíproca, la función logaritmo natural, es por lo tanto su inversa y es también una aplicación uno a uno es decir, una función. Su gráfica puede verse a continuación. Obsérvese como las dos gráficas pueden deducirse una de otra sin más que intercambiar los ejes x e y. Esto es una característica general de las aplicaciones inversas y recíprocas.

Ejercicio 1

(i) Dígase a partir de las gráficas, cuáles son el dominio y el codominio de ln.
(ii) Si $\ln(z) = \ln(x) + \ln(y)$, expresar z en términos de x e y.
(iii) Calcular $\ln(e)$.

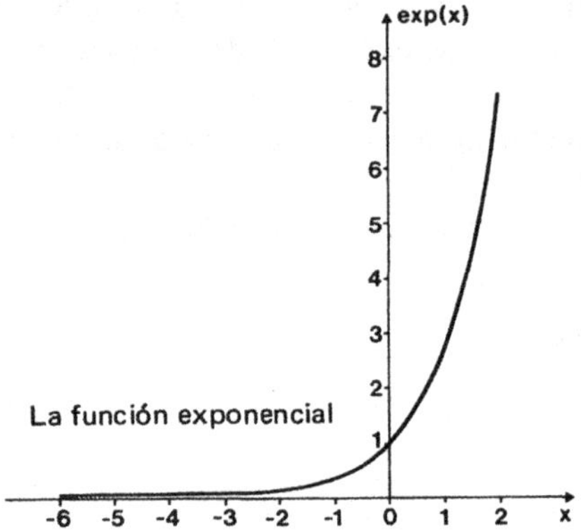

La función exponencial

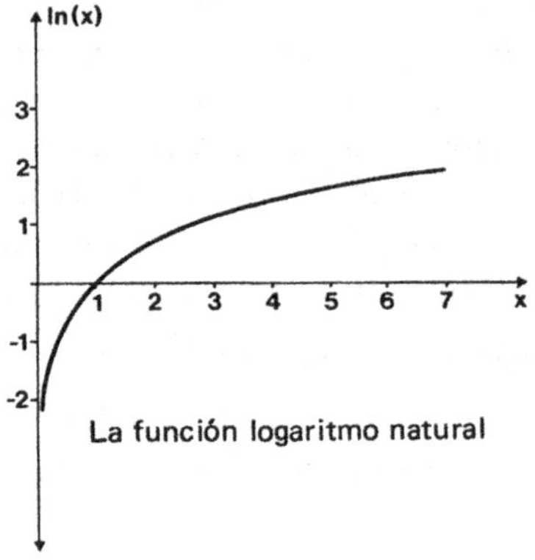

La función logaritmo natural

5.4 Dos demostraciones formales

Demostración de que $\lim\limits_{k \text{ grande}} \left(\mathbf{1} + \dfrac{\mathbf{x}}{\mathbf{k}}\right)^{k,}$ **existe**

En la sección 5.1 hemos estudiado de manera intuitiva la convergencia de la sucesión

$$1 + x, \left(1 + \frac{x}{2}\right)^2, \left(1 + \frac{x}{3}\right)^3, \ldots \quad (x \in R)$$

Hemos supuesto, sin embargo, implícitamente, que el límite de la sucesión *existe*. Damos ahora una demostración formal de ello considerando dos casos según el signo de x.

Caso I: $x \geqslant 0$

Demostramos que los elementos de la sucesión $k \longmapsto \left(1 + \frac{x}{k}\right)^k$ crecen al crecer k, y que sin embargo nunca llegan a ser mayores que un cierto número real fijo (tal número fijo recibe el nombre de cota superior) de modo que la sucesión tiene que converger. Por el teorema del binomio tenemos

$$\left(1 + \frac{x}{k}\right)^k = 1 + \frac{kx}{k} + \frac{k(k-1)}{k^2}\frac{x^2}{2!} + \frac{k(k-1)(k-2)}{k^3}\frac{x^3}{3!} + \cdots$$
$$+ \frac{k(k-1)\ldots 1}{k^k}\frac{x^k}{k!}$$
$$= 1 + x + \left(1 - \frac{1}{k}\right)\frac{x^2}{2!} + \left(1 - \frac{1}{k}\right)\left(1 - \frac{2}{k}\right)\frac{x^3}{3!} + \cdots$$
$$+ \left(1 - \frac{1}{k}\right)\cdots\left(1 - \frac{k-1}{k}\right)\frac{x^k}{k!}$$

Si se incrementa k entonces aumenta el coeficiente de cada una de las potencias de x y además aparecen términos nuevos en el polinomio, términos que son positivos si es positivo x; así pues $\left(1 + \frac{x}{k}\right)^k$ aumenta al aumentar k. Para ver que los términos de la sucesión están acotados, sea N un entero mayor que x; entonces para $k > N$ la fórmula anterior de $\left(1 + \frac{x}{k}\right)^k$ proporciona

$$\left(1 + \frac{x}{k}\right)^k \leqslant 1 + x + \frac{x^2}{2!} + \frac{x^3}{3!} + \cdots + \frac{x^N}{N!} + \frac{x^{N+1}}{(N+1)!}$$
$$+ \frac{x^{N+2}}{(N+2)!} + \cdots + \frac{x^k}{k!}$$

$$= \left(1 + x + \frac{x^2}{2!} + \frac{x^3}{3!} + \ldots + \frac{x^{N-1}}{(N-1)!}\right)$$
$$+ \frac{x^N}{N!} \times \left(1 + \frac{x}{N+1} + \frac{x^2}{(N+1)(N+2)} + \ldots + \frac{x^{k-N}}{(N+1)\ldots k}\right)$$

$$\leqslant \left(1 + x + \frac{x^2}{2!} + \frac{x^3}{3!} + \ldots + \frac{x^{N-1}}{(N-1)!}\right)$$

$$+\frac{x^N}{N!}\times\left(1+\frac{x}{N}+\frac{x^2}{N^2}+\ldots+\frac{x^{k-N}}{N^{k-N}}\right)$$

$$=1+x+\frac{x^2}{2!}+\frac{x^3}{3!}+\cdots+\frac{x^N}{N!}\left(\frac{1-\left(\frac{x}{N}\right)^{k-N+1}}{1-\left(\frac{x}{N}\right)}\right)$$

(después de sumar la progresión geométrica)

$$\leqslant 1+x+\frac{x^2}{2!}+\frac{x^2}{3!}+\cdots+\frac{x^N}{N!}\left(\frac{1}{1-\left(\frac{x}{N}\right)}\right)$$

(ya que $N > x$ y $x \geqslant 0$)

que es independiente de k, y por lo tanto cota superior de cada uno de los elementos de la sucesión. Existe un teorema, que no vamos a demostrar aquí, el cual dice que cualquier sucesión cuyos elementos crezcan con k pero que tengan una cota superior tiene que ser convergente. Por lo tanto, según este teorema, la sucesión $\left(1+\frac{x}{k}\right)^k$ converge para $x \geqslant 0$.

Caso II: $x < 0$

Podemos demostrar la convergencia de la sucesión que define $\exp(x)$ como subproducto del resultado siguiente, el cual también sirve para demostrar el teorema de la multiplicación para la función exponencial.

$$\exp(y-z)=\frac{\exp(y)}{\exp(z)} \qquad (y \text{ y } z \in R) \qquad \text{Ecuación (1)}$$

es decir, la sucesión $k \longmapsto \left(1+\frac{(y-z)}{k}\right)^k$ converge y tiene por límite $\frac{\exp(y)}{\exp(z)}$.

Para demostrar esto consideramos la expresión

$$\frac{\left(1+\frac{y-z}{k}\right)^k\left(1+\frac{z}{k}\right)^k}{\left(1+\frac{y}{k}\right)^k}=\left(\frac{1+\frac{y}{k}+\frac{(y-z)z}{k^2}}{1+\frac{y}{k}}\right)^k=\left(1+\frac{\theta_k}{k}\right)^k \qquad \text{Ecuación (2)}$$

donde y y z son positivos o cero, y

$$\theta_k = \frac{(y-z)z}{k\left(1+\frac{y}{k}\right)} \quad (k = 1, 2, \ldots)$$

Desarrollando el binomio se obtiene

$$\left(1+\frac{\theta_k}{k}\right)^k - 1 = k\left(\frac{\theta_k}{k}\right) + \frac{k(k-1)}{2}\left(\frac{\theta_k}{k}\right)^2 + \cdots + \left(\frac{\theta_k}{k}\right)^k,$$

así que

$$\left|\left(1+\frac{\theta_k}{k}\right)^k - 1\right| \leqslant |\theta_k| + |\theta_k|^2 + \cdots + |\theta_k|^k$$

$$= |\theta_k|\left(\frac{1-|\theta_k|^k}{1-|\theta_k|}\right) \leqslant \frac{|\theta_k|}{1-|\theta_k|}$$

siempre que $|\theta_k| < 1$.

La definición de θ_k implica que $\lim\limits_{k \text{ grande}} (\theta_k) = 0$ y por lo tanto que $\dfrac{|\theta_k|}{1-|\theta_k|}$ puede hacerse tan pequeño como se quiera sin más que hacer k suficientemente grande. En consecuencia $\left|\left(1+\dfrac{\theta_k}{k}\right)^k - 1\right|$ puede hacerse también tan pequeño como se quiera; así pues el límite de la sucesión $\left(1+\dfrac{\theta_k}{k}\right)^k$ es 1. Por la regla de la multiplicación de los límites, véase la sección 6.2 y por la Ecuación (2), se sigue que

$$\lim_{k \text{ grande}}\left(1+\frac{y-z}{k}\right)^k = \frac{\lim\limits_{k \text{ grande}}\left(1+\frac{y}{k}\right)^k \lim\limits_{k \text{ grande}}\left(1+\frac{\theta_k}{k}\right)^k}{\lim\limits_{k \text{ grande}}\left(1+\frac{z}{k}\right)^k}$$

(Obsérvese que el denominador es distinto de 0.)

así que

$$\exp(y-z) = \frac{\exp(y)}{\exp(z)}$$

Este resultado lo podemos utilizar de dos maneras. En primer lugar, haciendo $y = 0$ y z positivo, tenemos una demostración de que la sucesión que define $\exp(z)$ para valores negativos de z es convergente, y que su límite es el recíproco de $\exp(-z)$. O sea,

$$\exp(-z) = \frac{1}{\exp(z)}$$

En segundo lugar, lo podemos utilizar para demostrar el resultado:

$$\exp(x_1)\exp(x_2) = \exp(x_1 + x_2)$$

poniendo, por ejemplo, $y = x_1 + x_2$, $z = x_1$ en la ecuación (1), donde $x_1 \geqslant 0$ y $x_2 \geqslant 0$.

Vamos ahora a recapitular el teorema principal. Con anterioridad habíamos definido la función exp (si es que existe) por

$$\exp(x) = \lim_{k \text{ grande}} \left(1 + \frac{x}{k}\right)^k \quad (x \in R)$$

Acabamos de demostrar ahora que este límite existe, y que por lo tanto la función existe y tiene por dominio R. En particular podemos definir también una constante

$$e = \exp(1) = \lim_{k \text{ grande}} \left(1 + \frac{1}{k}\right)^k$$

Incidentalmente hemos dejado establecida una base sólida para el siguiente teorema.

Demostración del teorema exponencial

Hemos estudiado el *teorema exponencial* en la sección 5.2. El enunciado general del teorema es

$$\exp(x) = e^x \quad (x \in R)$$

y ahora vamos a dar una demostración de esto. Empieza con un lema acerca de $\exp(x/k)$ donde x es un número real y k un entero positivo. Sabemos que la sucesión que define $\exp(x)$ es:

$$1 + x, \quad (1 + \tfrac{1}{2}x)^2, \quad (1 + \tfrac{1}{3}x)^3, \quad (1 + \tfrac{1}{4}x)^4, \ldots$$

Para $k = 2$, la sucesión que define $\exp\left(\frac{x}{k}\right)$ es

$$1 + \tfrac{1}{2}x, \quad (1 + \tfrac{1}{4}x)^2, \quad (1 + \tfrac{1}{6}x)^3, \ldots$$

y de este modo, según la regla de multiplicación de los límites, véase la Sección 6.2, $\left(\exp\left(\frac{x}{2}\right)\right)^2$ es el límite de la sucesión

$$(1 + \tfrac{1}{2}x)^2, \quad (1 + \tfrac{1}{4}x)^4, \ldots$$

Esta sucesión está formada por elementos alternantes de la primera de las sucesiones anteriores; y puesto que para valores grandes de n los términos $\left(1 + \frac{x}{n}\right)^n$ de la primera sucesión se hallan todos próximos a su límite, los que aparecen en la última sucesión se hallan próximos a este límite, con lo que la sucesión última tiene el mismo límite que la primera. Esto hace ver que

$$\left(\exp\left(\frac{x}{2}\right)\right)^2 = \exp(x)$$

Para un entero positivo general k, la demostración es análoga; en lugar de la última sucesión obtenemos

$$\left(1+\frac{1}{k}x\right)^k, \quad \left(1+\frac{1}{2k}x\right)^{2k}, \ldots$$

la cual está formada tomando de k en k los términos de la primera sucesión y por lo tanto tiene el mismo límite.

El lema acabado de demostrar,

$$\exp x = \left(\exp\left(\frac{x}{k}\right)\right)^k \quad (x \in R \quad \text{y} \quad k \in Z^+)$$

puede utilizarse de dos maneras. En primer lugar ponemos $x = k = p$ y obtenemos

$$\exp(p) = (\exp(1))^p = e^p \quad (p \in Z^+)$$

En segundo lugar, ponemos $x = p$ y $k = q$ en el mismo resultado, siendo p y q enteros positivos, obteniendo

$$\exp(p) = \left(\exp\left(\frac{p}{q}\right)\right)^q \quad (p, q \in Z^+)$$

Sustituyendo exp (p) por su valor y después intercambiando los dos miembros de la ecuación:

$$\left(\exp\left(\frac{p}{q}\right)\right)^q = e^p \quad (p, q \in Z^+)$$

Finalmente, extrayendo la raíz q-ésima de los dos miembros obtenemos

$$\exp\left(\frac{p}{q}\right) = \sqrt[q]{e^p}$$

$$= e^{p/q} \qquad \text{por las leyes de los índices.}$$

Esto equivale al enunciado

$$\exp(x) = e^x \qquad \text{Ecuación (3)}$$

cuando x es positivo y racional. Este resultado pide una generalización para valores negativos y para valores irracionales de x. La generalización para valores negativos depende del teorema

$$\exp(x) \times \exp(y) = \exp(x + y) \quad (x \in R \quad \text{y} \quad y \in R) \qquad \text{Ecuación (4)}$$

cuya demostración ha sido antes indicada. Si x es negativo y racional, ponemos $y = -x$ y de este modo las ecuaciones (3) y (4) proporcionan

$$\exp(x) = \frac{\exp(0)}{\exp(y)}$$

$$= \frac{1}{e^y} \qquad \text{por la Ecuación (3)} \quad (\text{ya que } y > 0)$$

$$= e^{-y} = e^x$$

Esto demuestra el teorema exponencial para valores racionales negativos de x.

La generalización del teorema exponencial para valores irracionales de x depende de la manera de definir e^x. Si x es racional, puede ser puesto en la forma $\frac{p}{q}$ siendo p y q enteros y entonces e^x significa $e^{p/q}$, o sea la raíz q-ésima de e^p; pero no tenemos ninguna definición correspondiente para valores irracionales de x. El problema para x racional no consiste por lo tanto en cómo demostrar la Ecuación 5.2. (2) sino en cómo definir e^x; la solución natural consistirá en adoptar la Ecuación 5.2 (2) como definición de e^x para valores irracionales de x. Combinando los resultados anteriores con esta definición para x irracional concluimos con el importante resultado

$$\exp(x) = e^x \quad (x \in R)$$

que no es otra cosa que el *teorema exponencial.*

5.5 Ejercicios adicionales

Ejercicio 1

Una entidad bancaria ofrece el tipo de interés del $r\%$ compuesto anualmente. Un hombre deposita una cierta cantidad de dinero y la deja durante varios años. Llamando u_k a la cantidad de que resulta acreedor al cabo de k años, escríbase una fórmula de recurrencia para la sucesión u_1 u_2 . . . (Supóngase que este banco opera con aritmética exacta en vez de aproximar en céntimos según hacen en realidad los bancos.)

¿Cuál es la fórmula de recurrencia que relaciona u_k con u_{k-1} si el interés con la tasa del $r\%$ se va acumulando

(i) cada medio año,
(ii) cada trimestre,

(iii) cada mes?

Ejercicio 2

Estudiar exp ∘ ln y ln ∘ exp. ¿Obtenemos en los dos casos la misma función?

5.6 Soluciones a los ejercicios

Sección 5.1

Ejercicio 1

La definición de exp (x) proporciona

$$\exp(0) = \lim_{k \text{ grande}} \left(1 + \frac{0}{k}\right)^k = \lim (1) = 1$$

$$\exp(1) = \lim_{k \text{ grande}} \left(1 + \frac{1}{k}\right)^k = e = 2{,}718$$

$$\exp\left(\frac{1}{10}\right) = \lim_{k \text{ grande}} \left(1 + \frac{0.1}{k}\right)^k = 1{,}105$$

(Este último resultado puede deducirse de la tabla de la página 107.)

De estos resultados, los dos primeros, exp (0) = 1 y exp (1) = e, son importantes

Sección 5.2

Ejercicio 1

$$\begin{aligned} \exp(2) &= e^2 \\ &= (2{,}72)^2 \\ &= 7{,}4 \text{ con la exactitud requerida} \end{aligned}$$

(El valor verdadero es 7,39 con 2 decimales.)

Sección 5.3

Ejercicio 1

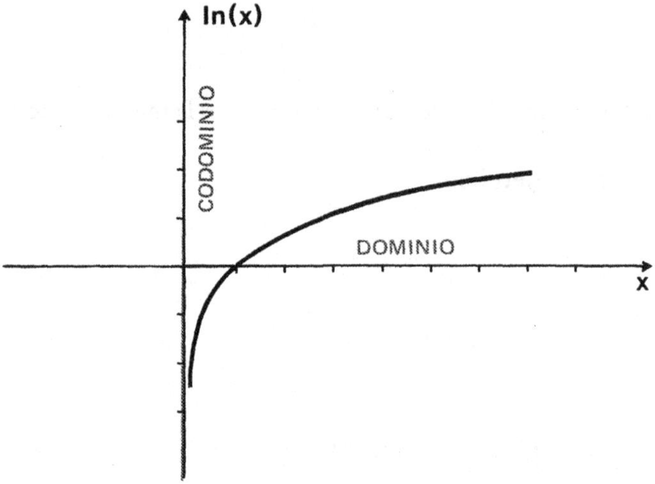

(i) Dominio R^+, codominio R.

Se puede ver esto a partir de la gráfica. Al ser ln la inversa de exp, su dominio es el conjunto imagen de exp : exp (x) se hace muy pequeño cuando x es grande y negativo, pero no llega nunca a ser cero. El dominio de ln es por lo tanto R^+: solamente tienen logaritmo los números positivos. El codominio de ln es el dominio de exp y por lo tanto R.

(ii) $z = xy$

Para obtener z, dado ln (z), utilizamos la aplicación inversa exp que proporciona

$z = \exp(\ln(z))$	por definición de ln
$= \exp(\ln(x) + \ln(y))$	por los datos dados
$= \exp(\ln(x)) \times \exp(\ln(y))$	por la ecuación 5.2.(3).
$= xy$	por definición de ln

(iii)

$\ln(e) = \ln(\exp(1))$	por definición de e
$= 1$	por definición de ln

Sección 5.5

Ejercicio 1

Al comienzo del año k la cuenta contiene la cantidad £u_{k-1}. El interés devengado durante el año es $\frac{r}{100}u_{k-1}$, con lo que el saldo al final del año k es $u_{k-1} + \frac{r}{100}u_{k-1}$. En consecuencia, la relación de recurrencia resulta ser

$$u_k = \left(1 + \frac{r}{100}\right)u_{k-1}$$

Para el interés compuesto semestralmente, mensualmente y trimestralmente tenemos (respectivamente):

(i) $u_k = \left(1 + \frac{r}{200}\right)^2 u_{k-1}$

(ii) $u_k = \left(1 + \frac{r}{400}\right)^4 u_{k-1}$

(iii) $u_k = \left(1 + \frac{r}{1200}\right)^{12} u_{k-1}$

Ejercicio 2

Si f y g son funciones:

$$f: x \longmapsto \exp(x) \quad (x \in R),$$
$$g: x \longmapsto \ln(x) \quad (x \in R^+),$$

entonces, puesto que el codominio de g es el mismo que el dominio de f, $f \circ g$ está definido y es la aplicación identidad

$$x \longmapsto x \quad (x \in R^+).$$

De manera análoga, puesto que el codominio de f es el mismo que el dominio de g, está definida $g \circ f$ y es la aplicación identidad

$$x \longmapsto x \quad (x \in R).$$

Así pues $f \circ g \neq g \circ f$ ya que el dominio de $f \circ g$ no es el mismo que el de $g \circ f$.

Capítulo 6

Convergencia

6.0 Introducción

En este capítulo analizamos todavía más el concepto de *límite* y presentamos definiciones precisas que pueden sustituir a las definiciones intuitivas de los Capítulos 2 y 4. Empezamos considerando otra vez sucesiones y, después de dar una definición rigurosa de límite de una sucesión, introducimos algunos conceptos formales.

Hacemos uso del concepto de límite de una sucesión para introducir límites de series y estudiamos la convergencia de series infinitas.

Finalmente, damos definiciones rigurosas de límite de una función real y de *continuidad*.

6.1 Límites de sucesiones

En el Capítulo 2 hemos designado por $\underset{\sim}{u}$ la sucesión infinita $u_1, u_2, u_3, \ldots$ y por u_k su término k-ésimo. Dimos entonces la siguiente definición :

> Definición intuitiva de límite
>
> "El número lim $\underset{\sim}{u}$ es el límite de la sucesión infinita $\underset{\sim}{u}$" equivale a decir "si k es muy grande, entonces u_k es una aproximación muy buena de lim $\underset{\sim}{u}$".

Esta definición resulta sin embargo imprecisa si se lleva demasiado lejos.

Una de las causas de imprecisión es que las frases "k es muy grande" y "u_k es una aproximación muy buena de lim $\underset{\sim}{u}$" no han sido previamente definidas. Hay en efecto frases cuyo significado depende de las circunstancias: lo que a un ratón le parece grande puede no parecerle así a un elefante; a un carnicero que esté pesando carne 0,499 kg puede parecerle una buena aproximación de 0,5 kg pero un farmacéutico que esté pesando una droga peligrosa necesitará aquilatar hasta 0,001 kg.

Si u_k está *muy cerca* de lim $\underset{\sim}{u}$, entonces estará también muy cerca de cualquier otro número que esté cerca de lim $\underset{\sim}{u}$. Dicho de otro modo, estará cerca de todo un *campo de valores*. No estaremos en condiciones de hablar *del* límite de una sucesión a no ser que demos una definición más precisa.

Podemos interpretar el enunciado "u_k es una aproximación muy buena de lim $\underset{\sim}{u}$" como significando que la diferencia entre u_k y lim $\underset{\sim}{u}$ es menor o igual que un número positivo ε. Podemos escribir esto simbólicamente poniendo

$$|u_k - \lim \underset{\sim}{u}| \leqslant \varepsilon$$

o de manera equivalente

$$-\varepsilon \leqslant u_k - \lim \underset{\sim}{u} \leqslant \varepsilon$$

Otra manera de expresar la misma condición, obtenida sumando lim $\underset{\sim}{u}$ a los dos miembros de las desigualdades es

$$\lim \underset{\sim}{u} - \varepsilon \leqslant u_k \leqslant \lim \underset{\sim}{u} + \varepsilon$$

lo cual es lo mismo que

$$u_k \in [\lim \underset{\sim}{u} - \varepsilon, \lim \underset{\sim}{u} + \varepsilon]$$

donde

$$[\lim \underset{\sim}{u} - \varepsilon, \lim \underset{\sim}{u} + \varepsilon]$$

representa el conjunto de todos los números reales x que satisfacen

$$\lim \underset{\sim}{u} - \varepsilon \leqslant x \leqslant \lim \underset{\sim}{u} + \varepsilon$$

A este conjunto lo llamamos intervalo de error asociado al límite lim $\underset{\sim}{u}$ y a la cota de error ε. (Así, si el límite es 1 y la cota de error es 0,005, entonces el intervalo de error comprende todos los números reales entre 0,995 y 1,005 ambos inclusive.)

Queremos ahora construir una definición para "k es muy grande" que proporcione a este enunciado una precisión análoga. Para encontrar la manera de hacerlo obsérvense los diagramas siguientes en los que se ha trazado la gráfica de la sucesión

$$u_k = 1 + \frac{(-1)^k 4}{(k+2)^2} \quad (k \in Z^+)$$

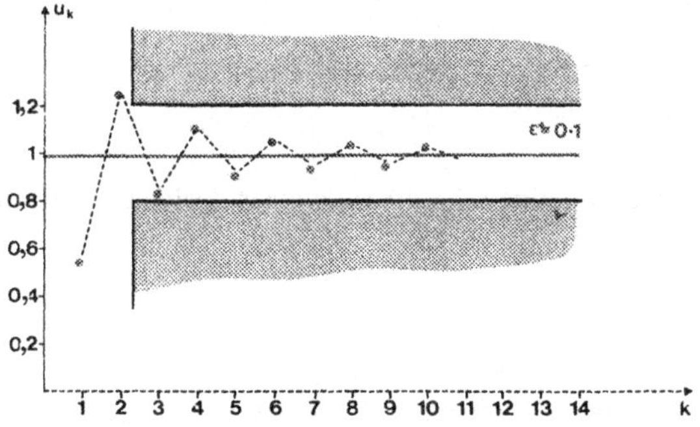

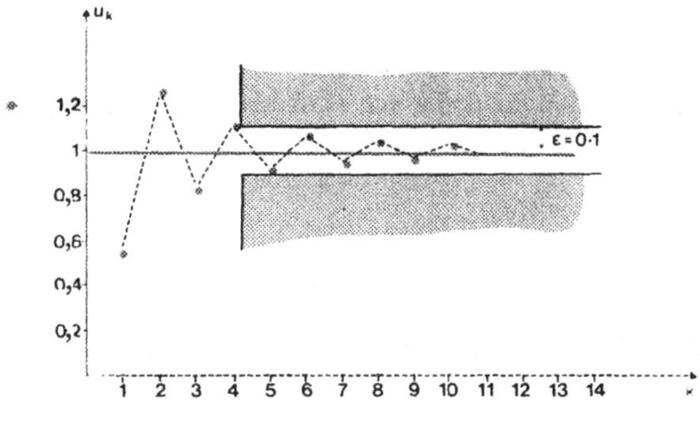

En el primer diagrama los únicos puntos de la gráfica que no quedan entre las rectas paralelas que representan el intervalo de error $[1 - 0{,}2,\ 1 + 0{,}2]$ son aquellos con $k = 1$ y $k = 2$; en consecuencia, con $\varepsilon = 0{,}2$ podemos decir que los valores "muy grandes" de k empiezan en 3. En el segundo diagrama los únicos puntos que no quedan entre las rectas paralelas que representan el intervalo de error $[1 - 0{,}1,\ 1 + 0{,}1]$ son los que llevan $k = 1$, 2, 3 y 4; en consecuencia, con $\varepsilon = 0{,}1$, los valores "muy grandes de k" empiezan en 5. Al hacer ε cada vez más pequeño quedan cada vez más valores de k fuera de las rectas paralelas, pero es siempre posible escoger sobre la gráfica un punto (como el punto $(3, u_3)$ para $\varepsilon = 0{,}2$ o el $(5, u_5)$ para $\varepsilon = 0{,}1$) a la derecha del cual *todos* los puntos de la gráfica quedan entre las rectas paralelas. Esta es la parte esencial: para *cualquier* valor positivo de la cota de error &, existe un elemento de la sucesión a partir del cual todos los elementos quedan dentro del intervalo de error

$$[1 - \varepsilon, 1 + \varepsilon]$$

Por ejemplo, si ε is $\frac{1}{10^6}$, entonces la condición para que un elemento u_k quede dentro del intervalo de error es

$$1 - \frac{1}{10^6} \leqslant 1 + \frac{(-1)^k 4}{(2+k)^2} \leqslant 1 + \frac{1}{10^6}$$

Podemos restar 1 de cada uno de los miembros de estas desigualdades, obteniendo

$$-\frac{1}{10^6} \leqslant \frac{(-1)^k 4}{(2+k)^2} \leqslant \frac{1}{10^6}$$

Puesto que $(-1)^k$ puede tomar solamente los valores +1 y −1, este par de desigualdades queda satisfecho si

$$-\frac{1}{10^6} \leqslant \frac{-4}{(2+k)^2} \quad \text{y} \quad \frac{4}{(2+k)^2} \leqslant \frac{1}{10^6}$$

Puesto que estas dos últimas desigualdades son equivalentes basta exigir que

$$\frac{4}{(2+k)^2} \leqslant \frac{1}{10^6}$$

lo cual equivale a $4.000.000 \leqslant (2+k)^2$, y se cumple por lo tanto para todo $k \geqslant 1998$. Si ε es $\frac{1}{10^6}$, entonces todos los elementos a partir del 1998-ésimo quedan dentro del intervalo de error.

Generalizando este concepto para cualquier sucesión infinita, podemos adoptar ahora la siguiente definición:

> Definición rigurosa de límite
>
> "El número lim $\underset{\sim}{u}$ es el límite de la sucesión infinita $\underset{\sim}{u}$" equivale a decir "para cualquier cota de error positiva ε, existe un elemento de la sucesión a partir del cual todos los elementos quedan dentro del intervalo de error [lim $\underset{\sim}{u} - \varepsilon$, lim $\underset{\sim}{u} + \varepsilon$]."

Esta definición nos dice, en efecto, que cualquiera que sea la precisión con que queramos trabajar, podemos utilizar siempre $u_1, u_2, u_3, \ldots$ como una sucesión de aproximaciones sucesivas para calcular el número lim $\underset{\sim}{u}$ (si es que lim $\underset{\sim}{u}$ existe); ya que existe un elemento en la sucesión a partir del cual todos los elementos son (dentro de la precisión requerida) indistinguibles uno de otro, de modo que cualquiera de estos elementos puede ser utilizado como valor aproximado de lim $\underset{\sim}{u}$.

Hace falta mucha experiencia para acostumbrarse a la definición. Si el lector no queda satisfecho, le convendrá observar de nuevo los dos diagramas tratando de imaginar como serían si se hiciera ε todavía más pequeño, y pensando si a pesar de todo sería aún posible encontrar un valor de N (distancia desde el eje u_k al área sombreada) conveniente. Al hacer esto téngase presente que la gráfica que hemos dibujado muestra solamente los primeros elementos de la sucesión, pero que la gráfica verdadera se extiende indefinidamente por la derecha, ya que la sucesión carece de último elemento. (Los conceptos de límite y de convergencia no son aplicables a sucesiones finitas.)

Una de las dificultades que se presentan al hacer uso de la definición rigurosa de límite es que exige que demostremos algo acerca de *cualquier* valor positivo de ε, y acerca de *todos* los elementos a partir del N-ésimo de la sucesión. No podemos tratar individualmente con cada valor de ε o con cada elemento de la sucesión; así pues tendremos que encontrar una manera de tratar con todos ellos de una vez. Tenemos que demostrar en efecto un pequeño teorema para cada sucesión individual. El ejemplo siguiente nos enseña como se hace.

Ejemplo 1

Demuéstrese que 0 es el límite de la sucesión $1, \frac{1}{2}, \frac{1}{3} \ldots$.

La definición exige que demostremos que para cualquier cota de error ε existe un elemento (pongamos el N-ésimo) a partir del cual todos los elementos quedan dentro del intervalo de error $[0 - \varepsilon, 0 + \varepsilon]$. Para empezar demostrémoslo para un valor particular de ε, sea éste $\dfrac{1}{10}$. Entonces, puesto que el elemento k-ésimo de la sucesión es $\dfrac{1}{k}$, se tratará de encontrar un entero positivo N tal que todos los elementos u_k a partir del N-ésimo satisfagan

$$-\frac{1}{10} \leqslant u_k \leqslant \frac{1}{10}$$

Esto es, tenemos que encontrar $N \in Z^+$ tal que

$$-\frac{1}{10} \leqslant \frac{1}{k} \leqslant \frac{1}{10} \quad (k \in Z^+ \quad \text{y} \quad k > N)$$

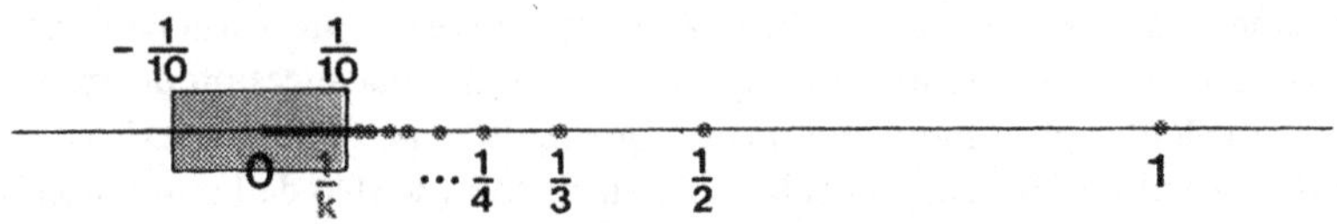

Pero la desigualdad $-\frac{1}{10} \leqslant \frac{1}{k}$ se satisface para todo $k \in Z^{+}$, de modo que no implica restricción alguna para N. Multiplicando los dos miembros de la desigualdad por $10k$ (lo cual está justificado por ser $k \in Z^{+}$), obtenemos que es equivalente a

$$10 \leqslant k \quad (k \in Z^{+} \quad \text{y} \quad k > N)$$

Esto es, tenemos que encontrar un entero positivo N tal que cada entero k mayor que N sea también mayor o igual que 10. Existen muchos números N con esta propiedad; uno de ellos es el mismo 10. Hemos demostrado así que si ε tiene el valor particular $\frac{1}{10}$ podemos satisfacer la definición de límite para esta sucesión tomando $N = 10$.

Para completar la demostración de que 0 es el límite de la sucesión $u_k = \frac{1}{k}$ tenemos que demostrar que para *cualquier* ε positivo, no necesariamente $\frac{1}{10}$, podemos hallar un N que satisfaga la definición. O sea, tenemos que hallar un entero positivo N tal que

$$-\varepsilon \leqslant \frac{1}{k} \leqslant \varepsilon \quad (k \in Z^{+} \quad \text{y} \quad k > N)$$

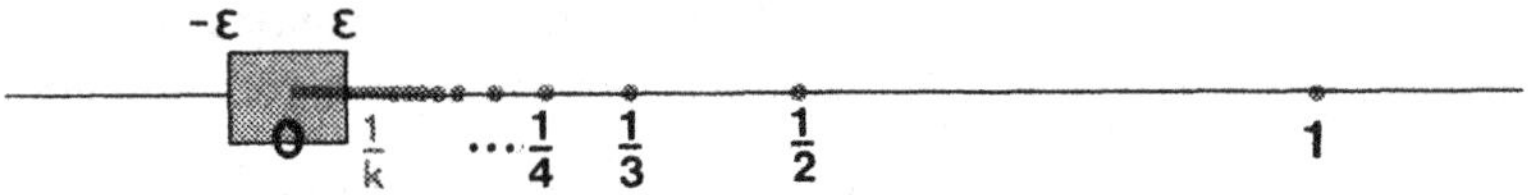

Una vez más la desigualdad $-\varepsilon \leqslant \frac{1}{k}$ no impone restricción alguna a N. La desigualdad $\frac{1}{k} \leqslant \varepsilon$ equivale a

$$k \geqslant \frac{1}{\varepsilon} \qquad (k \in Z^{+} \quad \text{y} \quad k > N)$$

y tenemos que encontrar un entero N tal que todo entero k mayor que N sea también mayor que $\frac{1}{\varepsilon}$ (el cual tiene que ser positivo, pero no necesariamente entero).

Se puede encontrar en efecto un tal N; valdrá por ejemplo el primer entero después de $\frac{1}{\varepsilon}$. Puesto que podemos encontrar un N adecuado para *cualquier* ε *positivo, por pequeño que sea,* la definición queda satisfecha, con lo que queda demostrado que 0 es el límite de la sucesión $u_k = \frac{1}{k}$.

Ejercicio 1

Verificar que el límite de la sucesión definida por

$$u_k = \frac{1}{k^2}$$

es 0.

Se puede tomar para N el primer entero después del número $\frac{1}{\sqrt{\varepsilon}}$.

Ejercicio 2

Verificar que el límite de la sucesión 0,3, 0,33, 0,333, 0,3333, . . . es $\frac{1}{3}$. Se puede hacer uso del hecho de que

$$\tfrac{1}{3} - 0{,}\underbrace{33\ldots3}_{k\text{ dígitos}} = 0{,}\underbrace{00\ldots0}_{k\text{ ceros}}333\ldots = \tfrac{1}{3} \times 10^{-k}$$

y, para cualquier ε particular, se puede tomar para N el número de ceros consecutivos después de la coma decimal en la representación decimal de ε.

6.2 Suma y multiplicación de sucesiones

El objeto de esta sección consiste en desarrollar una técnica para simplificar el cálculo de límites, de modo que no sea necesario volver a la definición cada vez que tengamos que calcular un límite. Esta simplificación se basa en que las sucesiones con una regla complicada de formación pueden ser construidas partiendo de otras más simples haciendo uso de operaciones tales como la suma y la multiplicación. Si sabemos como se reflejan estas operaciones algebraicas en el comportamiento de los límites de las sucesiones, podremos calcular límites de sucesiones más complicadas en términos de los límites de las más simples que les dan origen. Dicho de otro modo, nos interesa definir cosas tales como la suma y el producto de dos sucesiones, y (por ejemplo) establecer la relación entre el límite de la suma de dos sucesiones y los límites de cada una de las sucesiones individuales.

La primera operación algebraica que vamos a considerar es la suma. Para llegar a una definición de suma de sucesiones, haremos uso del hecho de que una sucesión infinita queda especificada mediante una función con dominio Z^+: es decir, $\underset{\sim}{u}$ queda especificada mediante la función f donde

$$f: k \longmapsto u_k \qquad (k \in Z^+)$$

y $\underset{\sim}{v}$ queda especificada mediante la función g donde

$$g: k \longmapsto v_k \qquad (k \in Z^+)$$

La importancia de esta observación reside en que ya hemos dado, en el Capítulo 3, la definición de suma de dos funciones. Aplicándola a las dos funciones f y g que tienen ambas por dominio Z^+, la definición es

$$f + g: k \longmapsto f(k) + g(k) \quad (k \in Z^+)$$

A la sucesión especificada mediante $f + g$ la designamos por $\underset{\sim}{u} + \underset{\sim}{v}$; así que $\underset{\sim}{u} + \underset{\sim}{v}$ es la sucesión

$$u_1 + v_1, u_2 + v_2, u_3 + v_3 \ldots$$

Es decir, para sumar sucesiones, sumamos los elementos respectivos. Por ejemplo, si $\underset{\sim}{u}$ es $1, 2, 3, 4, \ldots$ y $\underset{\sim}{v}$ es $1, \frac{1}{2}, \frac{1}{3}, \frac{1}{4}, \quad \ldots$, entonces $\underset{\sim}{u} + \underset{\sim}{v}$ es $2, 2\frac{1}{2}, 3\frac{1}{3}, 4\frac{1}{4}, \ldots\ldots$

Obsérvese que el "+" en $\underset{\sim}{u} + \underset{\sim}{v}$ es en realidad un símbolo *nuevo* que designa la operación de "suma de sucesiones". Utilizamos el mismo símbolo que para la operación "suma de números reales" porque las dos operaciones tienen propiedades análogas.

Ejercicio 1

Si $\underset{\sim}{u}$ es $3\frac{1}{2}, 3\frac{1}{3}, 3\frac{1}{4}, 3\frac{1}{5}, \quad \ldots$ y $\underset{\sim}{v}$ es $2, 2, 2, 2, \ldots$ ¿qué es $\underset{\sim}{u} + \underset{\sim}{v}$? ¿Cuáles son además los límites de $\underset{\sim}{u}$, $\underset{\sim}{v}$, y $\underset{\sim}{u} + \underset{\sim}{v}$, y como se hallan relacionados entre sí?

Ejercicio 2

Si $\underset{\sim}{u}$ y $\underset{\sim}{v}$ son sucesiones convergentes, demuéstrese (es decir, dése un razonamiento basado en la definición intuitiva de límite) que $\underset{\sim}{u} + \underset{\sim}{v}$ es también convergente y que su límite es $\lim \underset{\sim}{u} + \lim \underset{\sim}{v}$.

El resultado del último ejercicio indica dos cosas. En primer lugar, hace ver que la suma de dos sucesiones convergentes es otra sucesión convergente. En segundo lugar, hace ver que la operación de sumar sucesiones es convertida mediante la función lim en la operación de sumar números (los límites de estas sucesiones). Se puede enunciar el mismo hecho de manera esquemática como sigue:

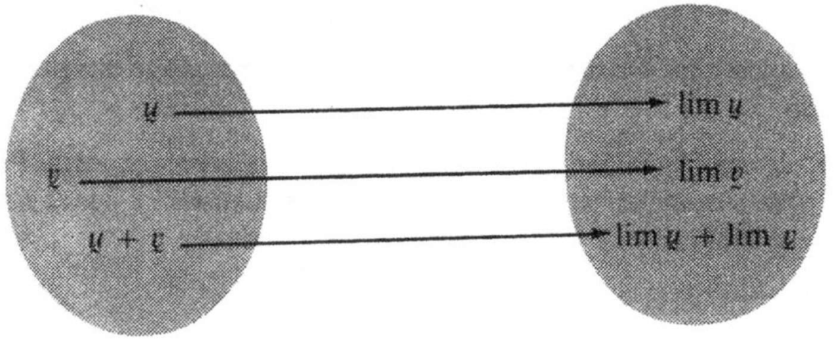

o poniendo $\lim(\underset{\sim}{u} + \underset{\sim}{v}) = \lim \underset{\sim}{u} + \lim \underset{\sim}{v}$

Podemos dar una demostración rigurosa de este resultado como sigue:

Demostración de que, si $\underset{\sim}{u}$ *y* $\underset{\sim}{v}$ *convergen, entonces* $\underset{\sim}{u} + \underset{\sim}{v}$ *converge y tiene por límite* $\lim \underset{\sim}{u} + \lim \underset{\sim}{v}$.

(i) "$\underset{\sim}{u}$ es convergente" quiere decir que podemos hallar $N \in Z^+$ tal que u_k queda tan cerca como queramos de $\lim \underset{\sim}{u}$ para todos los $k > N$.
(ii) "$\underset{\sim}{v}$ es convergente" quiere decir que podemos hallar $M \in Z^+$ tal que v_k quede tan cerca como queramos de $\lim \underset{\sim}{v}$ para todos los $k > M$.

Queremos demostrar que podemos hallar $P \in Z^+$ tal que $u_k + v_k$ sea una aproximación de $\lim \underset{\sim}{u} + \lim \underset{\sim}{v}$ con una cota de error menor o igual que ε, para cualquier número positivo pequeño ε y para todos los $k > P$:

Estamos *sumando* la aproximación u_k de $\lim \underset{\sim}{u}$ con la aproximación v_k de $\lim \underset{\sim}{v}$ para obtener la aproximación $u_k + v_k$ de $\lim \underset{\sim}{u} + \lim \underset{\sim}{v}$.

La cota de error para una suma de aproximaciones es igual a la suma de las cotas de error para las aproximaciones individuales.

Queremos por lo tanto que la suma de las cotas de error de las dos aproximaciones sea $\leqslant \varepsilon$. No hay razón alguna para que una de las cotas de error sea mayor que la otra, así que las tomaremos iguales.

Por (i), podemos hallar $N \in Z^+$ tal que la aproximación u_k a $\lim \underset{\sim}{u}$ tenga una cota de error $\leqslant \frac{\varepsilon}{2}$ para todos los $k > N$; o sea

$$u_k \in [\lim \underset{\sim}{u} - \tfrac{1}{2}\varepsilon, \lim \underset{\sim}{u} + \tfrac{1}{2}\varepsilon] \quad \text{cuando } k > N$$

Por (ii) podemos hallar $M \in Z^+$ tal que la aproximación v_k a $\lim \underset{\sim}{v}$ tenga una cota de error $\leqslant \frac{\varepsilon}{2}$ para todos los $k > M$ o sea

$$v_k \in [\lim \underline{v} - \tfrac{1}{2}\varepsilon, \lim \underline{v} + \tfrac{1}{2}\varepsilon] \quad \text{cuando } k > M$$

Sea P el mayor de M y N. Los dos enunciados últimos implican conjuntamente que

$$u_k + v_k \in [\lim \underline{u} + \lim \underline{v} - \varepsilon, \lim \underline{u} + \lim \underline{v} + \varepsilon] \quad \text{para todo } k > P$$

que es lo que queríamos demostrar, puesto que este enunciado se cumple *cualquiera* que sea el ε elegido.

La operación de multiplicación puede ser tratada de la misma manera. Para definir la multiplicación de sucesiones, nos referimos de nuevo al Capítulo 3 donde hemos definido el producto de dos funciones f y g de dominio Z^+ poniendo:

$$f \times g : k \longmapsto f(k) \times g(k) \quad (k \in Z^+)$$

Si designamos por $\underline{u} \times \underline{v}$ la sucesión especificada por $f \times g$, vemos que $\underline{u} \times \underline{v}$ es la sucesión

$$u_1 \times v_1, u_2 \times v_2, u_3 \times v_3, \ldots$$

o sea que para "multiplicar" sucesiones, multiplicamos los elementos correspondientes. Por ejemplo, si $\underline{u}$ es 1, 2, 3, 4, . . . y $\underline{v}$ es 10, 100, 1000, 10 000, . . . , entonces $\underline{u} \times \underline{v}$ es 10, 200, 3000, 40 000, ...

Obsérvese que el "X" en $\underline{u} \times \underline{v}$ es en realidad un símbolo *nuevo*, que designa la operación "multiplicación de sucesiones". Utilizamos el mismo símbolo que para la operación "multiplicación de números reales" porque las dos operaciones tienen propiedades análogas.

Ejercicio 3

Si $\underline{u}$ es 0,2, 0,22, 0,222, 0,2222, . . . y $\underline{v}$ es 3,3, 3,03, 3,003, 3,0003, . . . ¿cómo es $\underline{u} \times \underline{v}$? ¿Cuáles son los límites de $\underline{u}$, $\underline{v}$, y $\underline{u} \times \underline{v}$, y como se hallan relacionados entre sí?

Ejercicio 4

Si $\underline{u}$ y $\underline{v}$ son sucesiones convergentes, dar una demostración de que $\underline{u} \times \underline{v}$ es también convergente y de que su límite es $(\lim \underline{u}) \times (\lim \underline{v})$.

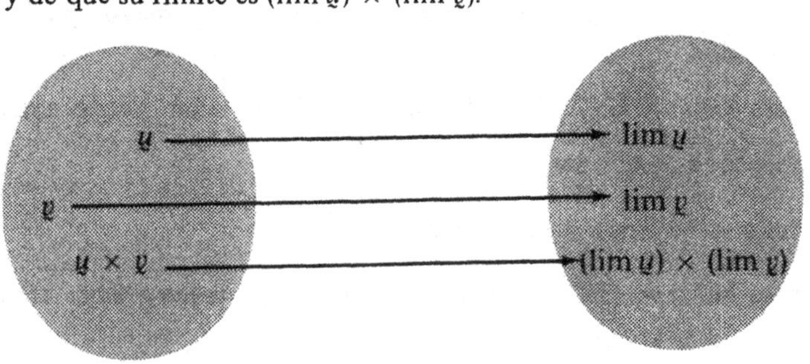

6.3 Series infinitas

Hemos estado considerando *sucesiones* tratando a cada uno de los términos individualmente. Tratemos ahora de sumar los términos. Lo que así vamos a obtener será llamado *serie.*

Una serie que contenga un número finito de términos recibe el nombre de *serie finita*. Así

$$a_1 + a_2 + a_3 + \cdots + a_{10},$$

es una serie finita, y podemos siempre sumar los términos de una serie de este tipo para hallar su suma. Si el número de términos no es finito, tenemos entonces una *serie infinita* y tenemos que ver qué interpretación damos ahora a la suma de una serie infinita.

Es importante comprender bien qué es lo que entendemos por serie infinita. Damos estas definiciones importantes de manera formal:

Una serie infinita es una expresión de la forma

$$a_1 + a_2 + a_3 + \cdots$$

Las sumas parciales de la serie infinita son las sumas:

$$S_k = a_1 + a_2 + \cdots + a_k \qquad (k = 1, 2, 3, \ldots).$$

Si la sucesión de sumas parciales

$$S_1, S_2, S_3, \ldots$$

converge hacia un límite S, decimos entonces que la serie converge (o que es convergente) hacia la suma S, y escribimos

$$S = a_1 + a_2 + a_3 + \cdots.$$

Si la sucesión de sumas parciales no converge, decimos entonces que la serie diverge (o que es divergente): no podemos hallar para ella una suma.

Importa mucho destacar bien la diferencia entre la serie infinita

$$a_1 + a_2 + a_3 + \cdots$$

y la sucesión infinita

$$a_1, a_2, a_3, \ldots$$

Ejemplo 1

Es posible que el lector se haya encontrado alguna vez con la suma de los términos de una progresión geométrica,

$$a + ar + ar^2 + \cdots + ar^{k-1} = a\left(\frac{1 - r^k}{1 - r}\right) \qquad (r \in R, r \neq 1).$$

Esto es la suma parcial k-ésima, S_k, de la serie infinita

$$a + ar + ar^2 + \cdots.$$

Esta serie recibe el nombre de serie geométrica infinita; el número r recibe el nombre de razón.

Como ejemplo, tomemos $a = 1$ y $r = \frac{1}{2}$; tenemos entonces:

$$1 + \tfrac{1}{2} + \tfrac{1}{4} + \cdots + 2^{-(k-1)} = \frac{1 - 2^{-k}}{\frac{1}{2}}$$

$$= 2 - 2^{-(k-1)}.$$

La sucesión $S_1, S_2, S_3, \ldots$ es ahora

$$2 - 1, 2 - \tfrac{1}{2}, 2 - \tfrac{1}{4}, \ldots$$

la cual converge hacia 2, de modo que podemos poner

$$1 + \tfrac{1}{2} + \tfrac{1}{4} + \cdots = 2.$$

Ejercicio 1

Obténgase una fórmula para la suma parcial k-ésima de

$$1 - 1 + 1 - 1 + 1 \ldots$$

¿Es la serie convergente o divergente?

Ejercicio 2

¿Para que valores de r podemos definir una suma para la serie geométrica infinita

$$1 + r + r^2 + r^3 + \cdots$$

y cuál es la fórmula para la suma en cada caso?

6.4 Límites de funciones

En el Capítulo 4 hemos introducido dos definiciones intuitivas de *límite de una función real.* A diferencia de lo que ocurre con una sucesión, el conjunto imagen de una función real de x puede tender hacia un límite cuando x tiende hacia *cualquier* número y no sólo cuando x es muy grande. Hará falta tener buen cuidado en especificar de qué límite se trata, o sea

$$\lim_{x \text{ grande}} \quad \text{o} \quad \lim_{x \to a}$$

En el Capítulo 4 hemos dado una definición intuitiva para el límite de una función.

Para $\lim_{x \text{ grande}}$ teníamos:

Definición intuitiva de límite
Si f es una función real y L es un número, entonces "L es el límite de f para números grandes de su dominio" equivale a decir "siempre que x sea muy grande, $f(x)$ es una aproximación muy buena de L".

Para $\lim_{x \to a}$ teníamos:

Definición intuitiva de límite
Si g es una función real y a y L son números reales "L es el límite de g cerca de a" equivale a decir "si x está muy cerca de a pero no es igual a a, entonces $g(x)$ está muy cerca de L".

Por analogía con nuestros resultados para sucesiones tenemos:

Definición rigurosa de límite

Decimos que el número L es el límite de la función f de dominio R^+ si, para todo número positivo ε, existe un número T tal que, para todo $t > T$,

$$f(t) \in [L - \varepsilon, L + \varepsilon]$$

o sea

$$L - \varepsilon \leqslant f(t) \leqslant L + \varepsilon$$

De manera análoga tenemos:

Definición rigurosa de límite

Un límite de una función g cerca de un punto a es un número L tal que para cada número positivo ε por pequeño que sea, existe un número positivo δ tal que el conjunto $\{x\colon 0 < |x - a| \leqslant \delta$ y $x \in$ al dominio de $g\}$ es no vacío, y su imagen por g es un subconjunto de $[L - \varepsilon, L + \varepsilon]$.

En el Capítulo 4 hemos considerado también el concepto de *continuidad* de una función. La definición era:

> Definición de continuidad
>
> Si f es una función real y a es un elemento de su dominio, entonces "f es continua en a" equivale a decir "$\lim_{x \to a} f(x)$ existe y es igual a $f(a)$".

Esta definición es ahora rigurosa del todo ya que el concepto de límite de una función se ha dado con rigor.

La definición de continuidad equivale a decir que dado un número positivo cualquiera ε existe un número positivo δ tal que

$$|f(x) - f(a)| \leqslant \varepsilon$$

para todos los x que satisfacen $0 \leqslant |x - a| \leqslant \delta$. Obsérvese que esta vez no tenemos una desigualdad estricta ($<$) por la izquierda: x puede ser igual a a.

Una consecuencia inmediata e importante es que si f es continua en a y si g es continua en $b = f(a)$, entonces $g \circ f$ es continua en a. Podemos expresar esto diciendo que *una función continua de una función continua es una función continua.*

Ejercicio 1

Demostrar que una función continua de una función continua es una función continua.

6.5 Ejercicios adicionales

Ejercicio 1

La "curva del copo de nieve" es el límite de una sucesión de polígonos formados como sigue:

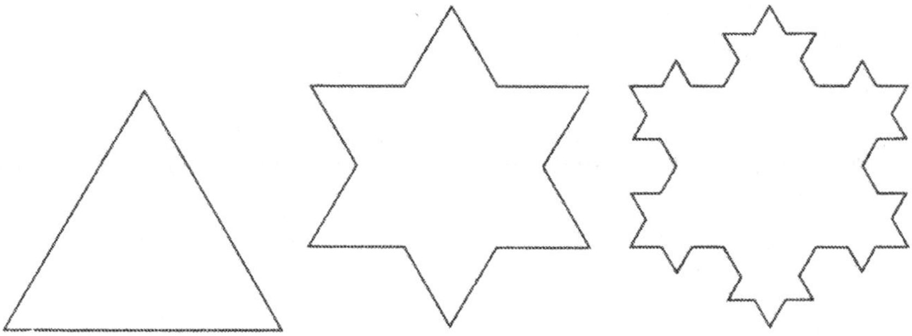

primer polígono segundo polígono tercer polígono

y así sucesivamente. En cada fase, cada segmento rectilíneo

de la figura antigua se cambia por

en la nueva figura de manera que el área encerrada resulte siempre creciente. Calcúlese el límite del área encerrada, tomando como unidad el área del triángulo (primer polígono). ¿Qué se puede decir de la longitud límite del perímetro? (Todos los ángulos son de 60° o 120°.)

Ejercicio 2

Utilizar las reglas de suma y multiplicación de límites para calcular:

(i) $\lim\limits_{k \text{ grande}} \left(4 + \dfrac{1}{k}\right)$

(ii) $\lim\limits_{k \text{ grande}} (2^{-k} + \pi_k)$

donde π_k denota π redondeado con k cifras decimales, es decir

$\pi_1 = 3{,}1$

$\pi_2 = 3{,}14$

$\pi_3 = 3{,}142$, etc.

(iii) $\lim\limits_{k \text{ grande}} (0{,}\underbrace{333\ldots3}_{k \text{ dígitos}} \times \pi_k)$

(iv) $\lim\limits_{k \text{ grande}} v_k^2$

donde $\nu_1, \nu_2, \ldots$ es una sucesión convergente cualquiera. Expresar la solución en términos de $\lim \nu$.

(v) $\lim\limits_{k \text{ grande}} \left(2 + \frac{1}{k}\right)\left(3 + \frac{2}{k}\right)$

6.6 Soluciones a los Ejercicios

Sección 6.1

Ejercicio 1

Tenemos que demostrar que para cualquier ε positivo existe un entero positivo N tal que

$$-\varepsilon \leqslant \frac{1}{k^2} - 0 \leqslant \varepsilon \quad (k \in Z^+ \quad \text{y } k > N)$$

La desigualdad de la izquierda no impone restricción alguna a N. La desigualdad de la derecha equivale (por ser ε y k^2 positivos) a

$$\frac{1}{\varepsilon} \leqslant k^2$$

y por lo tanto a

$$\frac{1}{\sqrt{\varepsilon}} \leqslant k$$

Para que se satisfaga la definición de límite, tenemos que buscar un N suficientemente grande para que, siempre que sea k mayor que N, sea mayor o igual que $\frac{1}{\sqrt{\varepsilon}}$. El valor de N indicado en la pregunta es suficientemente grande para este fin.

Ejercicio 2

Tenemos que demostrar que, para cualquier ε positivo, existe un entero positivo N tal que

$$\tfrac{1}{3} - \varepsilon \leqslant 0{,}\underbrace{333\ldots3}_{k \text{ dígitos}} \leqslant \tfrac{1}{3} + \varepsilon \quad (k \in Z^+ \quad \text{y } k > N)$$

La desigualdad de la derecha no impone ninguna restricción a N, ya que

$$\underbrace{0{,}33\ldots3}_{k\ \text{dígitos}} \leqslant \tfrac{1}{3} \leqslant \tfrac{1}{3} + \varepsilon$$

para todos los valores posibles de k y de ε. La desigualdad de la izquierda puede ponerse en la forma

$$\tfrac{1}{3} - \varepsilon \leqslant \tfrac{1}{3} - \underbrace{0{,}00\ldots0}_{k\ \text{ceros}}333\ldots$$

la cual equivale a

$$\underbrace{0{,}00\ldots0}_{k\ \text{ceros}}33\ldots \leqslant \varepsilon \quad (k \in Z^+ \quad \text{y} \quad k > N)$$

Tenemos que encontrar un N suficientemente grande para que si $k > N$ entonces se satisfaga la desigualdad anterior. Lo que en la pregunta se sugiere es elegir N de modo que ε tenga una representación decimal de la forma

$$\varepsilon = \underbrace{0{,}00\ldots0}_{N\ \text{ceros}}a_1a_2\ldots$$

con $a_1 \geqslant 1$.

Entonces si $k > N$, la representación decimal de $\frac{1}{3} - u_k$ tiene más ceros consecutivos después del punto decimal que la de ε, de modo que

$$\underbrace{0{,}00\ldots0}_{k\ \text{ceros}}33\ldots \leqslant \underbrace{0{,}00\ldots0}_{N\ \text{ceros}}a_1a_2\ldots$$

queda en efecto satisfecha. Hemos comprobado así que para cualquier ε existe en efecto un elemento u_N a partir del cual todos los elementos están en $[\frac{1}{3} - \varepsilon, \frac{1}{3} + \varepsilon]$, y así, según la definición de límite, la sucesión tiene por límite $\frac{1}{3}$.

Sección 6.2

Ejercicio 1

La sucesión $\underset{\sim}{u} + \underset{\sim}{v}$ es $5\frac{1}{2}, 5\frac{1}{3}, 5\frac{1}{4}, 5\frac{1}{5}, \ldots$ El límite de $\underset{\sim}{u}$ es 3 y el límite de $\underset{\sim}{v}$ es 2. Vemos también, a partir de la sucesión $\underset{\sim}{u} + \underset{\sim}{v}$, tal como la hemos escrito, que el límite de $\underset{\sim}{u} + \underset{\sim}{v}$ es 5. Estos límites están ligados por la relación

$$\lim \underset{\sim}{u} + \lim \underset{\sim}{v} = \lim (\underset{\sim}{u} + \underset{\sim}{v})$$

Ejercicio 2

"$\underset{\sim}{u}$ es convergente" significa que podemos hallar $N \in Z^+$ tal que u_k quede tan cerca de lim $\underset{\sim}{u}$ como queramos para todos los $k > N$.

"$\underset{\sim}{v}$ es convergente" significa que podemos hallar $M \in Z^+$ tal que v_k quede tan cerca de lim $\underset{\sim}{v}$ como queramos para todos los $k > M$.

Intuitivamente, significa esto que podemos hallar $P \in Z^+$ tal que $u_k + v_k$ quede tan cerca como queramos de lim $\underset{\sim}{u}$ + lim $\underset{\sim}{v}$ para todos los $k > P$, donde P depende de N y M; es decir, $\underset{\sim}{u} + \underset{\sim}{v}$ converge hacia lim $\underset{\sim}{u}$ + lim $\underset{\sim}{v}$.

Esto sugiere también las directrices de la demostración rigurosa proporcionada en el texto.

Ejercicio 3

Multiplicando las dos sucesiones obtenemos la sucesión

$$0{,}66,\ 0{,}6666,\ 0{.}666666, \ldots$$

Pero $\lim \underset{\sim}{u} = 0{,}2222\ldots = \frac{2}{9}$ y $\lim \underset{\sim}{v} = 3$.

Partiendo de la sucesión acabada de obtener, tenemos

$$\lim (\underset{\sim}{u} \times \underset{\sim}{v}) = 0{,}6666\ldots = \tfrac{2}{3}$$

de modo que

$$\lim \underset{\sim}{u} \times \lim \underset{\sim}{v} = \lim (\underset{\sim}{u} \times \underset{\sim}{v})$$

ya que $\frac{2}{9} \times 3 = \frac{2}{3}$.

Ejercicio 4

Procedemos exactamente de la misma manera que en el Ejercicio 2. Podemos hallar enteros N, $M \in Z^+$ tales que u_k quede tan cerca como queramos de lim $\underset{\sim}{u}$ para todos los $k > N$, y v_k quede tan cerca como queramos de lim $\underset{\sim}{v}$ para todos los $k > M$. Intuitivamente, significa esto que podemos hallar $P \in Z^+$ tal que $u_k \times v_k$ quede tan cerca como queramos de (lim $\underset{\sim}{u}$) $\times$ (lim $\underset{\sim}{v}$) para todos los $k > P$, donde P depende de N y M; es decir, $\underset{\sim}{u} \times \underset{\sim}{v}$ converge hacia

$$\lim (\underset{\sim}{u} \times \underset{\sim}{v}) = (\lim \underset{\sim}{u}) \times (\lim \underset{\sim}{v})$$

En esto consiste la regla de multiplicación para límites. Se puede demostrar haciendo uso de la definición rigurosa de límite, pero no vamos a entrar aquí en los detalles de la demostración.

Sección 6.3

Ejercicio 1

$$S_k = \begin{cases} 0 \text{ si } k \text{ es par} \\ 1 \text{ si } k \text{ es impar} \end{cases}$$

y, puesto que la sucesión 1, 0, 1, 0, . . . de sumas parciales es divergente, la serie es también divergente.

Ejercicio 2

La fórmula dada en el Ejemplo 1 proporciona, para la suma parcial k-ésima,

$$S_k = 1 + r + r^2 + \cdots + r^{k-1} = \frac{1 - r^k}{1 - r} \qquad (r \in R, r \neq 1).$$

Nos interesa ver el comportamiento de esta expresión para valores grandes de k. Esto depende del valor de r, y por lo tanto hay que considerar distintos casos.

(i) Si $|r| < 1$, entonces $\lim\limits_{k \text{ grande}} r^k = 0$, de modo que

$$\lim_{k \text{ grande}} \frac{1 - r^k}{1 - r} = \frac{1}{1 - r}.$$

En este caso la serie converge y su suma es $\dfrac{1}{1 - r}$.

(ii) Si $r = 1$, no es aplicable entonces la fórmula para S_k; vemos que $S_k = k$, de modo que la serie diverge.

(iii) Si $|r| > 1$, entonces $|r^k|$ crece al crecer k, sin tener ninguna cota, de modo que la serie es divergente.

(iv) Si $r = -1$, la serie que tenemos es

$$1 - 1 + 1 - 1 + 1 \ldots$$

la cual diverge, según hemos visto anteriormente.

Sección 6.4

Ejercicio 1

Sea f continua en a y g continua en $b = f(a)$. Entonces, para cualquier número positivo ε existe δ tal que

$$|g(y) - g(b)| \leqslant \varepsilon$$

para todos los $0 \leqslant |y - b| \leqslant \delta$.

Para este mismo número δ, existe un δ' tal que

$$|f(x) - f(a)| \leqslant \delta$$

para todo x del intervalo $0 < |x - a| \leqslant \delta'$.

Comparando las dos desigualdades en que interviene δ y recordando que $b = f(a)$ vemos que podemos poner $y = f(x)$ para todo el intervalo

$$0 \leqslant |x - a| \leqslant \delta'$$

Tenemos así

$$|g(y) - g(b)| = |g(f(x)) - g(f(a))| \leqslant \varepsilon$$

para todo $0 \leqslant |x - a| \leqslant \delta'$.

Por definición, resulta por lo tanto que $g \circ f: x \longrightarrow g(f(x))$ es continua en $x = a$.

Sección 6.5

Ejercicio 1

Sea a_1 el área del triángulo (= 1), y para cada $n = 2, 3, \ldots$ sea a_n el área añadida en la fase $(n - 1)$-ésima. Esta área es añadida en la forma de b_n triángulos congruentes, cada uno de ellos de dimensión lineal un tercio del anterior y por lo tanto $\frac{1}{9}$ del área. De este modo, el área de cada triángulo añadido en la fase $(n - 1)$-ésima es $(\frac{1}{9})^{n-1}$, de modo que

$$a_n = b_n \times 9^{-(n-1)} \qquad (n = 2, 3, \ldots).$$

Pero b_n, el número de triángulos añadidos en la fase $(n - 1)$-ésima es igual al número de segmentos rectilíneos creados en la fase anterior. En la fase primera, el número de segmentos rectilíneos creados es 3 y esto se multiplica por 4 en cada fase. Así pues,

$$b_n = 3 \times 4^{(n-2)} \qquad (n = 2, 3, \ldots).$$

Al sustituir esto en la ecuación anterior, se tiene

$$a_n = \frac{1}{3} \times \left(\frac{4}{9}\right)^{(n-2)} \qquad (n = 2, 3, \ldots).$$

El área total en la fase $(n - 1)$-ésima es

$$a_1 + a_2 + \cdots + a_n,$$

de modo que el límite del área puede expresarse en la forma de la serie infinita:

$$1 + \frac{1}{3} + \frac{1}{3} \times \frac{4}{9} + \frac{1}{3} \times \left(\frac{4}{9}\right)^2 + \cdots + \frac{1}{3} \times \left(\frac{4}{9}\right)^k + \cdots$$

la cual es una serie geométrica de razón $\frac{4}{9}$, si se prescinde del primer término que es un "elemento extraño". Según el resultado del Ejercicio 6.3.2, la suma es por lo tanto,

$$S = 1 + \frac{a}{1 - r}, \quad \text{donde} \quad a = \frac{1}{3} \quad \text{y} \quad r = \frac{4}{9},$$

$$= 1\tfrac{3}{5},$$

lo cual es el área límite.

La longitud del perímetro del copo de nieve no tiene un comportamiento tan feliz. En cada fase el número de segmentos rectilíneos viene multiplicado por 4 y la longitud de cada segmento viene dividida por 3, de modo que la longitud *total* del perímetro viene *multiplicada* en cada fase por $\frac{4}{3}$. Así pues las longitudes de los polígonos sucesivos son

$$1, \frac{4}{3}, \left(\frac{4}{3}\right)^2, \left(\frac{4}{3}\right)^3, \ldots$$

Esta sucesión diverge, y efectivamente la longitud crece por encima de cualquier número. No existe una "longitud límite".

Ejercicio 2

En (i) y (ii) a continuación utilizamos la regla de la suma

$$\lim \underset{\sim}{u} + \lim \underset{\sim}{v} = \lim (\underset{\sim}{u} + \underset{\sim}{v})$$

En (iii) y (iv) utilizamos la regla de la multiplicación

$$(\lim \underset{\sim}{u}) \times (\lim \underset{\sim}{v}) = \lim (\underset{\sim}{u} \times \underset{\sim}{v})$$

En (v) combinamos las dos reglas.

$$\text{(i)} \lim_{k \text{ grande}} \left(4 + \frac{1}{k}\right) = \lim (4 + 1, 4\tfrac{1}{2}, 4\tfrac{1}{3}, \ldots)$$

$$= \lim (4, 4, 4, \ldots) + \lim (1, \tfrac{1}{2}, \tfrac{1}{3}, \ldots)$$

$$= 4 + 0 = 4$$

$$\text{(ii)} \lim_{k \text{ grande}} (2^{-k} + \pi_k) = \lim_{k \text{ grande}} (2^{-k}) + \lim_{k \text{ grande}} (\pi_k)$$

$$= 0 + \pi = \pi$$

$$\text{(iii)} \lim_{k \text{ grande}} (0.\underbrace{33\ldots3}_{k \text{ dígitos}} \times \pi_k) = \lim_{k \text{ grande}} (0.\underbrace{33\ldots3}_{k \text{ dígitos}}) \times \lim_{k \text{ grande}} (\pi_k)$$

$$= \frac{1}{3} \times \pi = \frac{\pi}{3}$$

$$\text{(iv)} \lim_{k \text{ grande}} (v_k^2) = \lim_{k \text{ grande}} (v_k \times v_k)$$

$$= (\lim_{k \text{ grande}} v_k) \times (\lim_{k \text{ grande}} v_k) = (\lim \underset{\sim}{v})^2$$

$$\text{(v)} \lim_{k \text{ grande}} \left(2 + \frac{1}{k}\right) \times \left(3 + \frac{2}{k}\right) = \lim_{k \text{ grande}} \left(2 + \frac{1}{k}\right) \times \lim_{k \text{ grande}} \left(3 + \frac{2}{k}\right)$$

$$= 2 \times 3 = 6$$

Capítulo 7

La integral definida

7.0 Introducción

En este capítulo introducimos el concepto de *integral definida*. Empezamos buscando maneras de calcular un área, en particular de maneras mediante las cuales podamos obtener valores aproximados para el área de una superficie plana limitada por una curva. Utilizamos el concepto de *límite*, introducido en los Capítulos 4 y 6, y llegamos a una definición formal de integral definida considerando los límites de una sucesión de aproximaciones. Extendemos el cálculo a integrales definidas para incluir combinaciones de funciones y consideramos la relación entre la integral definida y el área que queda por debajo de la gráfica de una función cuando la gráfica cruza el eje x.

7.1 Area

La historia del problema de obtener el área resulta interesante. En los primeros tiempos de la antigua Babilonia se creía que el área de una figura plana dependía de su perímetro.

Sin embargo, los métodos correctos para obtener áreas de rectángulos y de triángulos eran ya conocidos antes del 2200 a.C. El paso siguiente, el de hallar áreas de figuras planas limitadas por curvas específicas, tales como un arco parabólico, no se alcanzó aparentemente hasta los tiempos de Arquímedes (287-212 a.C.). El método matemático de éste es esencialmente el mismo que el que desarrollamos en este capítulo. Una de sus comprobaciones elementales consistía en recortar la figura adecuada en un material de densidad uniforme, y en comparar su peso con el de una forma del mismo material y de área conocida. Se dió cuenta Arquímedes de que el problema de la determinación de volúmenes limitados por superficies curvas era análogo al problema de la determinación del área y que ambos podían plantearse haciendo uso de un proceso que suponía aproximaciones cada vez mayores. Mucho más adelante, ya en el siglo XVII, Newton, entre otros, formalizó la integración, estableciendo su conexión con la derivación.

El trabajo de Newton despertó un interés enorme, y en la historia del Cálculo aparecen los nombres de muchos matemáticos de gran renombre. Cuando en 1854 Riemann publicó su definición de integral definida, ya hacía tiempo que los matemáticos se habían dado cuenta de que tenían en sus manos un instrumento extremadamente poderoso.

Por intuición sabemos todos lo que es un área, del mismo modo que creemos saber los significados de longitud, tiempo, velocidad y volumen. Somos también conscientes de que estamos utilizando estas palabras en dos sentidos: unas veces para significar una cantidad física, y otras veces para significar una medida de dicha cantidad. Por ejemplo,la palabra "área" significa un pedazo libre de terreno llano; pero para evitar circunloquios decimos "el área es de 5 fanegas" donde la palabra "área" quiere decir "la medida del área". El significado queda por lo general claro a través del contexto. Aquí lo que nos interesa es la medida del área. Podemos dejar a los filósofos que teoricen acerca del concepto fundamental. Nosotros, como matemáticos, utilizamos la intuición para que nos oriente y nos conduzca a una formulación matemática precisa del área; una vez hecho esto, desarrollamos y generalizamos el concepto matemático que hemos definido.

Guiados por la intuición *definamos* el área de un rectángulo como el producto de las longitudes de dos lados adyacentes. Tomando esto como punto de partida procederemos a definir áreas de otras figuras cada vez más complejas, asegurándonos siempre de que nuestras definiciones concuerdan con lo que intuitivamente podemos esperar.

Empezaremos con figuras rectilíneas, que son figuras limitadas por rectas. Juntando dos triángulos rectángulos idénticos para que formen un rectángulo, obtenemos que el área de uno de estos triángulos es igual a la mitad del producto de la longitud de una base por la altura correspondiente, lo cual expresamos en la forma $\frac{1}{2} \times \text{base} \times \text{altura}$.

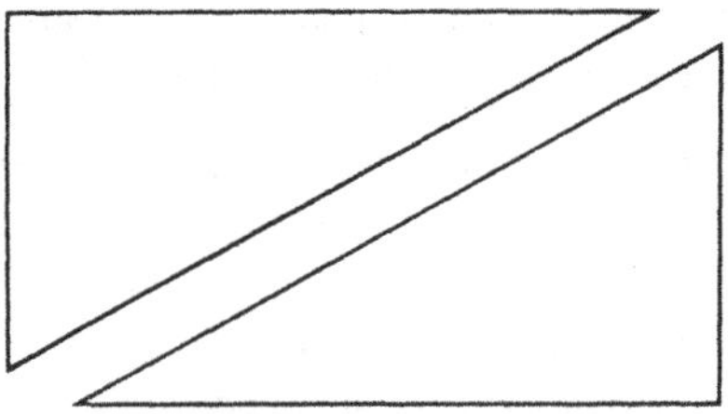

Sabiendo esto, podemos obtener el área de cualquier figura rectilínea considerando a la figura como constituida por rectángulos y triángulos rectángulos.

Ejercicio 1

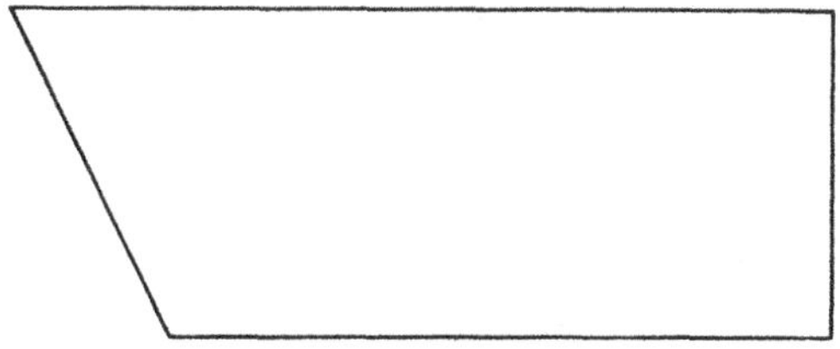

Un es un cuadrilátero con dos lados paralelos.

Demostrar que el área del trapecio particular de la figura es $\frac{1}{2}ad$, donde

a = suma de las longitudes de los lados paralelos, y

d = distancia entre los mismos.

Surgen sin embargo dificultades al considerar el área de una región limitada por una curva tal como una circunferencia o un arco. Podemos, como hizo Arquímedes, recortar la figura en cuestión y pesarla, y decir después que su área es el área del rectángulo del mismo material y peso. La definición matemática es mucho más complicada y tiene su expresión en términos de procesos de límite, pero resulta mucho más satisfactoria.

Vamos a considerar un ejemplo concreto:

Ejemplo 1

Las piscinas Dollan, piscinas de Escocia para pruebas olímpicas, fueron inauguradas oficialmente el 27 de mayo de 1968 por R. B. McGregor, el nadador escocés internacional.

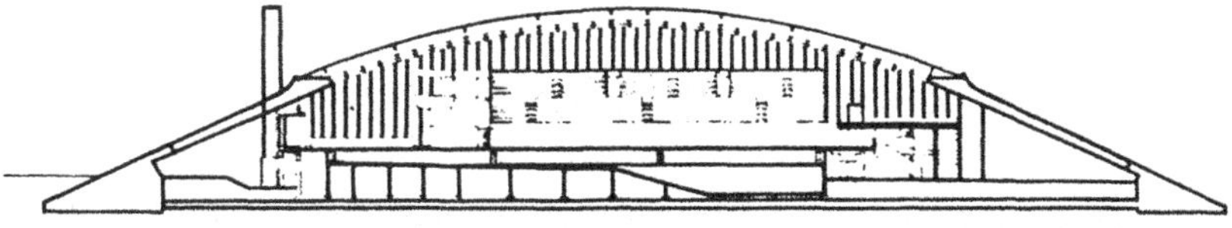

(Cortesía de Cement and Concrete Association.)

Proyectado por el arquitecto A. Buchanan Campbell, el edificio se alza en un inmenso arco parabólico, con una luz de 100 m y con una altura máxima de 20 m por encima del nivel del suelo.

Una vez decidida la forma, el arquitecto tuvo que calcular el área de la sección transversal del edificio para poder hallar la presión ejercida sobre la estructura.

Para emular su cálculo, necesitamos primero obtener una función f cuya gráfica sea una curva que represente a escala conveniente el perfil del edificio.

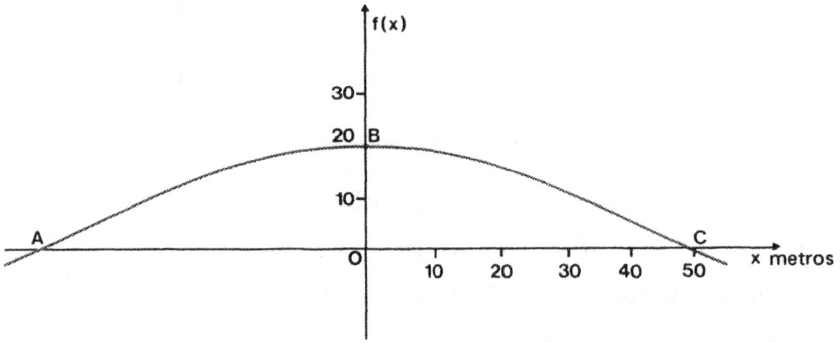

Puede el lector tratar de obtener esta función, sabiendo que su gráfica es parte de una parábola, lo cual significa que es una función de la forma

$$x \longmapsto a + bx + cx^2 \qquad (a, b, c \in R)$$

La solución será $x \longmapsto 20 - \dfrac{x^2}{125}$. Nuestro objetivo consiste en calcular el área que queda por debajo de esta gráfica. Este trabajo consta de dos partes:

(i) aproximamos el área con rectángulos, obtenemos estimaciones por exceso y por defecto del área transversal de la parábola y de ahí obtenemos la estimación óptima del área en los dos casos:
  (a) cuando OC se divide en cinco intervalos iguales;
  (b) cuando OC se divide en diez intervalos iguales;

(ii) determinamos cuántos intervalos de OC serían necesarios para asegurar que el error sea menor que 1 m^2.

(i) En la figura de arriba vemos la gráfica de base que corresponde a la sección transversal del arquitecto.

El arco parabólico es simétrico; por lo tanto, el área representada por $A\ OCB$ es dos veces el área representada por OBC. Las imágenes para los valores dados de la variable x son:

x	0	5	10	15	20	25	30	35	40	45	50
$f(x)$	20	19,8	19,2	18,2	16,8	15	12,8	10,2	7,2	3,8	0

(a) Utilizando cinco intervalos para la semiárea constituimos ahora el área formada por rectángulos que proporcionan un área mayor que el área requerida.

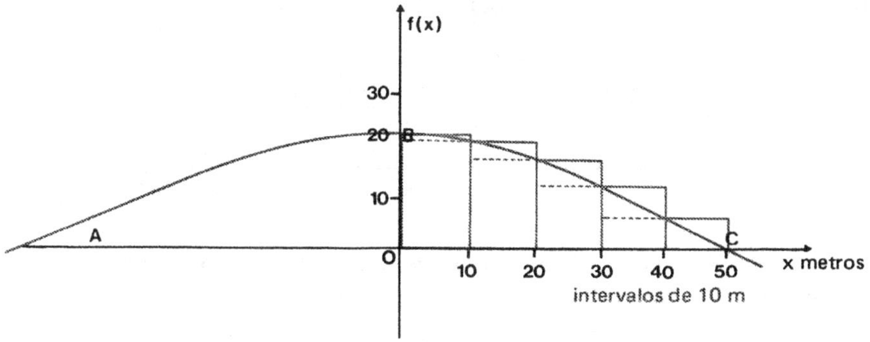

Estos rectángulos vienen dibujados en la figura mediante trazo continuo. Esto nos da una primera estimación por exceso del área *total*:

$$2 \times 10\{20 + 19{,}2 + 16{,}8 + 12{,}8 + 7{,}2\}\ \mathrm{m}^2 = 1520\ \mathrm{m}^2$$

Las líneas de trazos de la figura indican un área constituida por rectángulos que proporcionan un área más pequeña que la que buscamos.

Esto nos da una primera estimación por defecto del área total:

$$2 \times 10\{19{,}2 + 16{,}8 + 12{,}8 + 7{,}2 + 0\}\ \mathrm{m}^2 = 1120\ \mathrm{m}^2$$

Observamos que la diferencia entre las dos estimaciones es igual a dos veces el área del rectángulo mayor.

Así pues la estimación óptima para el área total cuando se utilizan cinco intervalos es

$$\frac{1520 + 1120}{2}\ \mathrm{m}^2 = 1320\ \mathrm{m}^2$$

con un error de

$$\frac{1520 - 1120}{2}\ \mathrm{m}^2 = 200\ \mathrm{m}^2$$

(b)

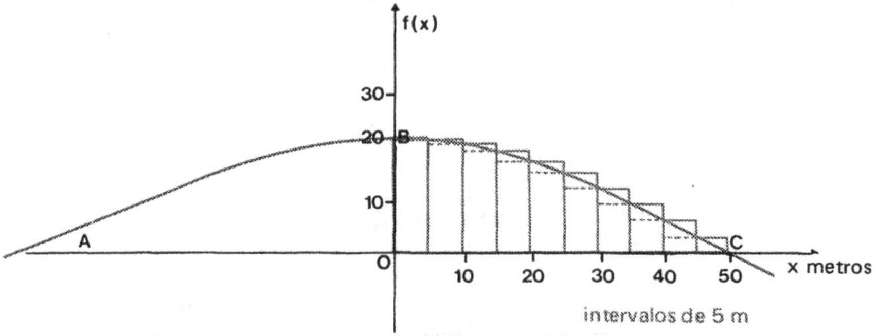

Cuando para la semiárea se utilizan diez intervalos, obtenemos que la cota superior del área utilizando diez rectángulos es ahora

$$2 \times 5\{20 + 19{,}8 + \cdots + 7{,}2 + 3{,}8\}\ \text{m}^2 \qquad = 1430\ \text{m}^2$$

El cálculo de la cota inferior da un área $= 1230\ \text{m}^2$

Nuestra estimación sería $\left(\dfrac{1430 + 1230}{2}\right)\ \text{m}^2 = 1330\ \text{m}^2$

con un máximo error ahora = 100 m^2.

(ii) Consideramos ahora un aspecto diferente del problema.

Decidimos para empezar la exactitud que queremos tenga nuestra estimación del área. Queremos que sea exacta dentro de $\pm 1\ \text{m}^2$.

¿Con qué anchura de intervalo podemos conseguir esto? Según hemos observado ya, la diferencia entre las cotas superior e inferior de la estimación del área es dos veces el área del rectángulo mayor y es también dos veces el error de estimación. Por lo tanto el área de este rectángulo debe ser menor o igual que 1 m^2. Pero en este ejemplo sabemos que la altura del rectángulo mayor es de 20 m, cualquiera que sea el número de intervalos. Por lo tanto, para alcanzar la exactitud deseada su anchura debe ser a lo sumo de 0,05 m, ya que

$$20 \times 0{,}05\ \text{m}^2 = 1\ \text{m}^2$$

El número total de intervalos a lo largo de $OC = \dfrac{50\ \text{m}}{\text{anchura del intervalo}} = 1000$. De este modo para alcanzar la precisión deseada mediante este método, tenemos que dividir OC en 1000 intervalos por lo menos.

De manera análoga, podemos demostrar que, para alcanzar una estimación del área total con un error máximo de $\pm 0{,}1\ \text{m}^2$, necesitaríamos por lo menos 10.000 intervalos; y que en general para alcanzar una estimación con error ε m^2 necesitaríamos por lo menos n subintervalos donde n es un entero tal que

$$n \geqslant \frac{1000}{\varepsilon}$$

Observación. Veremos más adelante que podemos hallar con exactitud el área parabólica anterior. Su valor es $1333\frac{1}{3}$ m^2. Así, en efecto, las estimaciones anteriores son muy buenas, con un error que ya es menor que 15 m^2 en el caso de los cinco intervalos.

Ejercicio 2

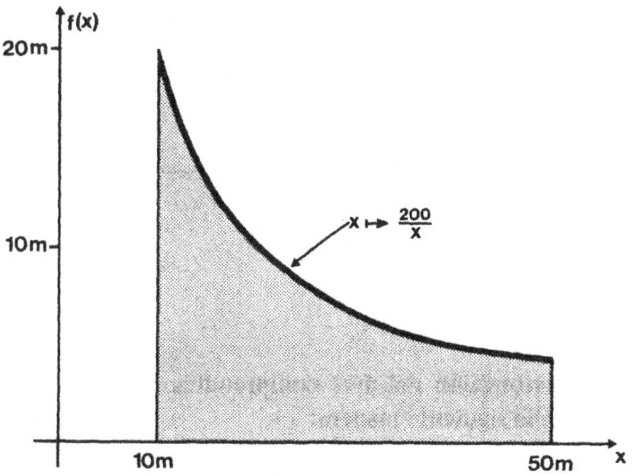

El contorno de una sección transversal de un tejado de un edificio de un aeropuerto es la gráfica de la función

$$f : x \longmapsto \frac{200}{x} \qquad (x \in [10, 50])$$

Los muros de soporte son verticales y están situados a $x = 10$ m y $x = 50$ m respectivamente.

(i) Utilizando cuatro intervalos, obtener una estimación del área transversal (indicada en el diagrama) con tanta precisión como sea posible por el método seguido en el ejemplo, y especificar la precisión que se crea haber alcanzado.

(ii) ¿Cuántos intervalos serían necesarios para alcanzar una estimación con un error máximo de $\pm\frac{1}{2}$ m^2?

Ejercicio 3

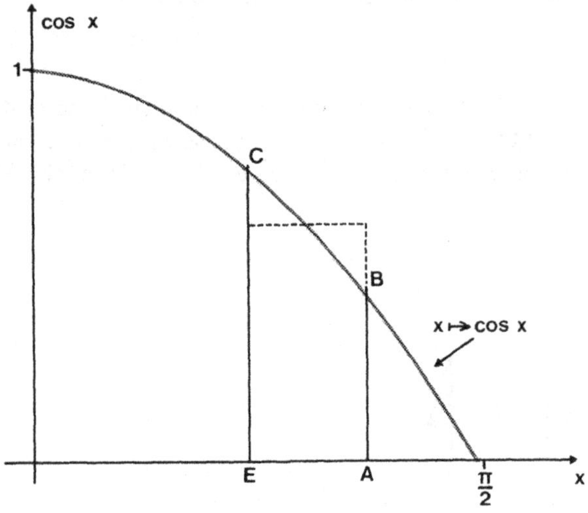

Dada la función

$$f : x \longmapsto \cos x \qquad \left(x \in \left[0, \frac{\pi}{2}\right]\right)$$

podemos obtener una estimación del área comprendida entre su gráfica y los dos ejes formando rectángulos de la siguiente manera:

Dividimos el dominio en intervalos iguales y tomamos en cada intervalo como altura del rectángulo $\frac{1}{2}$ (suma de las ordenadas* de los extremos del intervalo). Por ejemplo, la altura del rectángulo en $EA = \frac{1}{2}$ $(AB + EC)$.

¿Son verdaderos o falsos los enunciados que siguen?

(i) La suma de las áreas de los rectángulos anteriores es la misma que la estimación del área que hemos utilizado hasta aquí. Es decir, el área estimada es la misma que la obtenida por el método anterior: $\frac{1}{2}$ (suma de las áreas de los rectángulos mayores + suma de las áreas de los rectángulos pequeños).

(ii) El método anterior para estimar el área es mejor que el método descrito en este ejercicio ya que nos proporciona una estimación de la magnitud del error.

7.2 La integral definida

En la sección 7.1 hemos desarrollado un método para aproximar lo que llamamos intuiti-

*La ordenada de un punto en el plano cartesiano es la coordenada y del punto.

vamente "área", considerando un cierto número de rectángulos, número que viene determinado por la precisión requerida, excepto en los casos en que se presentan errores. En esta sección vamos a ligar la definición intuitiva de área con una definición matemática basada en los conceptos expuestos en la sección 7.1. Suponemos que el lector se quedó conforme con la afirmación de que, en ausencia de errores, la estimación del área se hace más precisa al aumentar el número de rectángulos. Si esto fue así, estaba justificado, pero para que vea que lo que hacíamos era sólo una suposición, vamos a considerar el problema de estimar la *longitud* de una curva.

Ejercicio 1

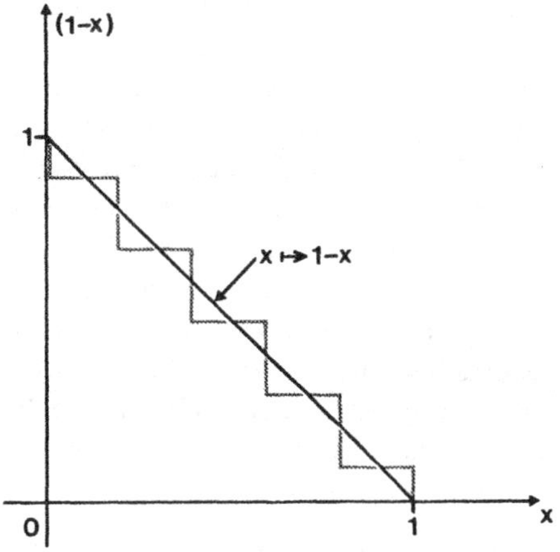

Consideramos una recta AB de longitud conocida para averiguar si hay algún procedimiento de estimación, análogo al que hemos considerado para áreas, que nos proporcione una aproximación razonable de la longitud conocida.

La gráfica de la función

$$x \longmapsto 1 - x \qquad (x \in [0, 1])$$

es una línea recta, AB.

Aproximamos la longitud de esta recta mediante una "escalera" cuyos peldaños (intervalos) tienen igual longitud. Al igual que con la estimación del área podemos realizar esto de distintas maneras de las cuales vamos a mostrar una.

(i) Como si se fuera a hallar la longitud de una alfombra de escalera, hállese la longitud total de la línea en zig-zag de la figura anterior.

(ii) ¿Depende la longitud de una escalera, como la de la figura, del número de sus peldaños?

(iii) ¿Le parece intuitivo al lector que podemos aproximar tanto como queramos las esquinas de la escalera a la recta AB sin más que tomar un número de peldaños suficiente?
(iv) ¿Cree el lector que esto implica que podemos tomar un número de peldaños suficiente para hacer que la longitud de la escalera se aproxime tanto como queramos a la longitud de la recta?
(v) ¿Cuál será pues en el límite, por este procedimiento, la longitud de la recta?
(vi) ¿Es ésta la verdadera longitud de la recta? Si no es así, ¿dónde se encuentra el error?

El objetivo de este último ejercicio no ha sido en particular el de investigar el concepto de longitud, sino demostrar que es preciso tener cuidado en los procesos de paso al límite que adoptamos para justificar conceptos intuitivos. Aproximar una curva mediante una "escalera" parece satisfactorio cuando se trata de hallar el área limitada por la curva, pero resulta insatisfactorio cuando lo que se quiere es obtener la longitud de la curva. En los dos casos tratamos de generalizar un concepto. Siempre que hagamos esto tenemos que asegurarnos de que nuestra definición generalizada proporciona la solución esperada en el caso más fundamental. El planteamiento a base de la "escalera" no nos da la solución "correcta" para la longitud de una recta: así pues no tiene sentido el intentar generalizarlo. Pero nuestro método para el cálculo del área satisface nuestra intuición y está de acuerdo con nuestro concepto de área en casos sencillos. Además pudimos acotar el valor buscado entre dos valores estimados, uno por exceso y otro por defecto. Podemos por lo tanto hablar de la "precisión" de nuestra estimación ya que hemos localizado el valor numérico del área dentro de un intervalo de error que podemos hacer tan pequeño como queramos, y esto nos permite confiar en los resultados.

En esta sección vamos a extraer la definición matemática de la integral definida que hemos decidido adoptar. Decimos "decidido adoptar" ya que existen maneras distintas de definir la integral definida, de las cuales unas tienen más generalidad que otras.

En la sección 7.3 veremos que no es siempre necesario determinar las integrales definidas con ayuda de la gráfica de la función.

Encontramos que funciones tales como:

$$x \longmapsto 3x - x^2 + 2 \qquad (x \in R)$$

$$x \longmapsto 2\,\text{sen}\,x - \frac{1}{x} \qquad (x \in R^+)$$

y otras análogas pueden expresarse en términos de funciones más sencillas tales como:

$$x \longmapsto 1,\ x \longmapsto x,\ x \longmapsto x^2,\ x \longmapsto x^3,\ x \longmapsto \text{sen}\,x \qquad (x \in R),$$

$$x \longmapsto \frac{1}{x}, x \longmapsto \frac{1}{x^2} \qquad (x \in R, x \neq 0)$$

¿Es posible hallar expresiones normales para las integrales definidas de funciones sencillas tales como ésta? Si esto es así, ¿podemos utilizarlas para hallar las integrales definidas de funciones más complicadas, y de este modo simplificar nuestro trabajo? La respuesta a la primera pregunta es "sí". Procedemos en esta sección a hallar algunas de estas soluciones.

La respuesta a la segunda pregunta es también "sí" en muchos casos, tales como los ejemplos dados anteriormente. Para combinaciones de funciones sencillas tales como

$$x \longmapsto 3x - x^2 + 2 \qquad (x \in R)$$

necesitamos hallar las reglas para la combinación de las integrales definidas adecuadas, y esto es lo que hacemos en la sección 7.3.

Utilizando la experiencia obtenida en la sección 7.1 intentemos sacar la definición de integral definida de manera tal que concuerde con nuestro concepto intuitivo de área.

En la sección 7.1 tomamos una región y le sobrepusimos dos conjuntos de rectángulos, uno de ellos conteniendo a la región y el otro estando contenido por ella. Convinimos en que el "área" de la región quedaba comprendida entre las dos áreas: las sumas de las áreas de cada uno de los dos conjuntos de rectángulos.

Supongamos que utilizamos este método para obtener estimaciones por exceso y por defecto del área de la región considerando dos conjuntos de rectángulos, cada conjunto con n miembros.

A la suma de los rectángulos grandes la designamos por A_n y a la suma de los pequeños por a_n ; n puede ser cualquier entero positivo de modo que si damos a n sucesivamente los valores 1, 2, 3, . . . obtenemos las dos sucesiones:

$$A_1, A_2, A_3, \ldots$$

y

$$a_1, a_2, a_3, \ldots$$

las cuales designamos respectivamente por $\underset{\sim}{A}$ y $\underset{\sim}{a}$.

Los términos de $\underset{\sim}{A}$ son siempre mayores, y los de $\underset{\sim}{a}$ siempre menores que los del área buscada, pero al crecer n los términos correspondientes de las dos sucesiones se hacen (intuitivamente) cada vez más próximos entre sí. Así pues al crecer cada vez más el número de rectángulos, podemos decir (intuitivamente) que las dos sucesiones tienen el mismo límite, y podemos *definir* este límite como área de la región. Tendremos que ser algo más específicos acerca del área cuando pensemos en términos de funciones más generales. Sea f una función de dominio $[a, b]$, tal que la gráfica de f, las rectas especificadas por $x = a$ y $x = b$, y el eje x constituyan el contorno de una región cerrada.

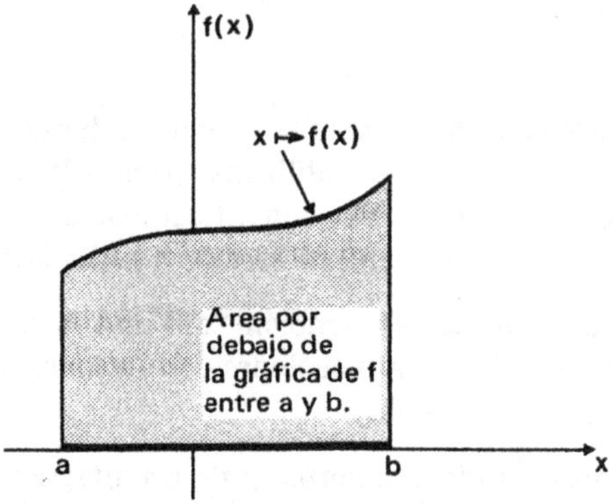

El área de esta región recibe generalmente el nombre de área por debajo de la gráfica de f entre a y b aun cuando la gráfica de f pueda ser como sigue:

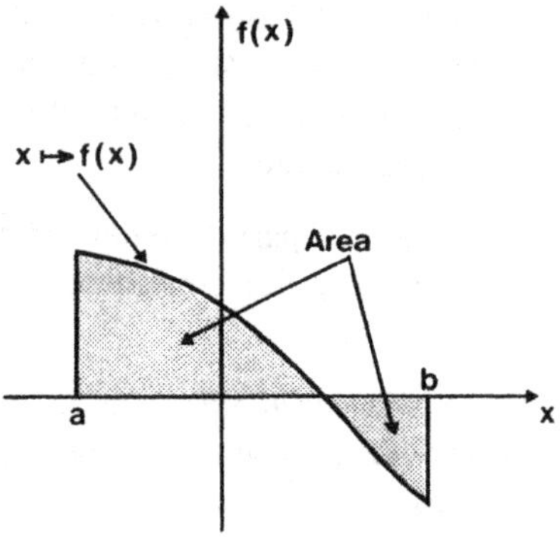

o tal como ésta:

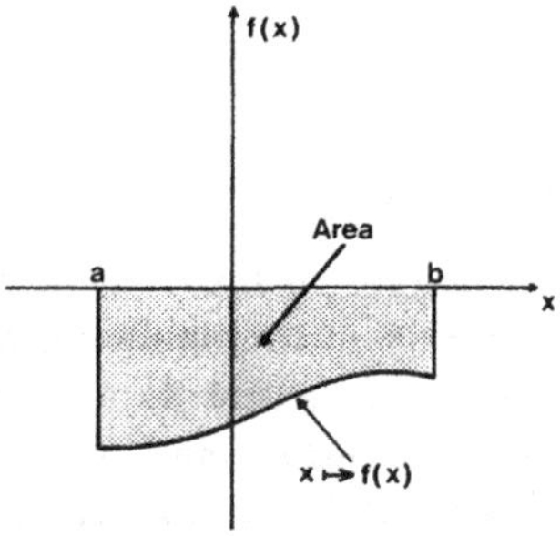

Al final del ejemplo acerca de las piscinas Dollan llegamos al resultado de que para alcanzar una estimación del área dentro de unos límites de error de $\pm \varepsilon$ m^2 necesitaríamos por lo menos n intervalos, donde n es un entero y

$$n \geqslant \frac{1000}{\varepsilon}$$

O sea, llegábamos a la conclusión de que podíamos tomar n de manera que la estimación del área quedara dentro de un intervalo de anchura 2&, donde & podía ser tan pequeño como quisiéramos. Tenemos aquí un caso análogo.

Visto desde otro punto, significa esto que al crecer n, disminuye la anchura del intervalo de error.

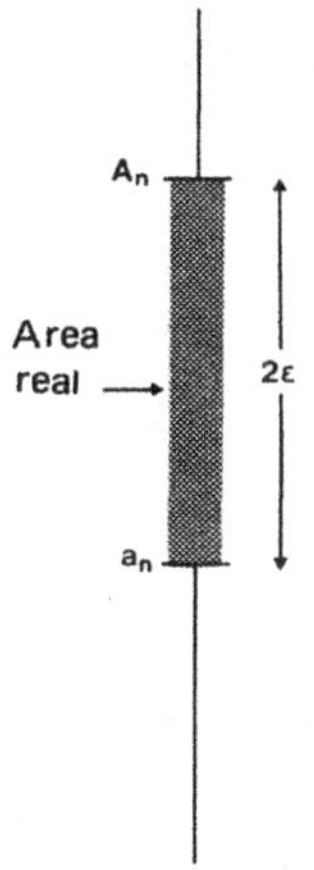

Para n intervalos, las cotas superior e inferior del intervalo de error vienen determinadas respectivamente por A_n y a_n.

Si existe lim $\underset{\sim}{A}$, existirá también lim $\underset{\sim}{a}$, y viceversa. Los dos límites serán el mismo número: llamémoslo A. Al crecer n, la anchura del intervalo* de error decrecerá hacia cero y el área de la sección parabólica, la cual está siempre contenida dentro del intervalo de error, tiene por lo tanto (intuitivamente) que ser también A.

Consideremos ahora el problema de forma más algebraica para la función f, y tomemos una suma particular (el lector verá en seguida por qué):

$$\begin{aligned} S_n &= hf(a) + hf(a+h) + \cdots + hf(a + \{n-1\}h) \\ &= h[f(a) + f(a+h) + \cdots + f(a + \{n-1\}h)] \end{aligned}$$

donde $h = \dfrac{b-a}{n}$; o sea, hemos dividido $[a, b]$ en n subintervalos† cada uno de ellos de longitud h. Esta expresión de S define una sucesión $S_1, S_2, S_3, \ldots$ la cual designamos por

*La anchura de $[a, b]$ es $b - a$.

†Un subintervalo de $[a, b]$ es un intervalo de $[c, d]$ donde $a \leqslant c < d \leqslant b$.

S. Para una función particular f con una gráfica como ésta:

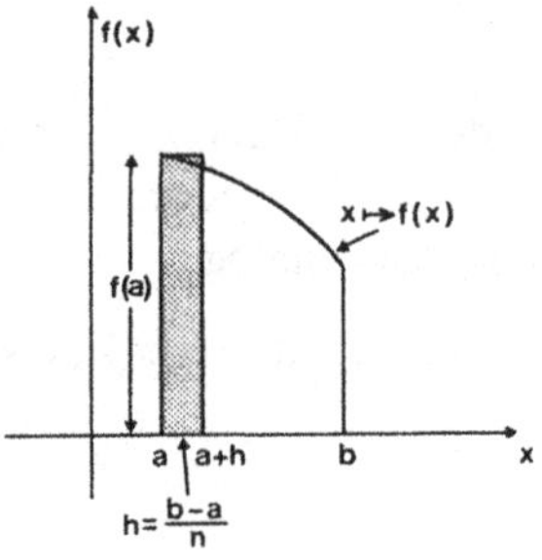

tendríamos

$$S_n = A_n,$$

la suma de las áreas de los rectángulos mayores. Si f tiene una gráfica como ésta

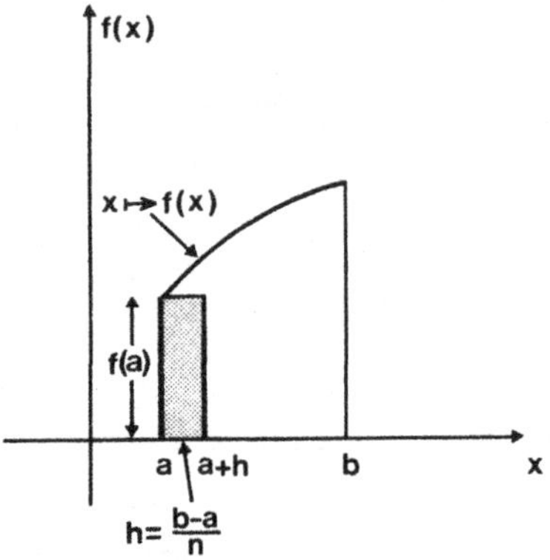

entonces

$$S_n = a_n$$

Si f tiene una gráfica como ésta:

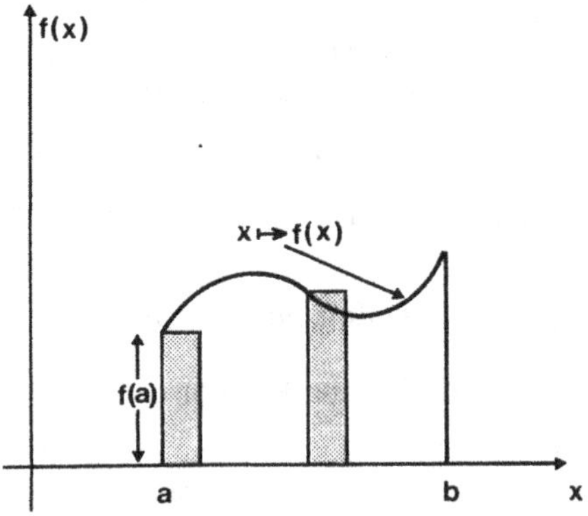

entonces

$$a_n < S_n < A_n$$

Lo que importa destacar es lo siguiente: si la gráfica de f es una curva continua, y $f(x)$ es positivo* para todos los valores de x de $[a, b]$, entonces siempre que

$$\lim \underset{\sim}{a} = \lim \underset{\sim}{A} = A$$

se sigue que

$$\lim \underset{\sim}{S} = A$$

ya que S_n quedará comprendido dentro de un intervalo de error que disminuye de tamaño al crecer n (lo mismo que la estimación del área parabólica de las piscinas Dollan).

Debido a que A, el límite de $\underset{\sim}{S}$, tiene aplicaciones de muchísima importancia en contextos distintos al de área, le vamos a dar un nombre especial. Lo llamaremos integral definida de la función f entre a y b (o en $[a, b]$), y le daremos un símbolo especial

$$\int_a^b f$$

de modo que

$$\lim \underset{\sim}{S} = \int_a^b f$$

El símbolo $\int$, una "*s*" alargada, representa el proceso de sumación, representando "*a*" el punto en que la suma empieza y "*b*" el punto en que la suma termina. ("*a*" y "*b*" reciben el nombre de extremos† de la integral).

Podemos ahora olvidarnos de los rectángulos y enfocar nuestra atención a esta sucesión particular $\underset{\sim}{S}$ de sumas, y a su límite. Hacemos esto porque lo que nos interesa no es sólo el área sino la integral definida de capital importancia en las matemáticas y en sus aplicaciones. Algunas veces la integral representará un área, pero en otras ocasiones podrá representar un volumen, o una media, o una corriente eléctrica, o una probabilidad, o energía, o distancia, o una cantidad análoga. En cada caso, la integral definida tendrá que ser interpretada con precaución. Para evitar fallos supondremos en f una condición que *garantice* la existencia de $\int_a^b f$. Recuérdese que no todas las sucesiones convergen (es decir tienen límite) y hemos definido la integral definida como límite de una sucesión.

*La razón de la exigencia de que las imágenes sean positivas dentro de este contexto quedará clara al considerar el Ejercicio 2 que viene a continuación.

†Algunos autores utilizan la palabra límites.

Queremos evitar tener que volver repetidamente a la definición para comprobar si la integral existe o no existe. Así pues preguntamos: ¿Existen tipos especiales de funciones f para las cuales $\int_a^b f$ exista siempre? La respuesta es "sí" y de hecho estamos pisando ya terreno firme. En nuestra definición de la página 157 hemos incluido la frase "si la gráfica de f es una curva continua"; o sea, la gráfica de f tiene que carecer de "interrupciones" en $[a, b]$. Esto equivale a decir que "la función f tiene que ser continua en $[a, b]$". Se puede demostrar (de forma más rigurosa que la nuestra) que si f es continua en $[a, b]$, entonces la integral definida $\int_a^b f$ *automáticamente* existe (es decir, su existencia queda *garantizada*). Pedimos al lector que acepte este hecho. (Esto significa que las palabras "siempre que" antes de "$\lim \underset{\sim}{a} = \lim \underset{\sim}{A} = A$" de la página 157 son redundantes y se puede prescindir de ellas.) Dentro de este capítulo supondremos, en adelante, que la integral definida existe (es decir que la sucesión S converge).

Resumen

Dado un intervalo $[a, b]$ que se divide en n subintervalos iguales de anchura

$$h = \frac{b - a}{n}$$

y una función f que es continua en $[a, b]$ definimos la integral definida de f en $[a, b]$ como el límite de la sucesión $\underset{\sim}{S}$, donde

$$S_n = h[f(a) + f(a + h) + \cdots + f(a + \{n - 1\}h)]$$

Ponemos

$$\lim \underset{\sim}{S} = \int_a^b f$$

Ejercicio 2

¿Es "la integral definida de f entre a y b" sinónimo del "área por debajo de la gráfica de f entre a y b"?

AYUDA: Considérense las dos definiciones para los diagramas de la página 154.

A partir de la solución del Ejercicio 2, podemos concluir exactamente que mientras tengamos cuidado de saber donde queda la curva que representa f, podemos utilizar la definición de integral definida para hallar el área por debajo de la gráfica de f entre a y b. Si $f(x)$ no es positiva para todo $x \in [c, d]$ donde $[c, d]$ es un subintervalo de $[a, b]$ (véase el diagrama) entonces obtenemos la integral definida de f en los intervalos

$$[a, c], \qquad [c, d], \qquad [d, b]$$

por separado, y ajustamos el signo de la integral definida de f entre c y d antes de sumar los tres resultados para hallar el área total.

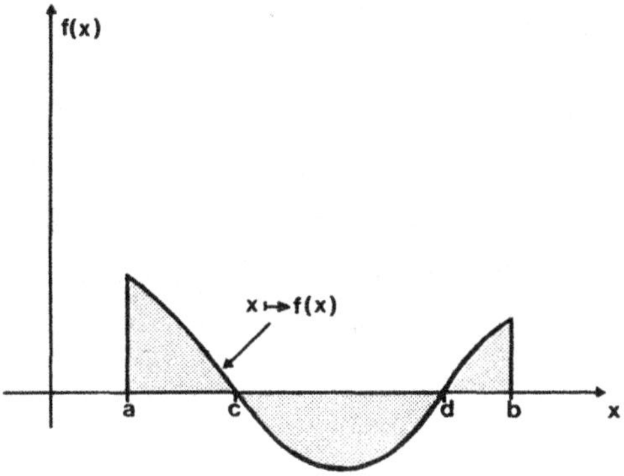

El ejercicio que sigue tiene por objeto proporcionar práctica en las ideas introducidas en esta sección y comprobar que están de acuerdo con la intuición.

Ejercicio 3

Hállese la integral definida de la función f en $[a, b]$ donde

$$f : x \longmapsto 1 \qquad (x \in [a, b],\ b > a > 0)$$

y compruébese si da el área por debajo de la gráfica de f.

Ejercicio 4

Hállese la integral definida de la función f en $[a, b]$ donde

$$f : x \longmapsto x \qquad (x \in [a, b],\ b > a > 0)$$

y compruébese si proporciona el área por debajo de la gráfica de f entre a y b

AYUDA: Para obtener la solución hace falta saber que la suma de los n primeros números naturales es

$$S_1(n) = \frac{n(n+1)}{2}$$

Digamos una palabra acerca de la notación. Hemos escrito la integral definida de una función f en $[a, b]$, en la forma

$$\int_a^b f$$

En casos particulares en que f es conocida, por ejemplo:

$$f : x \longmapsto x \qquad (x \in [a, b])$$

ponemos

$$\int_a^b x \longmapsto x, \quad \text{o} \quad \int_a^b (x \longmapsto x)$$

y omitimos el dominio de f ya que la parte de dominio que nos interesa queda clara a partir del "a" y del "b" de la notación.

En muchos textos se encontrará la notación

$$\int_a^b f(x)\,dx$$

o, en particular,

$$\int_a^b x\,dx$$

Esta es una notación que ha venido siendo utilizada durante muchos años. El lector que se interese por sus orígenes encontrará la respuesta en cualquier libro que trate de la historia del tema.

Si el lector tiene ya cierta experiencia en el cálculo posiblemente se extrañará de que en los últimos capítulos acerca de la integración y de la derivación utilicemos una notación que es distinta de la notación clásica que le es conocida y que es la que utilizan la mayor parte de los libros de texto. En realidad encontrará que existen bastantes textos recientes que utilizan la misma notación que nosotros. Existen varias razones para este cambio. La notación que utilizamos concuerda con nuestro planteamiento clásico de las matemáticas a través del concepto de función. Queremos también evitar ciertas dificultades de concepto experimentadas por muchos estudiantes y que en parte son debidas a la notación tradicional. Si el lector es debutante en la materia no tropezará con ninguna dificultad en la notación. Si ya ha estudiado antes cálculo, le aconsejamos que empiece de nuevo: la notación nueva le permitirá concentrar su atención en los principios (más que en las técnicas), debido a su misma novedad. Una vez en posesión de los principios fundamentales, no habrá ya inconveniente alguno en que siga utilizando la notación tradicional: la conversión de una notación a otra no debe resultar difícil. La definición que hemos utilizado de integral definida no es la más general. Por ejemplo, hemos elegido el caso particular en que dividimos $[a, b]$ en intervalos iguales. La integral definida de f en $[a, b]$ puede ser definida satisfactoriamente de una manera más general, omitiendo las condiciones: "f es continua en $[a, b]$" y "los subintervalos de $[a, b]$ son de igual anchura". En toda nuestra exposición nos hemos apoyado más en la intuición que en el rigor matemático.

En los dos últimos ejercicios hemos encontrado que

$$\int_a^b (x \longmapsto 1) = b - a \qquad \text{y} \qquad \int_a^b (x \longmapsto x) = \frac{b^2 - a^2}{2}$$

$$b > a > 0$$

Siguiendo un método similar al utilizado en los ejercicios, se puede demostrar que

$$\int_a^b (x \longmapsto x^2) = \frac{b^3 - a^3}{3}$$

Para obtener este resultado, se necesita la fórmula para la suma de los cuadrados de los n primeros números naturales

$$S_2(n) = \frac{n(n + 1)(2n + 1)}{6}$$

Ejercicio 5

(i) A partir de los resultados obtenidos hasta aquí, se puede conjeturar que el valor de

$$\int_a^b (x \longmapsto x^m) \qquad b > a > 0, \quad m \in Z^+$$

tenga que ser

(a) $\dfrac{b^{m+1} - a^{m+1}}{m}$ (c) $\dfrac{b^{m+1} - a^{m+1}}{m + 1}$

(b) $\dfrac{b^m - a^{m+1}}{m}$ (d) $\dfrac{b^m - a^m}{m}$

¿Cuál de ellos cree el lector que es el correcto?

(ii) Para obtener el resultado anterior hace falta saber la suma de las potencias

(a) $(m - 1)$-ésimas

(b) m-ésimas

(c) $(m + 1)$-ésimas

de los n primeros números naturales. ¿Cuál de ellas?

Probablemente se habrá dado cuenta el lector de que el cálculo de

$$\int_a^b (x \longmapsto x^m) \qquad (m \in Z^+)$$

partiendo de primeros principios se hace cada vez más dificultoso al crecer m en magnitud. Por esta razón lo vamos a abandonar hasta conseguir ciertos instrumentos que permitan tratarlo de manera muy sencilla. La fórmula que obtenemos si hacemos los cálculos es según se habrá notado ya,

$$\int_a^b (x \longmapsto x^m) = \frac{b^{m+1} - a^{m+1}}{m+1} \qquad (m \in Z^+)$$

En efecto, si bien no podemos demostrarlo en este momento, esta fórmula se cumple para $(m \in R,\ m \neq -1)$, y el lector puede aceptarlo para todos los ejercicios que sigan.

Tabla de Integrales definidas de
Funciones polinómicas sencillas

f	$\int_a^b f$
$x \longmapsto 1$	$b - a$
$x \longmapsto x$	$\frac{b^2 - a^2}{2}$
$x \longmapsto x^2$	$\frac{b^3 - a^3}{3}$
$x \longmapsto x^m \ (m \in R,\ m \neq -1)$	$\frac{b^{m+1} - a^{m+1}}{m+1}$

Ejercicio 6

Calcular los valores de

(i) $\int_0^4 (x \longmapsto x^3)$

(ii) $\int_{-2}^2 (x \longmapsto x^4)$ (iii) $\int_0^1 (x \longmapsto x^{43})$

7.3 La integral definida para combinaciones de funciones

Con objeto de extender la clase de funciones para las cuales podamos calcular integrales definidas, de modo que, por ejemplo, incluya

$$\int_1^2 x \longmapsto (3x^3 + 5x)$$

necesitamos dos teoremas (a no ser, por supuesto, que recurramos a sumar series). Deducimos uno de ellos del ejemplo que sigue y el otro del ejercicio que viene a continuación.

Ejemplo 1

Demostrar que

$$\int_a^b cf = c\int_a^b f$$

donde f es una función, c es un número cualquiera y cf es la función

$$x \longmapsto cf(x)$$

No vamos a dar una demostración con todo rigor pero la esencia del argumento para la demostración está presente.

Para definir la integral definida de f entre a y b hicimos uso del límite de la ecuación $\underset{\sim}{S}$, donde

$$S_n = h[f(a) + f(a + h) + \cdots + f(a + \{n - 1\}h)]$$

De manera análoga, para definir la integral definida de (cf) entre a y b utilizaríamos el límite de la sucesión $\underset{\sim}{T}$, donde

$$T_n = h[cf(a) + cf(a + h) + \cdots + cf(a + \{n - 1\}h)]$$
$$= cS_n$$

Se sigue que

$$\lim \underset{\sim}{T} = c \lim \underset{\sim}{S}$$

y por lo tanto

$$\int_a^b cf = c\int_a^b f$$

Ejercicio 1

Partiendo de la definición de integral definida, convénzase el lector de que si $f(x)$ y $g(x)$ son positivos para todos los valores de x de $[a, b]$ entonces

$$\int_a^b (f+g) = \int_a^b f + \int_a^b g$$

Ejemplo 2

Calcular

$$\int_1^3 x \longmapsto (3x^3 + 5x)$$

Tenemos

$$\int_1^3 x \longmapsto (3x^3 + 5x)$$

$$= \int_1^3 (x \longmapsto 3x^3) + \int_1^3 (x \longmapsto 5x), \text{ por la regla del Ejercicio 1}$$

$$= 3\int_1^3 (x \longmapsto x^3) + 5\int_1^3 (x \longmapsto x), \text{ por la regla del Ejemplo 1}$$

$$= 3\left(\frac{3^4 - 1^4}{4}\right) + 5\left(\frac{3^2 - 1^2}{2}\right)$$

$$= 80$$

Ejercicio 2

Calcular

(i) $\int_2^4 x \longmapsto (2x^2 + 7x - 3)$ (iii) $\int_2^3 x \longmapsto (x^2 - x)$

(ii) $\int_{-2}^2 x \longmapsto (4 - x^2)$ (iv) $\int_0^3 x \longmapsto (x-1)(x-2)$

(v) ¿Cuál es el área por debajo de la gráfica de f en (iv)?

Es muchas veces posible obtener áreas de regiones más complejas con muy poco esfuerzo adicional.

Supóngase que queremos obtener áreas limitadas por curvas y rectas especificadas por ecuaciones de la forma $x = c$, $c \in R$, pero que no están limitadas por el eje x; por ejemplo, el área sombreada en rojo en el diagrama.

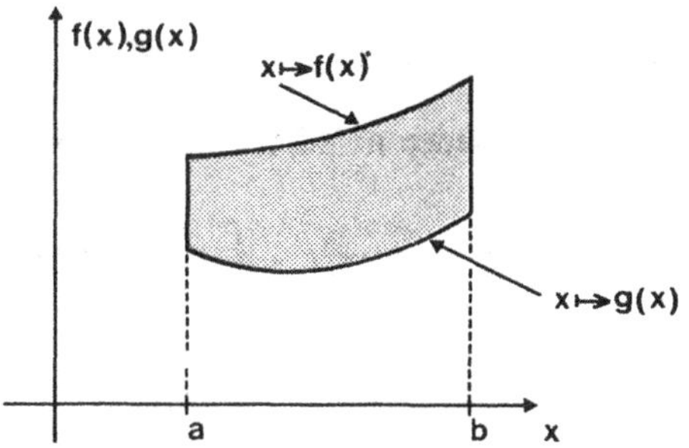

En vez de intentar formar rectángulos para determinar el valor numérico de este área, podemos considerarla como diferencia entre dos áreas limitadas por el eje x. Considérese con más atención desde un punto de vista gráfico la parte (iii) del último ejercicio.

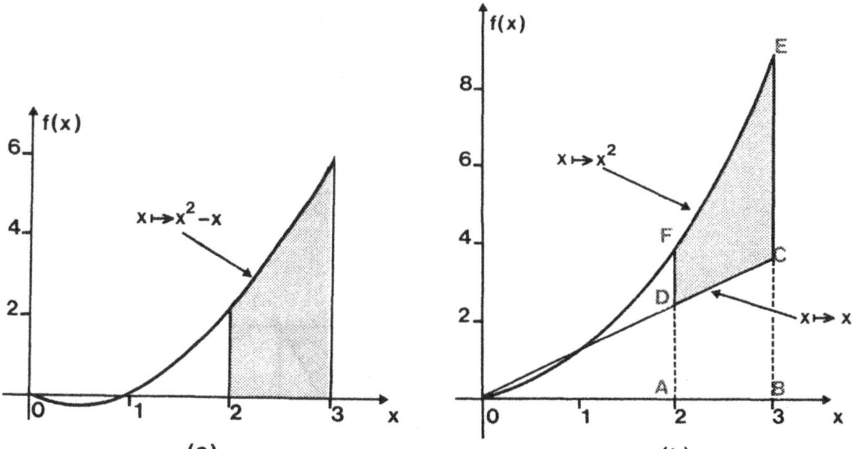

Puesto que las imágenes de x por las funciones $x \longmapsto (x^2 - x)$, $x \longmapsto x^2$, $x \longmapsto x$ no son negativas cuando x está en $[2, 3]$, la integral definida

$$\int_2^3 x \longmapsto (x^2 - x)$$

representa el área sombreada en rojo en el diagrama (a), y las integrales definidas

$$\int_2^3 (x \longmapsto x^2), \qquad \int_2^3 (x \longmapsto x)$$

representan las áreas $ABEF$ y $ABCD$ respectivamente en el diagrama (b).

Las áreas sombreadas en (a) y (b) pueden no *parecer* iguales, pero puesto que

$$\int_2^3 (x \longmapsto (x^2 - x)) = \int_2^3 (x \longmapsto x^2) - \int_2^3 (x \longmapsto x)$$

estas áreas son las mismas.

Ejercicio 3

Expresar la integral definida, o suma de integrales definidas que representa el área de las gráficas siguientes, y a partir de ahí calcular dichas integrales definidas.

(i)

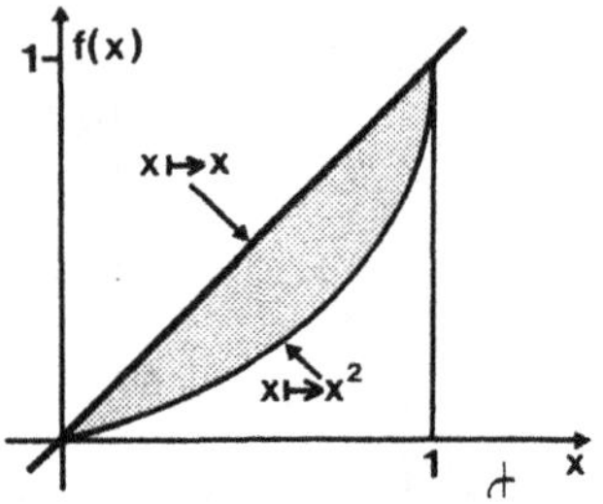

(ii)

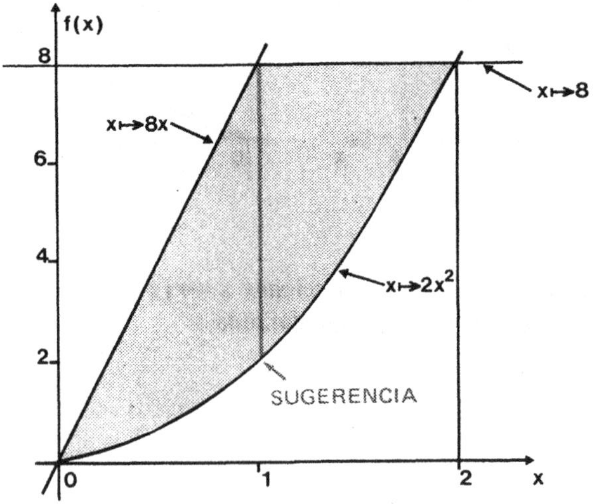

(iii)

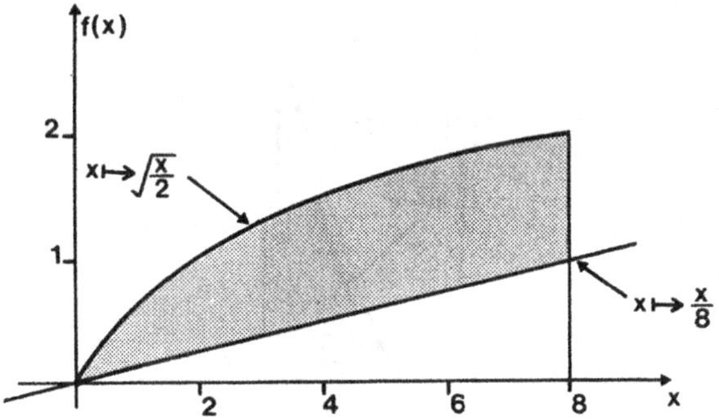

Para este ejercicio el lector necesitará el resultado

$$\int_a^b x \longmapsto x^{1/2} = \tfrac{2}{3}(b^{3/2} - a^{3/2})$$

(iv) ¿Es por pura coincidencia que (ii) y (iii) tienen la misma solución?

7.4 Ejercicios adicionales

Ejercicio 1

Calcular

(i) $\int_0^2 x \longmapsto x^2 - 2x - 1 \qquad (x \in R)$

(ii) $\int_0^2 x \longmapsto |x^2 - 2x - 1| \qquad (x \in R)$

(iii) $\int_0^2 x \longmapsto |x^2 - 2x| - 1 \qquad (x \in R)$

Trazar la gráfica en cada caso.

Ejercicio 2

Si el área sombreada (pág. 168) representa una placa de metal de 1 cm de grosor, y se miden x y sus imágenes en cm, calcular el volumen de material en una tal placa.

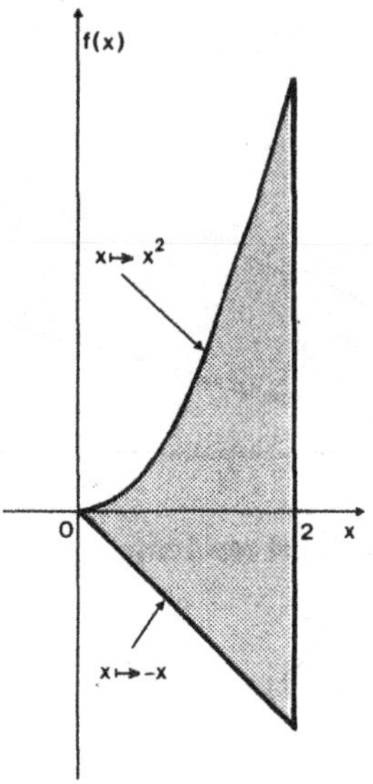

7.5 Soluciones a los Ejercicios

Sección 7.1

Ejercicio 1

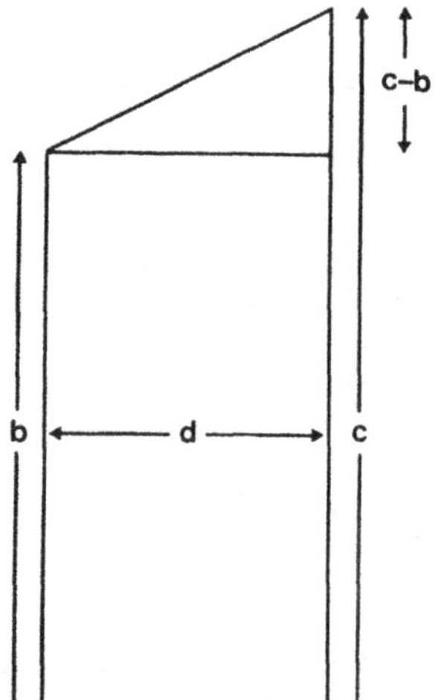

En el diagrama

$$\text{el área del triángulo} = \tfrac{1}{2}d(c - b)$$

$$\text{el área del rectángulo} = db$$

Así pues

$$\begin{aligned}\text{el área del trapecio} &= db + \tfrac{1}{2}dc - \tfrac{1}{2}db\\ &= \tfrac{1}{2}(c + b)d\\ &= \tfrac{1}{2}ad\end{aligned}$$

Ejercicio 2

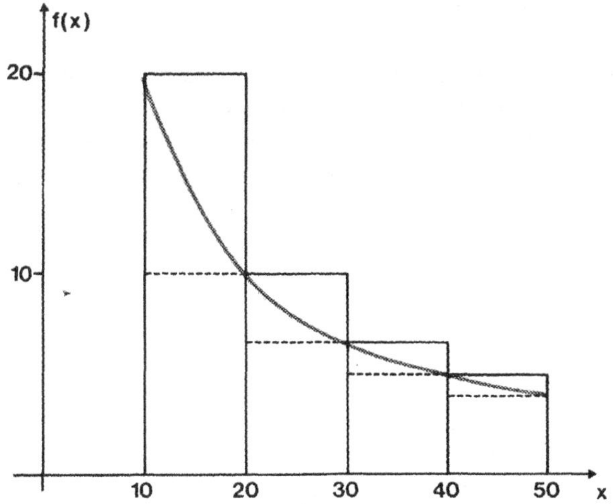

(i)

x	10	20	30	40	50
$f(x)$	20	10	6,67	5	4

El área de los rectángulos mayores = 416,7 m^2.

(Obsérvese que en este ejercicio se ha introducido un error debido a la representación decimal finita de $\frac{2}{3}$. Sin embargo podemos hacer siempre este error tan pequeño como queramos.)

El área total de los rectángulos pequeños = 256,7 m^2. La estimación del área buscada es por lo tanto $\dfrac{(416{,}7 + 256{,}7)}{2}$ m^2 = 336,7 m^2, con un error de estimación $= \dfrac{160}{2}$ m^2 = 80 m^2.

(ii) Las diferencias en altura y en área entre los rectángulos mayores y pequeños son respectivamente 16 m y 16 × (anchura del intervalo) m^2, de modo que exigimos que sea 16 × (anchura del intervalo) = 1. Por lo tanto la anchura de cada rectángulo tiene que ser $\frac{1}{16}$ m. El número total de intervalos necesarios es por lo tanto $\dfrac{40}{\frac{1}{16}} = 640.$

Hemos observado antes en el Ejemplo 1 que la diferencia entre la suma de los rectángulos mayores y la de los rectángulos pequeños es una estimación muy basta del error. En efecto el área exacta se puede calcular en este caso y resulta ser 321,9 m^2 (con una cifra decimal), la cual queda efectivamente dentro del intervalo de error obtenido en (i).

Ejercicio 3

(i) VERDAD. Cuando en nuestro método original tomamos la estimación $\frac{1}{2}$ (suma de las áreas de los rectángulos mayores + suma de las áreas de los rectángulos pequeños) esto es exactamente lo mismo que la suma $\frac{1}{2}$ (área del rectángulo mayor + área del rectángulo menor) tomada sobre todos los intervalos.

(ii) VERDAD. El método original nos decía *también* la magnitud del error que podíamos hacer. Si bien este error podía ser una exageración desmesurada, mejor es tener una estimación que no tener ninguna.

Sección 7.2

Ejercicio 1

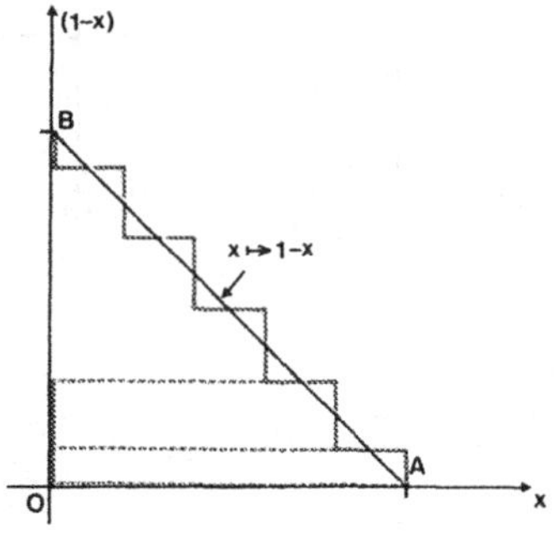

(i) Cada tramo ascendente es igual a una longitud correspondiente sobre el eje $(1 - x)$. Estas longitudes no se solapan y por lo tanto se suman dando la longitud OB.

La longitud de cada peldaño es igual a la longitud correspondiente del eje x y de nuevo las longitudes no se solapan, sino que se suman dando la longitud OA. Así pues

$$\text{la longitud total de la línea quebrada} = \text{longitud total de la alfombra necesaria} = 1 + 1 = 2$$

(ii) NO. La longitud total permanece inalterada para cubrir la recta.

(iii) Intuitivamente SI.

(iv) Probablemente el lector habrá contestado SI.

(v) Por lo que parece, es de 2 unidades, utilizando (i) y (ii).

(vi) NO. La longitud verdadera es $\sqrt{2}$ unidades. La alfombra de la escalera, o línea en zig-zag es siempre o bien horizontal o bien vertical y nunca queda llana sobre la pendiente de la hipotenusa del triángulo. Así pues si bien la respuesta a (iii) es correcta, resulta sin embargo desorientadora.

Ejercicio 2

La solución tiene que contener los puntos siguientes.

(i) Si bien la curva queda totalmente por encima del eje x, si sube y baja, entonces las dos sucesiones $\underset{\sim}{A}$ y $\underset{\sim}{S}$ no son las mismas, pero, intuitivamente los términos de la sucesión $\underset{\sim}{S}$ están entre los términos de las dos sucesiones $\underset{\sim}{a}$ y $\underset{\sim}{A}$. Si estas dos últimas sucesiones tienen el mismo límite, entonces también tiene $\underset{\sim}{S}$ el mismo límite y por lo tanto podemos, de manera intuitiva decir SI.

(ii) Si parte de la curva queda por debajo del eje x, tenemos entonces términos negativos en $\underset{\sim}{S}$, por lo que lim $\underset{\sim}{S}$ *no* es decididamente el área. Así pues la integral definida y el área pueden existir ambas y ser distintas.

Ejercicio 3

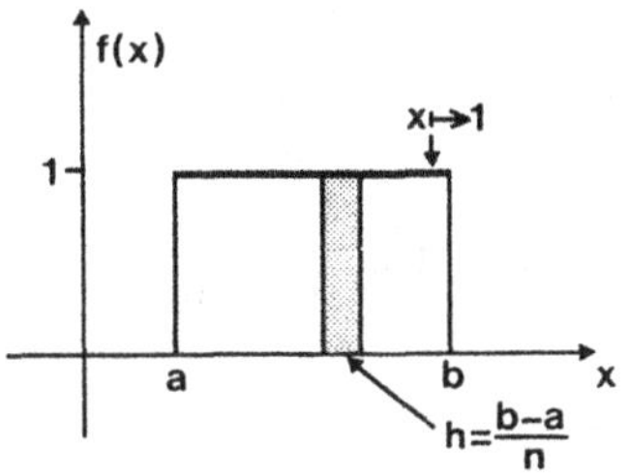

El intervalo se divide en n subintervalos de anchura h, donde $nh = b - a$.

Entonces

$$\begin{aligned} S_n &= h[f(a) + f(a + h) + \cdots + f(a + \{n - 1\}h)] \\ &= h[1 + 1 + \cdots + 1] = nh = b - a \\ &\qquad (n \text{ términos}) \end{aligned}$$

La integral definida entre a y b es el límite de la sucesión $\underset{\sim}{S}$, el cual es $(b - a)$.

Esto es claramente el área que queda por debajo de la gráfica entre a y b.

Ejercicio 4

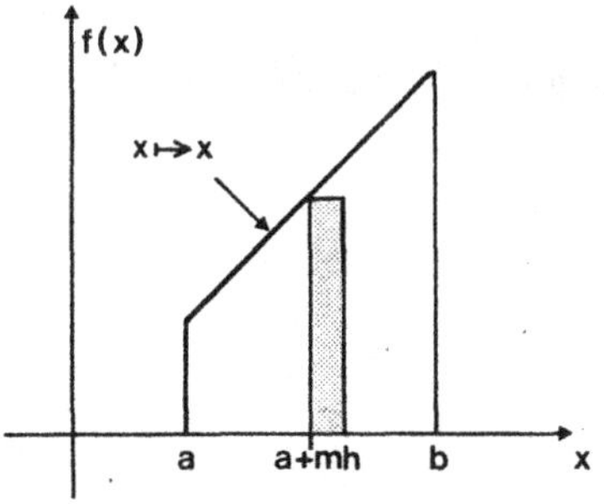

El intervalo se divide en n subintervalos de anchura h, donde $nh = b - a$. Tenemos $f(x) = x$, de modo que

$$f(a) = a, f(a+h) = a+h, \ldots, f(a+\{n-1\}h) = a + \{n-1\}h$$

Por lo tanto

$$S_n = h[f(a) + f(a+h) + f(a+2h) + \cdots + f(a+\{n-1\}h)]$$
$$= h[a + (a+h) + (a+2h) + \cdots + (a+\{n-1\}h)]$$
$$= nha + h^2[1 + 2 + 3 + \cdots + \{n-1\}]$$

(reuniendo términos semejantes)

$$= a(b-a) + \frac{(b-a)^2}{n^2}[1 + 2 + 3 + \cdots + \{n-1\}]$$

(sustituyendo h)

$$= a(b-a) + \frac{(b-a)^2}{n^2} S_1(n-1)$$

$$= a(b-a) + \frac{(b-a)^2}{n^2}\frac{(n-1)n}{2} \quad \text{(sustituyendo} \quad S_1(n-1))$$

$$= a(b-a) + \frac{(b-a)^2}{2}\left(1 - \frac{1}{n}\right)$$

El límite de esta sucesión para valores grandes de n es

$$a(b-a) + \frac{(b-a)^2}{2} = \frac{(b^2-a^2)}{2} \qquad \left(\text{puesto que } \lim_{n \text{ grande}} \left(1 - \frac{1}{n}\right) = 1\right)$$

Así pues la integral definida de f en $[a, b]$ es $\frac{1}{2}(b^2 - a^2)$.

Considerando el área por debajo de la gráfica de f entre a y b como la diferencia entre las áreas del triángulo mayor, cuya base es el eje x desde el origen hasta b, y el triángulo menor, cuya base es el eje x desde el origen hasta a, vemos que este área es

$$\tfrac{1}{2}b^2 - \tfrac{1}{2}a^2$$

lo cual es lo mismo que la integral definida de f en $[a, b]$.

Ejercicio 5

(i) (c) (ii) (b)

Ejercicio 6

(i) 64 (ii) $\frac{64}{5}$ (iii) $\frac{1}{44}$

Sección 7.3

Ejercicio 1

Escríbase $S_n = h[f(a) + f(a+h) + \cdots + f(a + \{n-1\}h)]$

$T_n = h[g(a) + g(a+h) + \cdots + g(a + \{n-1\}h)]$

y tómense los límites adecuados.

Ejercicio 2

(i) $\int_2^4 (x \longmapsto (2x^2 + 7x - 3))$

$$= 2\int_2^4 (x \longmapsto x^2) + 7\int_2^4 (x \longmapsto x) - 3\int_2^4 (x \longmapsto 1)$$

$$= 2\left(\frac{4^3 - 2^3}{3}\right) + 7\left(\frac{4^2 - 2^2}{2}\right) - 3(4-2)$$

$$= \frac{220}{3}$$

(ii) $\frac{32}{3}$

(iii) $\frac{23}{6}$

(iv) $\frac{3}{2}$

(v)

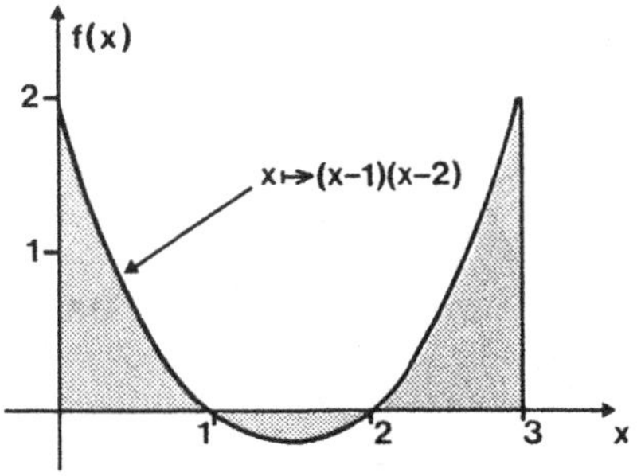

La gráfica de esta función es la que se ve en el diagrama y debido a que una parte de esta gráfica queda por debajo del eje x, la integral definida calculada en (iv) no proporciona el área buscada. Así pues dividimos la integral definida en tres sucesiones separadas. En la primera y en la tercera sucesión todos los términos son positivos, mientras que en la segunda son negativos. Las integrales definidas pertinentes son

$$\int_0^1 (x \longmapsto (x^2 - 3x + 2)) = \tfrac{5}{6}$$

$$\int_1^2 (x \longmapsto (x^2 - 3x + 2)) = -\tfrac{1}{6}$$

$$\int_2^3 x \longmapsto (x^2 - 3x + 2) = \tfrac{5}{6}$$

El *área* es la suma de las *magnitudes* de estas tres integrales definidas $= \frac{5}{6} + \frac{1}{6} + \frac{5}{6} = \frac{11}{6}$.

Ejercicio 3

(i) $\displaystyle\int_0^1 x \longmapsto (x - x^2) = \tfrac{1}{6}$

(ii) $\displaystyle\int_0^1 x \longmapsto (8x - 2x^2) + \int_1^2 x \longmapsto (8 - 2x^2) = \tfrac{20}{3}$

La primera integral definida representa el área sombreada en rojo, la segunda el área sombreada en negro. Hállense primero las intersecciones de las gráficas y después establézcanse los intervalos que proporcionan el resultado anterior.

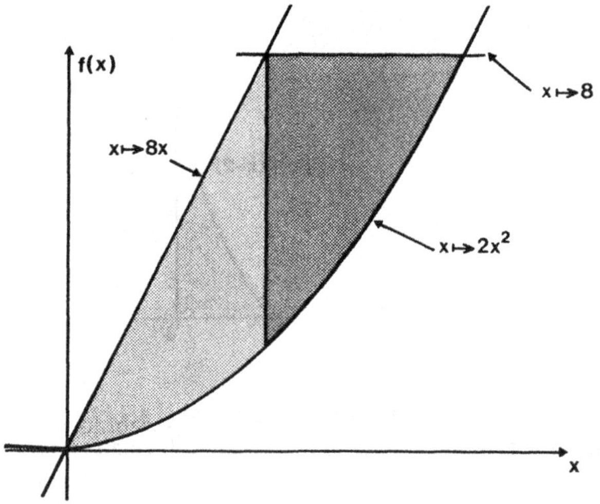

(iii) $$\int_0^8 x \longmapsto \left(\frac{1}{\sqrt{2}} \times x^{1/2} - \frac{x}{8}\right) = \frac{20}{3}$$

(iv) NO. En (iii) hemos dibujado las gráficas de las inversas de las funciones utilizadas en (ii). Podíamos efectivamente haber utilizado el mismo diagrama que en (ii) intercambiando los ejes. Nos encontramos muchas veces con la opción de formar la integral definida "de la otra manera", o sea, haciendo uso de las funciones inversas. Sin embargo la sencillez que se gana en la representación del área puede perderse por la complicación de la función nueva, como vemos en este ejemplo.

Sección 7.4

Ejercicio 1

(i) $-\frac{10}{3}$

(ii) $\frac{10}{3}$

(iii) $-\frac{2}{3}$

Siguen los esquemas de las gráficas:

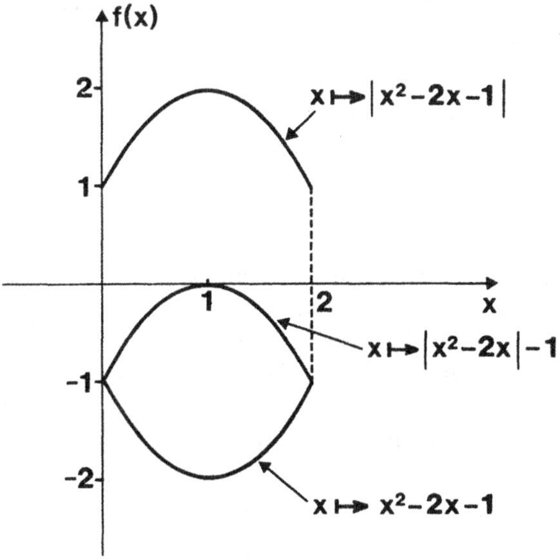

Ejercicio 2

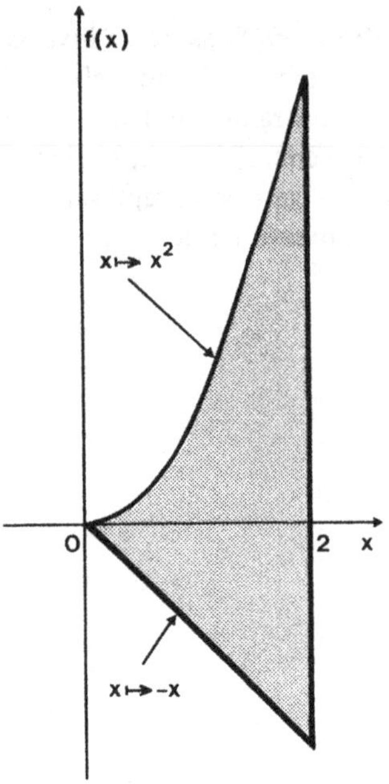

Si se calculan por separado mediante integrales definidas las áreas que quedan por encima y por debajo del eje x, tenemos

$$\int_0^2 (x \longmapsto x^2) + \text{ la magnitud de } \left[\int_0^2 (x \longmapsto -x)\right]$$

$$= \tfrac{8}{3} + 2 = \tfrac{14}{3}$$

de modo que el volumen es $\frac{14}{3}$ cm³. Podemos representar también el área total mediante la integral definida

$$\int_0^2 x \longmapsto (x^2 - (-x)) = \int_0^2 x \longmapsto (x^2 + x) = \tfrac{14}{3},$$

y de nuevo obtenemos que el volumen es $\frac{14}{3}$ cm³.

Capítulo 8

derivadas

8.0 Introducción

Nos ocuparemos en este capítulo del concepto de cambio y en particular de la manera de medir los cambios.

El mundo físico que nos rodea se halla sometido a un continuo cambio, unas veces rápido y otras muy lento. Sabemos, por ejemplo, que las plantas crecen, de modo que su tamaño varía, aunque sea muy lentamente. Sabemos también que al volar un insecto sus alas se mueven, si bien por lo general baten con tanta rapidez que para nosotros resulta imposible seguir el movimiento con nuestros ojos. Un ejemplo intermedio lo constituye un vehículo de motor. Lo que aquí varía es la posición del vehículo, y por lo general el mismo vehículo dispone de un instrumento (el velocímetro) que mide la tasa de cambio de posición.

El objetivo general de este capítulo consistirá en establecer un esquema matemático para describir y medir tasas de cambio. Como punto de partida hemos adoptado el movimiento porque pensamos que todo el mundo tiene cierta idea de lo que son la velocidad y la aceleración. Los conceptos que vamos a desarrollar tienen, sin embargo, una gran generalidad. Son de aplicación no sólo en cinemática (el estudio de velocidades y aceleraciones) sino también en el estudio de muchos otros tipos de tasas de cambio, tales como la tasa de crecimiento de una población; la tasa según la cual varía el punto de ebullición del agua con la altura al subir una montaña; la tasa según la cual disminuye, dentro de una habitación, la temperatura con la distancia a un radiador, y así sucesivamente. En las primeras secciones nos ocuparemos principalmente de la descripción matemática de estas tasas de cambio, o sea, del concepto de derivada de una función. En las secciones últimas estableceremos algunas reglas para hallar derivadas.

Según hemos observado ya en el Capítulo 7, nuestra notación para el cálculo difiere de la notación clásica utilizada en la mayoría de los libros de texto; nuestra notación concuerda con el enfoque que hemos hecho del estudio de las matemáticas a través del concepto de función. Una vez bien comprendidos los principios fundamentales, no habrá inconveniente alguno en que el lector utilice la notación tradicional de Leibniz que es expuesta y discutida en el Apéndice.

8.1 Tasas de cambio

En el Capítulo 4 hemos estudiado ya el concepto de velocidad media. El objetivo de esta sección es recordar al lector como se define la velocidad media y considerar algunas de las consecuencias de la definición.

Para ilustrar el concepto de velocidad media, suponga el lector que ha hecho un viaje en coche desde Londres hasta Edimburgo y que ha ido anotando de hora en hora la distancia total recorrida. Los datos anotados pueden resumirse en la tabla que sigue:

Tiempo (h)	Distancia (km)
0	0
1	15
2	110
3	200
4	240
5	300
6	390
7	480
8	570
9	600

Tabla 1

La tabla hace ver que en el tiempo 0 la distancia recorrida es 0, siendo el tiempo 0 aquel en que empieza el viaje. Al cabo de una hora el coche ha recorrido 15 km. Al cabo de 2 horas ha recorrido 110 km, o sea, en la segunda hora ha recorrido 95 km. En la tercera hora ha recorrido 90 km, pero en la cuarta y quinta hora ha recorrido solamente 40 y 60 respectivamente: posiblemente habrá parado para almorzar. Después el coche recorrió 90 km en cada una de las horas 6ª, 7ª y 8ª del viaje. En la novena hora recorrió solamente 30 km; posiblemente el tráfico se hizo pesado a la llegada a Edimburgo.

Hablando con un amigo que haya hecho un viaje análogo a Edimburgo podrá ser interesante comparar las velocidades medias propias con las suyas. Para calcularlo se dividiría la distancia recorrida por el tiempo·*

$$\text{velocidad media} = \frac{\text{distancia recorrida}}{\text{tiempo}}$$

$$= \frac{600\text{ km}}{9\text{ h}}$$

$$= 66.7\text{ km/h.}$$

Alternativamente le puede interesar al lector comparar sus velocidades medias en distintos tramos del recorrido; por ejemplo:

$$\text{velocidad media en las primeras 3 horas} = \frac{\text{distancia recorrida}}{\text{tiempo}}$$

$$= \frac{200\text{ km}}{3\text{ h}}$$

$$= 66.7\text{ km/h}$$

$$\text{velocidad media en las últimas 3 horas} = \frac{600\text{ km} - 390\text{ km}}{9\text{ h} - 6\text{ h}}$$

$$= \frac{210}{3}\text{ km/h}$$

$$= 70\text{ km/h.}$$

En cada caso el método de cálculo no es sino una aplicación de la fórmula dada en el Capítulo 4: la velocidad media en el intervalo de tiempo $[t_1, t_2]$ es

$$\frac{\text{distancia recorrida en } [t_1, t_2]}{\text{duración de } [t_1, t_2]} = \frac{x_2 - x_1}{t_2 - t_1} \qquad \textbf{Ecuación (1)}$$

donde x_1 y x_2 son las distancias desde Londres en los tiempos t_1 y t_2 respectivamente. La restricción esencial que se ha de imponer a t_1 y t_2 (aparte de la evidente de que

*El término velocidad significa rapidez de desplazamiento en una dirección conocida. Suponemos aquí que la carretera es recta y que solamente son posibles dos direcciones de movimiento: desde Londres y hacia Londres. Las distinguiremos dando a la velocidad desde Londres hacia fuera un signo positivo y a la velocidad hacia Londres un signo negativo.

tienen que caer dentro de los tiempos para los cuales se dan las distancias desde Londres) es que deben ser distintos; es decir, $t_2 > t_1$, ya que si $t_2 = t_1$, entonces la fracción de la ecuación (1) tiene por denominador cero, y las fracciones con denominador cero carecen de sentido.

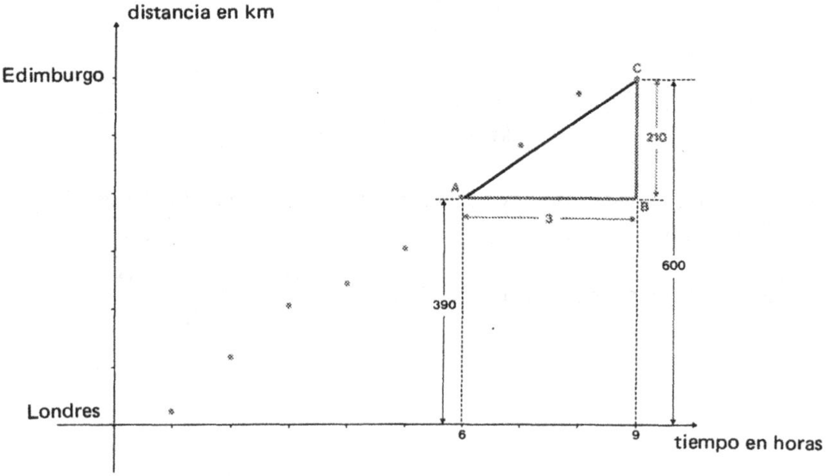

Las velocidades medias tienen una representación muy conveniente en términos de sus gráficas figurativas. La figura anterior hace ver como se puede hacer uso de la gráfica para calcular la velocidad media en el intervalo de tiempo [6, 9]. En el triángulo rectángulo ABC, el lado AB corresponde a un tiempo, tres horas y BC corresponde a una distancia (600 − 390) km = 210 km. La magnitud de la velocidad media en [6, 9] es $\frac{210}{3}$ lo cual es la pendiente de AC (o sea tan CAB). Análogamente, la magnitud de la velocidad media en un intervalo de tiempo cualquiera $[t_1, t_2]$, tal como viene dada por la ecuación (1), es la pendiente de la recta que une los dos puntos de la gráfica figurativa que corresponden a t_1 y t_2; la unidad en que viene medida la velocidad media es km/h.

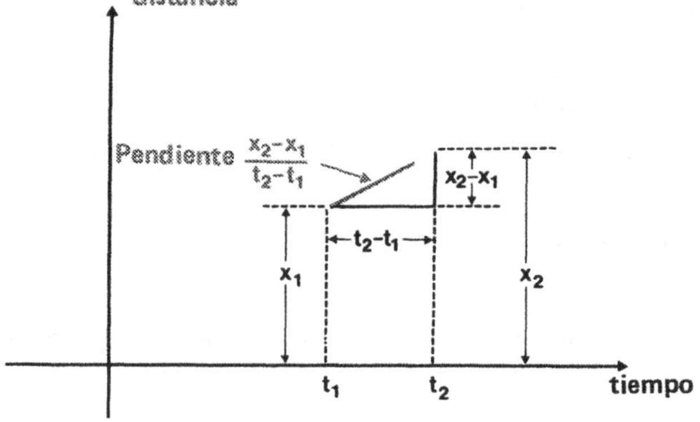

El concepto que sojuzga a la velocidad media puede generalizarse a otras muchas situaciones, si empezamos por captar lo esencial con la ayuda del concepto de función. En el ejemplo del viaje en coche, la función relevante es la tabulada en la Tabla I:

$$f\text{ (tiempo a partir de la salida)} \longrightarrow \text{(distancia recorrida)}.$$

En términos de esta función, la fórmula de la velocidad media es:

$$\text{velocidad media sobre el intervalo } [t_1, t_2] = \frac{f(t_2) - f(t_1)}{t_2 - t_1} \qquad \text{Ecuación (2)}$$

Expresiones como la utilizada en la Ecuación (2) pueden resultar útiles en otras muchas situaciones en que intervienen tasas de cambio. Por ejemplo, $f(t)$ puede representar la cantidad de agua de un embalse en el tiempo t. En este caso la expresión de la derecha de la Ecuación (2) tiene la interpretación

$$\frac{f(t_2) - f(t_1)}{t_2 - t_1} = \frac{\text{cambio en la cantidad de agua en el embalse durante } [t_1, t_2]}{\text{duración de } [t_1, t_2]}.$$

O sea que proporciona la tasa media en que varía la cantidad de agua del embalse durante $[t_1, t_2]$. Para dar otro ejemplo f podría ser la función

$$f\text{: (profundidad por debajo del nivel del mar)} \longrightarrow \text{(presión hidrostática)}$$

(en tiempo y lugar dados). En este caso, si d_1 y d_2 son dos profundidades,

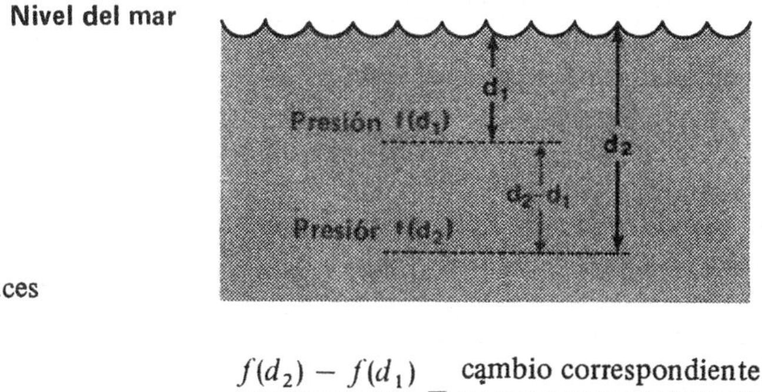

entonces

$$\frac{f(d_2) - f(d_1)}{d_2 - d_1} = \frac{\text{cambio correspondiente de presión}}{\text{cambio de profundidad}}$$

$$= \text{tasa media de cambio de presión con la profundidad}$$

El valor de esta fracción es aproximadamente de 0,1 atmósferas por metro. Un tripulante de batiscafo puede utilizar este valor para deducir sus cambios de profundidad midiendo los cambios de presión.

En general, si f es una función real cualquiera (o sea una función cuyos dominio y codominio son subconjuntos de R), definimos:

La tasa media de cambio de $f(t)$ sobre el intervalo $[t_1, t_2]$ es

$$\frac{f(t_2) - f(t_1)}{t_2 - t_1}$$

En el ejemplo del coche, la distancia recorrida entre los tiempos t y $t + h$ es $f(t + h) - f(t)$. Por lo tanto la velocidad media en este intervalo de tiempo es

$$\frac{f(t + h) - f(t)}{h} \quad (h \in R^+)$$

Si nos interesara la velocidad media en el intervalo $[t - h, t]$ tendríamos la expresión

$$\frac{f(t) - f(t - h)}{h} \quad (h \in R^+)$$

Para evitar tener dos expresiones distintas, adoptamos la primera permitiendo que h recorra todos los números reales excepto cero. (Para ver que esto tiene una justificación, póngase en la primera expresión $h = -k$, con lo que se obtiene

$$\frac{f(t - k) - f(t)}{-k} = \frac{f(t) - f(t - k)}{k}$$

que tiene la misma forma que la segunda expresión.)

Supóngase ahora que h es muy pequeña. Cuanto más cerca esté h de cero, mejor idea tendremos de la velocidad media del coche cerca del tiempo t. Si la expresión

$$\frac{f(t + h) - f(t)}{h}$$

tiende hacia el límite L cuando h tiende hacia cero, diremos entonces que L es la velocidad del coche *en el tiempo t*.

Esta velocidad recibe a veces el nombre de *velocidad instantánea*. Ponemos

$$v(t) = \lim_{h \to 0} \frac{f(t + h) - f(t)}{h}$$

Ejercicio 1

Hallar la velocidad instantánea en el tiempo t de un coche que se mueve de manera que su distancia desde un punto fijo de la carretera que recorre es at^3 siendo a un cierto número positivo.

8.2 La derivada

Del mismo modo que el concepto de velocidad media puede generalizarse para llegar a una definición de tasa media de cambio de una función cualquiera, así la idea de velocidad instantánea puede también generalizarse para llegar a una definición de tasa de cambio de una función real que no tenga ninguna relación directa con la cinemática. Lo mismo que en el estudio de las tasas medias de cambio, lo único que tenemos que hacer es aplicar la misma fórmula que en la definición de velocidad instantánea, y llamar a lo análogo de la velocidad instantánea tasa de cambio (instantánea). Es decir, si f es una función real cualquiera, podemos definir la tasa de cambio (instantánea) de $f(x)$ en el elemento x del dominio de f, como el número

$$\lim_{h \to 0} \frac{f(x+h) - f(x)}{h},$$ Definición 1

siempre que este límite exista. Esta tasa de cambio en x recibe por lo general el nombre de derivada de f en x y se la designa por $f'(x)$. De este modo, la velocidad de un coche a los t segundos de su salida es igual a la derivada en t de la función (número de segundos desde la salida)⟶(distancia desde la salida). Existen otras notaciones para la derivada: en la más importante de ellas, la notación de Leibniz, se pone $\frac{df(x)}{dx}$ en lugar de $f'(x)$.

Al igual que la tasa media de cambio, la tasa instantánea de cambio, o derivada, tiene una interpretación muy útil en términos de la representación gráfica de la función. Hemos visto ya que la tasa media de cambio de $f(t)$ en el intervalo $[t_1, t_1 + h]$ es igual a la pendiente de la recta que une los puntos de la gráfica correspondientes a t_1 y $t_1 + h$.

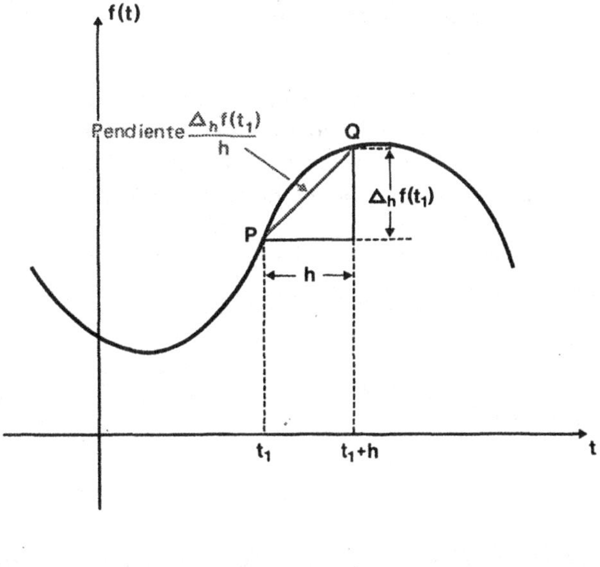

(Obsérvese que en este diagrama hemos introducido los símbolos $\Delta_h f(t_1)$ para designar la diferencia $f(t_1 + h) - f(t_1)$. Seguiremos utilizando el símbolo Δ_h para este fin.)

Para obtener la derivada en t_1 hacemos que la magnitud de h sea cada vez más pequeña. En la figura anterior el punto designado por Q se desliza entonces (como si fuera una cuenta de rosario) a lo largo de la curva hacia el punto P que permanece fijo. Al acercarse Q a P, la recta gira alrededor de P, y se aproxima a una posición límite que definimos como tangente a la curva en P. Se sigue que cuando h es muy pequeño, la pendiente de la recta PQ está muy cerca de la pendiente de la tangente en P, y en consecuencia, que el límite de la pendiente de la recta PQ cerca de P es igual a la pendiente de la tangente en P.

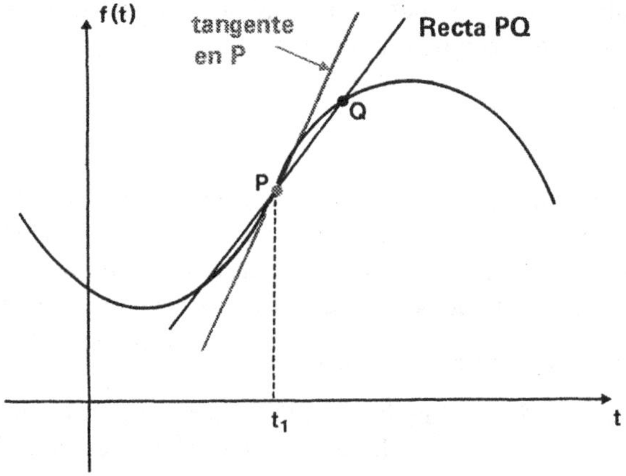

Tenemos, en símbolos, utilizando la Definición 1: (pendiente de la tangente a la gráfica en P) = (derivada de la función t_1)

La interpretación geométrica de la derivada resulta muy útil, y esto no sólo en geometría. La vamos a utilizar con frecuencia cuando estudiemos las aplicaciones de la derivada; por ejemplo, cuando obtengamos aproximaciones de funciones reales y cuando hallemos los valores máximo y mínimo de las imágenes de funciones reales.

Existen funciones cuyas gráficas no tienen tangentes en todos sus puntos. Por ejemplo, la gráfica de la función

$$f: x \longmapsto |x| \quad (x \in R)$$

carece de tangente en (0, 0).

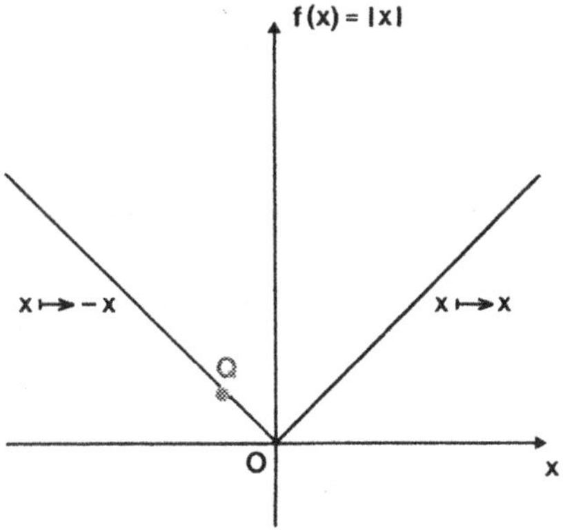

Puede el lector darse cuenta de esto sin más que considerar la pendiente de la recta OQ cuando Q se acerca al origen, O, siendo Q un punto de la gráfica. Considérese primero el caso en que Q es un punto de la gráfica de la función $x \longmapsto -x$, y después el caso en que Q es un punto de la gráfica de la función $x \longmapsto x$. Las pendientes de las rectas son respectivamente -1 y $+1$; la tangente en $(0, 0)$ no existe. Tenemos

$$\lim_{h \to 0} \frac{\Delta_h f(x)}{h} = \begin{matrix} +1 \text{ si } x > 0 \\ -1 \text{ si } x < 0 \end{matrix} \text{ pero } \lim_{h \to 0} \frac{\Delta_h f(0)}{h} \text{ no existe.}$$

Decimos que la derivada de f en 0 no existe

Ejercicio 1

¿Cuál de los siguientes enunciados es verdadero?

(i) La tangente a una curva en P no puede cruzar la curva en P.
(ii) El ángulo entre la tangente a una curva en P y el eje horizontal es el límite, cuando Q tiende hacia P a lo largo de la curva, del ángulo entre la recta PQ y este eje.
(iii) La tangente a una curva en P puede definirse como la recta que toca la curva solamente en P.
(iv) Si f es continua en cada uno de los puntos de su dominio, existe una tangente en cada uno de los puntos de su gráfica.

Ejercicio 2

Demuéstrese que la derivada de una función constante en un elemento cualquiera de su dominio es 0.

Una función constante es aquella para la cual la imagen de cada uno de los elementos del dominio es la misma.

Ejercicio 3

Trácese la gráfica de $f: t \longmapsto t^2 \ (t \in R)$.

Hállese $f'(t)$ y calcúlese $f'(-3)$, $f'(0)$ y $f'(2)$.

¿Qué se puede deducir acerca de las pendientes de las tangentes de la gráfica de f en -3,0 y 2?

La función derivada

Hemos indicado ya la amplia gama de aplicaciones del concepto de derivada, definido en la sección anterior. Para utilizar eficazmente este concepto tendremos que considerar algunas de las propiedades de la derivada. A partir de este estudio obtendremos un conjunto de reglas que nos van a permitir el cálculo de derivadas de funciones con rapidez y facilidad, sin tener que recurrir cada vez a la definición.

Empezamos con la Definición 1. La derivada de una función real, f en x:

$$f'(x) = \lim_{h \to 0} \frac{\Delta_h f(x)}{h} = \lim_{h \to 0} \frac{f(x+h) - f(x)}{h}.$$

La derivada es un número; sin embargo, puesto que este número depende del valor de x, podemos hacer uso del concepto de derivada para definir una función. Esta función aplica x en el valor de la derivada de f en x. En efecto, al utilizar la notación $f'(x)$ hemos reconocido ya implícitamente la existencia de la función. Esta nueva función f' recibe el nombre de función derivada de f, y al obtenerla decimos que derivamos la función f.

Definición 2

El dominio de la función derivada se tomará de modo que comprenda todos los valores de x para los cuales exista $f'(x)$. Puesto que en la Definición 2 interviene f, el dominio de la función derivada tendrá que ser un subconjunto del dominio de f. En ciertos casos los dos dominios podrán coincidir; en otros, el dominio de f' podrá ser un subconjunto propio del de f; es decir, podrá excluir ciertos números que están en el dominio de f, porque el límite que define la derivada no existe para estos números. Decimos que una función f es derivable en aquellos elementos de su dominio en que existe $f'(x)$. Así pues, el dominio de f' es el subconjunto del dominio de f que comprende los números en los que f es derivable.

Ejemplo 1

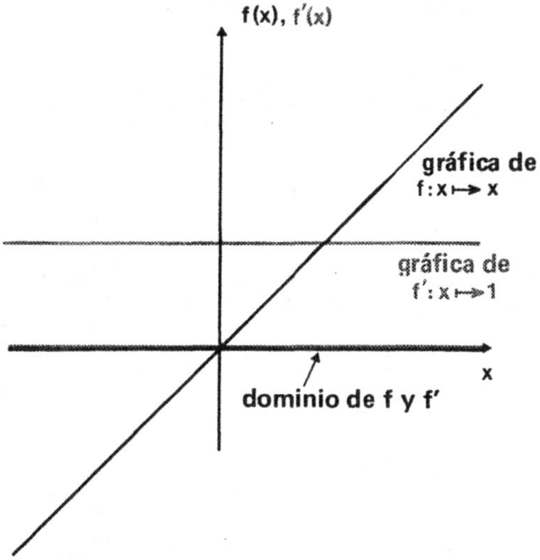

La función derivada f' de la función

$$f: x \longmapsto x \qquad (x \in R)$$

viene dada por

$$f'(x) = \lim_{h \to 0} \frac{(x+h) - x}{h} = \lim_{h \to 0} \frac{h}{h} = 1$$

y el límite existe para todo $x \in R$; así que el dominio de f' es también R.

Ejemplo 2

La función derivada g' de la función módulo

$$g: x \longmapsto |x| \qquad (x \in R)$$

viene dada (en los lugares en que existe) por:

$$g'(x) = \lim_{h \to 0} \frac{|x+h| - |x|}{h}.$$

El cálculo de este límite, si bien no es difícil, resulta algo laborioso (véase el texto que sigue a este ejemplo). Un método más sencillo de hallar el dominio de g' consiste en utilizar la gráfica de g. La gráfica que vemos a continuación señala el punto (0, 0) en el cual no existe la tangente; puesto que la pendiente de la tangente coincide con el valor de la derivada, vemos que la derivada no existe, es decir, no existe el límite cerca de $x = 0$. En todos los demás puntos existe una tangente (la cual coincide de hecho con una parte de la gráfica) y de este modo la función es derivable por todas partes excepto en $x = 0$. Así pues el dominio de g' consiste en el conjunto R del cual se ha excluido el 0.

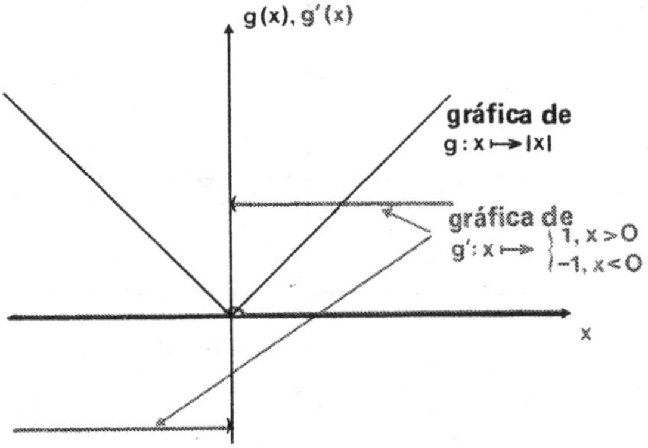

Al igual que todos los razonamientos basados en gráficas (o de un modo general en figuras), el que damos en el Ejemplo 2 recurre a la intuición geométrica y más que una verdadera demostración lógica se trata de una presentación intuitiva. Para obtener una demostración verdadera tenemos que volver a la definición y calcular el límite. Consideramos tres casos:

(i) $x > 0$

Para calcular el límite interesan solamente los valores pequeños de $|h|$; así pues nos basta con considerar $h > -x$ de modo que $h + x > 0$. De aquí se sigue que $|x| = x$ y $|x + h| = x + h$; la definición de $f'(x)$ da por lo tanto

$$f'(x) = \lim_{h \to 0} \frac{(x + h) - x}{h} = \frac{h}{h} = 1.$$

(ii) $x < 0$

Nos basta de nuevo con considerar valores pequeños de $|h|$. Tomamos $h < -x$, de modo que $h + x < 0$. Se sigue que $|x| = -x$ y $|x + h| = -(x + h)$; así pues la expresión para $f'(x)$ es

$$f'(x) = \lim_{h \to 0} \frac{|x + h| - |x|}{h} = \lim_{h \to 0} \frac{-(x + h) + x}{h} = \frac{-h}{h} = -1.$$

(iii) $x = 0$

La expresión para $f'(x)$ es

$$f'(x) = \lim_{h \to 0} \frac{|h|}{h},$$

pero al tomar $\frac{|h|}{h}$ el valor +1 para valores pequeños positivos de h y el valor −1 para valores pequeños negativos de h, no existe ningún número que quede cerca de $\frac{|h|}{h}$ para todos los valores pequeños de h; o sea, *la función* $x \rightarrow |x|$ *no es derivable en* 0.

8.3 Derivación de polinomios

El lector ha visto como se obtienen las derivadas de unas cuantas funciones. Los resultados se exponen en la tabla que viene a continuación; en todos los casos el dominio de f es R.

f	f'	
$x \longmapsto$ constante	$x \longmapsto 0$	$(x \in R)$
$x \longmapsto x$	$x \longmapsto 1$	$(x \in R)$
$x \longmapsto x^2$	$x \longmapsto 2x$	$(x \in R)$
$x \longmapsto x^3$	$x \longmapsto 3x^2$	$(x \in R)$
$x \longmapsto \|x\|$	$\begin{cases} x \longmapsto 1 & (x \in R^+) \\ x \longmapsto -1 & (x \in R^-) \end{cases}$	

Ejercicio 1

Derivése la función

$$f: x \longmapsto ax^2 + bx + c \quad (x \in R).$$

Si tuviéramos que deducir la derivada partiendo de la definición en cada caso,

$$f'(x) = \lim_{h \to 0} \frac{f(x+h) - f(x)}{h} = \lim_{h \to 0} \frac{\Delta_h f(x)}{h}$$

ello resultaría muy laborioso. Mucho más fácil resulta deducir de antemano un sistema de reglas que hagan posible derivar muchas funciones a partir de unas pocas derivadas fundamentales. Para formular estas reglas, vamos a empezar con una clase de funciones particularmente sencillas, como son las *funciones polinómicas.*

Una función polinómica es una función cualquiera de la forma:

$$p: x \longmapsto a_n x^n + a_{n-1} x^{n-1} + \cdots + a_1 x + a_0 \qquad (x \in R)$$

donde $a_0, a_1, \ldots, a_n \in R$.

En vez de intentar la derivación de la función polinómica general de grado n de un modo inmediato, vamos a empezar con la función polinómica más sencilla posible

$$x \longmapsto x^n \quad (x \in R)$$

donde n es un entero positivo cualquiera o bien cero. Los casos $n = 0, 1, 2, 3$, han sido ya tratados en distintos ejercicios y ejemplos; de este modo, conociendo el lector el teorema del binomio, no tendrá dificultad alguna en obtener el caso general.

Ejercicio 2

Derivar la función:

$$f : x \longmapsto x^n \quad (x \in R)$$

donde n es un entero positivo cualquiera o cero.

Extendiendo la notación f' de las funciones derivadas podemos poner el resultado del Ejercicio 2 en la forma:

$$(x \longmapsto x^n)' = (x \longmapsto nx^{n-1}) \quad (x \in R).$$

Algunos de los resultados antes obtenidos (por ejemplo la derivada de una función constante es 0, la derivada de $t \longmapsto t^3$ es $t \longmapsto 3t^2$) resultan ser casos particulares de este importante resultado. El polinomio general

$$p(x) = a_n x^n + a_{n-1} x^{n-1} + \cdots + a_1 x + a_0$$

puede ser construido partiendo de polinomios "elementales" de la forma x^k multiplicando primero cada uno de estos polinomios elementales por el coeficiente adecuado a_k, obteniendo así los términos $a_k x^k$ del polinomio general y sumando después todos estos términos. Mediante las operaciones correspondientes efectuadas sobre las funciones polinómicas "elementales" $x \longmapsto x^k$ podemos construir la función polinómica general:

$$p : x \longmapsto a_n x^n + a_{n-1} x^{n-1} + \cdots + a_1 x + a_0 \quad (x \in R).$$

De aquí se sigue que estaremos en condiciones de construir la función derivada p' en cuanto sepamos obtener reglas que nos permiten deducir:

(i) la función derivada de $x \longmapsto a_k x^k$ a partir de la de $x \longmapsto x^k$.

(ii) la función derivada de una suma de funciones a partir de las funciones derivadas de cada uno de los términos.

Ejercicio 3

Partiendo de la definición de derivada, hágase ver que

(i) la función derivada de $t \longmapsto af(t)$ es $t \longmapsto af'(t)$ donde $t \in$ (dominio de f');

(ii) para dos funciones cualesquiera, f y g con el mismo dominio, la función derivada de $t \longmapsto f(t) + g(t)$ es $t \longmapsto f'(t) + g'(t)$ donde $t \in$ (parte común de los dominios de f' y g').

Podemos enunciar como sigue las dos reglas de derivación dadas en el Ejercicio 3.

Primera Regla de Derivación

> $(af)' = af'$, o sea, al multiplicar una función cualquiera por un número la función derivada vendrá multiplicada por el mismo número. **Regla 1**

Segunda Regla de Derivación

> $(f+g)' = f' + g'$, o sea, la función derivada de una suma de funciones es igual a la suma de las derivadas de cada una de las funciones, siempre que los dominios sean los que correspondan. **Regla 2**

La segunda regla puede extenderse para cualquier número (finito) de términos de una suma. Podemos ahora construir una derivada para el polinomio general

$$p : x \longmapsto a_n x^n + a_{n-1} x^{n-1} + \cdots + a_1 x + a_0 \quad (x \in R).$$

Hemos visto ya que

$$(x \longmapsto x^k)' = x \longmapsto kx^{k-1} \quad (x \in R).$$

Según la Regla 1, al multiplicar una función por una constante (en este caso a_k) la función derivada viene multiplicada por la misma constante, de modo que

$$(x \longmapsto a_k x^k)' = x \longmapsto k a_k x^{k-1} \quad (x \in R).$$

Según la Regla 2, la función derivada de una suma de dos o más funciones es igual a la suma de las funciones derivadas correspondientes. La función polinómica p es la suma de las funciones $(x \longmapsto a_n x^n)$, $(x \longmapsto a_{n-1} x^{n-1})$ etc.; por lo tanto su derivada es la suma de sus derivadas

$$p' = (x \longmapsto n a_n x^{n-1}) + (x \longmapsto (n-1) a_{n-1} x^{n-2}) + \cdots$$
$$+ (x \longmapsto a_1)$$

o sea,

$$p' = x \longmapsto (n a_n x^{n-1} + (n-1) a_{n-1} x^{n-2} + \cdots + 2a_2 x + a_1)$$
$$(x \in R).$$

Ejercicio 4

(i) Derivar

$$x \longmapsto 10x^5 + \tfrac{1}{8}x^3 + x \quad (x \in R).$$

(ii) Derivar

$$x \longmapsto 2x + |x| \quad (x \in R)$$

8.4 El operador derivada

Hemos visto en la sección 8.2 que a toda función f le corresponde una función derivada única, f', cuyo dominio es un subconjunto del dominio de f. (En algunos casos, este subconjunto no contiene ningún elemento, es decir, f no tiene derivada en ningún punto. ¿Podría el lector dar un ejemplo? En caso negativo podrá ver uno en el Ejemplo 1 que daremos a continuación.)

Es decir, tenemos una regla que permite asignar a cada miembro, f, del conjunto de las funciones reales, una función única f'; la regla puede ser descrita mediante el verbo derivar y se la puede considerar como una especie de máquina que trabajando sobre una función la transforma en otra, como se indica a continuación:

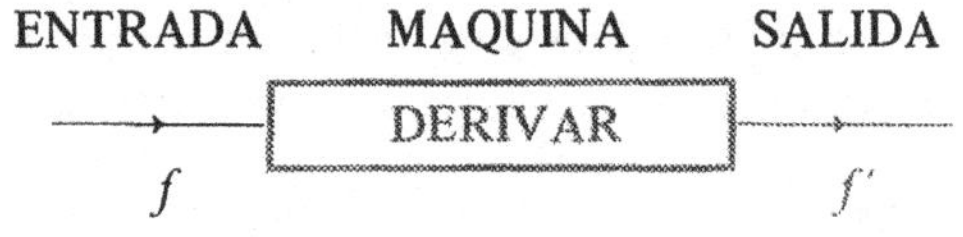

Ejemplo 1

Un ejemplo de función que no tiene derivada en ningún punto de su dominio lo tenemos en cualquier función cuyo dominio esté formado por números aislados, por ejemplo:

$$f\colon x \longmapsto x \quad (x \in \{1, 2, 3, 4\}).$$

La razón por la cual esta función carece de derivada es que la definición de derivada en x supone tomar el límite de

$$\frac{f(x + h) - f(x)}{h}$$

cuando h tiende hacia cero. Pero esto significa que tiene que haber algún intervalo $[x - h, x + h]$ contenido en el dominio de f; de otro modo no podríamos aplicar nuestra definición de límite. Pero si x es uno de los números 1, 2, 3 o 4 y $0 < |h| < 1$, entonces $x + h$ no puede ser ninguno de estos números, con lo que $f(x + h)$ no estará definido; y por lo tanto no existirá la derivada en x.

Hemos introducido antes la notación

$$\Delta_h f(x)$$

que significaba

$$f(x + h) - f(x).$$

A Δ_h lo llamaremos *operador diferencia,** y podemos poner:

$$\Delta_h : f \longmapsto [x \longmapsto f(x+h) - f(x)] \quad (f \in F)$$

siendo F el conjunto de todas las funciones reales.

Haremos aquí una cosa análoga: definiremos un operador D cuyo efecto sobre una función cualquiera de su dominio consistirá en derivarla:

$$D : f \longmapsto f'.$$

Recibe el nombre de operador derivada. Para completar la definición del operador D tendremos que especificar su dominio. Lo mismo que para Δ_h, tomaremos como dominio el conjunto de todas las funciones reales F. Utilizando este operador D pondremos los resultados anteriormente obtenidos en la forma:

$$D(x \longmapsto x^m) = x \longmapsto mx^{m-1}$$

$$D(af) = aDf$$

$$D(f+g) = Df + Dg$$

Ejercicio 1

Se suele poner D^2 para $D \circ D$, D^3 para $D \circ D \circ D$ y así sucesivamente.

(i) Calcular $D^2\,(x \longmapsto ax^2 + bx + c)$
(ii) Calcular $D^3\,(x \longmapsto x^3)$.

Si f es una función real cualquiera, la función $D^2 f$ recibe el nombre de derivada segunda de f. $D^3 f$ se conoce como la derivada tercera, y así sucesivamente.

Con la notación utilizada en la sección 8.2, pondríamos: f'' en vez de $D^2 f$; f''' o $f^{(3)}$ en vez de $D^3 f$; $f^{(4)}$ en vez de $D^4 f$; $f^{(n)}$ en vez de $D^n f$ y así sucesivamente.

8.5 Derivación de productos

Derivar el producto de dos funciones no resulta tan fácil como derivar su suma.

*Utilizamos la palabra *operador* para designar una aplicación cuyo dominio es un conjunto de funciones.

Ejercicio 1

Hacer ver mediante un ejenplo (tan sencillo como sea posible) que existen casos en que

$$D(f \times g) \neq Df \times Dg$$

Hemos visto ya que

$$D(af) = aDf.$$

Mientras nos limitemos a derivar funciones polinómicas nos bastará saber esto para obtener la derivada de un producto, pero si pretendemos derivar una función tal como

$$x \longmapsto x \operatorname{sen} x \quad (x \in R)$$

que es el producto de dos funciones

$$x \longmapsto x \qquad (x \in R)$$

y $\quad x \longmapsto \operatorname{sen} x \qquad (x \in R)$

ninguna de las cuales es una constante, necesitaremos una regla más general para derivar productos de funciones.

Designemos por f y g las dos funciones cuyo producto queremos derivar, y sea k este producto, de modo que

$$f \times g = k.$$

Para mayor sencillez vamos a suponer que todas estas funciones tienen por dominio R. Para ilustrar la condición de función producto y los razonamientos que siguen, interpretaremos los dominios de f, g y k como tiempos (representados mediante una variable t), y supondremos que las imágenes de t por las funciones f, g y k son los lados y el área de un rectángulo:

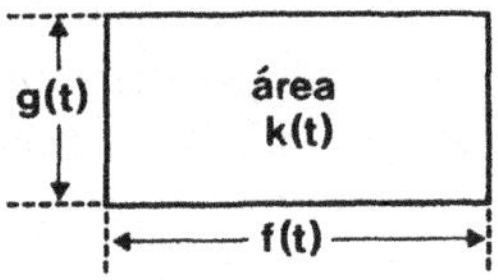

Nuestro problema consistirá en calcular $k'(t)$, la tasa según la cual varía el área con el tiempo. Según la definición de derivada, esta tasa es

$$k'(t) = \lim_{h \to 0} \frac{k(t+h) - k(t)}{h}$$

o sea

$$k'(t) = \lim_{h \to 0} \frac{f(t+h)g(t+h) - f(t)g(t)}{h}. \qquad \text{Ecuación (1)}$$

El numerador es la diferencia entre las áreas de dos rectángulos:

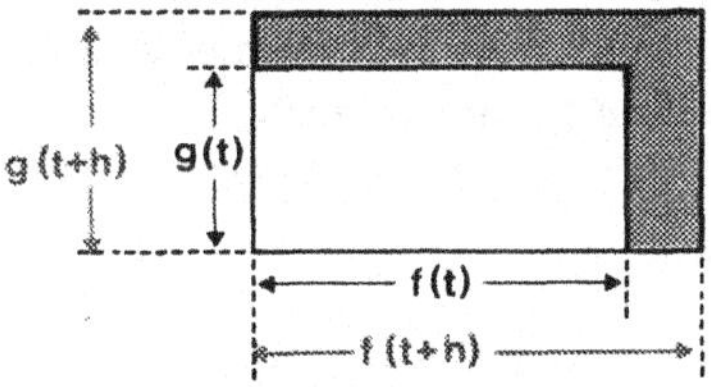

y es por lo tanto igual al área de la banda sombreada en forma de L del diagrama anterior. Esta banda puede ser descompuesta en suma de tres rectángulos, según se indica a continuación:

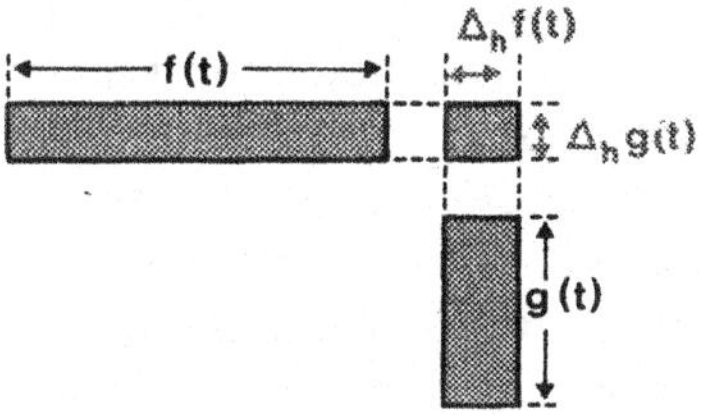

(Recuérdese que $\Delta_h f(t) = f(t + h) - f(t)$.)

Al sumar las áreas de los rectángulos y sustituir en la ecuación (1), obtenemos

$$\begin{aligned} k'(t) &= \lim_{h\to 0} \frac{f(t)\Delta_h g(t) + g(t)\Delta_h f(t) + \Delta_h g(t)\Delta_h f(t)}{h} \\ &= f(t) \lim_{h\to 0} \frac{\Delta_h g(t)}{h} + g(t) \lim_{h\to 0} \frac{\Delta_h f(t)}{h} + \lim_{h\to 0} \frac{\Delta_h g(t)\Delta_h f(t)}{h}, \\ &= f(t)g'(t) + g(t)f'(t) + \lim_{h\to 0} \frac{\Delta_h g(t)\Delta_h f(t)}{h}, \end{aligned}$$

según la definición de derivada.

El último término de la derecha puede ponerse en la forma

$$\lim_{h\to 0} \frac{\Delta_h f(t)}{h} \times \lim_{h\to 0} \Delta_h g(t) = f'(t) \times 0 = 0,$$

ya que los tres límites existen y

$$\lim_{h\to 0} \Delta_h g(t) = \lim_{h\to 0} [g(t + h) - g(t)] = 0,$$

si g es una función continua.* (Esto no es en realidad una condición nueva ya que hemos supuesto que g es derivable, y se puede demostrar sin gran dificultad que toda función derivable es continua: este resultado se ve intuitivamente si consideramos la condición de derivabilidad como la posibilidad de trazar tangentes.)

Tenemos por lo tanto

$$k'(t) = f(t)g'(t) + g(t)f'(t). \qquad \text{Ecuación (2)}$$

Es decir, la tasa de cambio del área del rectángulo es la suma de dos términos: la tasa según la cual el área aumenta debido al aumento de longitud del lado de longitud original $f(t)$, más la tasa según la cual el área aumenta debido al aumento de la longitud del lado cuya longitud original es $g(t)$.

La Ecuación (2) es la regla para derivar productos. Hemos interpretado t como tiempo para obtener esta regla pero se puede prescindir totalmente del ejemplo que nos ha servido como ilustración y la deducción matemática resulta ser aplicable para cualquier producto de funciones cuyo dominio sea R o algún subconjunto de R. Por supuesto, la regla del producto puede también ponerse en términos de las funciones mismas en vez de en términos de las respectivas imágenes; tomará entonces la forma:

$$(fg)' = fg' + gf'$$

o, en términos de D:

$$D(fg) = fDg + gDf.$$

Esto puede considerarse como una generalización de la ecuación $D(af) = aDf$, a la cual queda reducida cuando g es una función constante.

Ejercicio 2

Verificar la regla del producto considerando el producto de las dos funciones.

$$f: x \longmapsto 2x + 1 \qquad (x \in R)$$

$$g: x \longmapsto x - 1 \qquad (x \in R).$$

8.6 Derivada de las funciones compuestas

Hemos visto que para la suma de funciones

$$D(f + g) = Df + Dg$$

*Obsérvese que tenemos que suponer a g continua para poder asegurar que $\lim_{h \to 0} g(t + h) = g(t)$. Si g no es continua, este límite puede existir y ser diferente de $g(t)$.

y para la multiplicación de funciones

$$D(f \times g) \neq Df \times Dg$$

Más adelante consideraremos la división. La resta se obtiene directamente a partir de la suma, lo cual da

$$\begin{aligned} D(f - g) &= D(f + (-g)) \quad \text{donde } -g : x \longmapsto -g(x) \\ &= Df + D(-g) \\ &= Df - Dg \end{aligned}$$

aplicando la regla $D(ag) = aDg$, con $a = -1$.

La última de las operaciones binarias con funciones que hemos definido en el Capítulo 3, era la operación de composición

$$f \circ g : x \longmapsto f(g(x)).$$

Vamos a abordar el estudio de la composición de modo análogo a como lo hicimos con el de la multiplicación.

Ejercicio 1

Hágase ver mediante un ejemplo lo más sencillo posible, que existen casos en que

$$D(f \circ g) \neq Df \circ Dg.$$

Tendremos por lo tanto que obtener una regla para derivar la función compuesta de dos funciones f y g. Pondremos

$$f \circ g = k, \quad \text{esto es} \quad f \circ g(x) = f(g(x)) = k(x).$$

La relación existente entre estas funciones viene ilustrada a continuación:

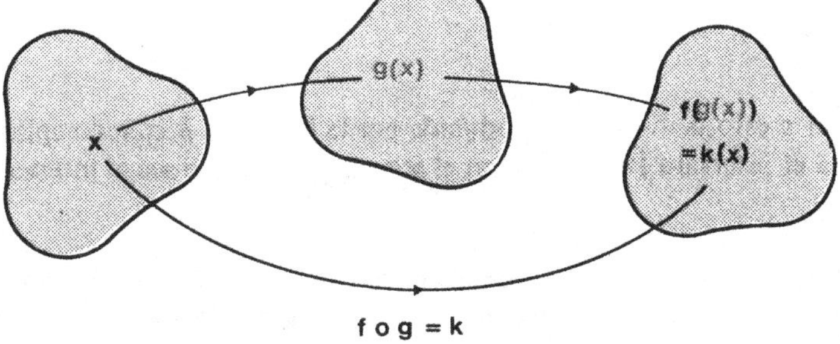

f o g = k

Puede ser también ilustrada de esta forma:

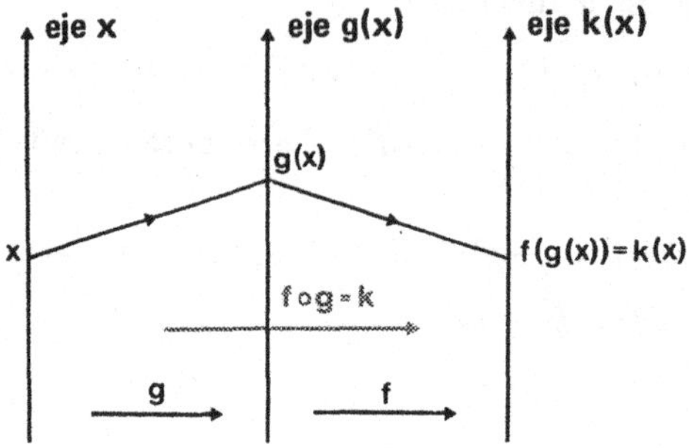

Para determinar si $f \circ g$ es derivable, consideraremos la fórmula que define la derivada:

$$k'(x) = \lim_{h \to 0} \frac{k(x+h) - k(x)}{h}.$$

El límite de la derecha puede interpretarse haciendo uso de un diagrama análogo al que damos a continuación:

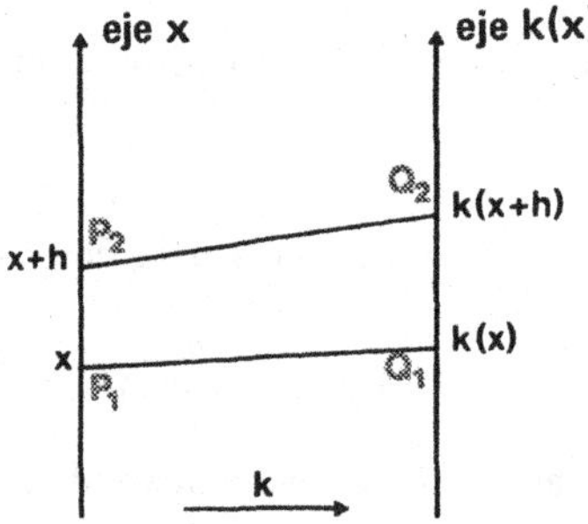

Vemos que $\dfrac{k(x+h) - k(x)}{h} = \dfrac{Q_1Q_2}{P_1P_2}.$

Vamos a llamar a esto la dilatación producida por la función k cuando aplica el segmento P_1P_2 (o sea el intervalo $[x, x+h]$) en el segmento Q_1Q_2 (o sea el intervalo $[k(x), k(x+h)]$).

Nuestro problema consistirá en expresar la función derivada de $f \circ g$ en términos de las funciones f y g: en términos de diagramas, consistirá en combinar los dos diagramas últimos. Estos diagramas los podemos combinar como sigue:

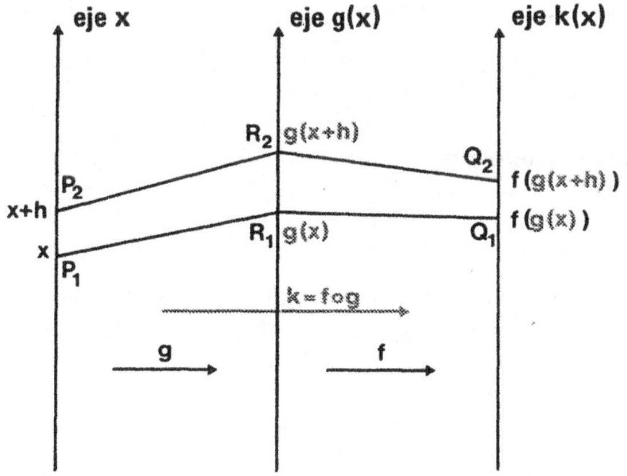

En lugar de efectuar la aplicación k en una sola fase la efectuamos en dos fases: efectuamos primero g y después f. De este modo el segmento P_1P_2 se aplica primero en el segmento R_1R_2 y después en el segmento Q_1Q_2. Las dilataciones producidas en estas dos fases son:

$$\frac{R_1R_2}{P_1P_2} \quad \text{y} \quad \frac{Q_1Q_2}{R_1R_2}$$

respectivamente, y la dilatación total es el producto de estas dos:

$$\frac{Q_1Q_2}{P_1P_2} = \frac{R_1R_2}{P_1P_2} \times \frac{Q_1Q_2}{R_1R_2}. \qquad \text{Ecuación (1)}$$

Tenemos

$$\lim_{h\to 0} \frac{Q_1Q_2}{P_1P_2} = k'(x).$$

Para la dilatación en la primera fase del proceso en dos fases tenemos:

$$\lim_{h\to 0} \frac{R_1R_2}{P_1P_2} = g'(x).$$

Finalmente, la dilatación producida por la función f tiene el límite

$$\lim_{h\to 0} \frac{Q_1Q_2}{R_1R_2} = f'(g(x))^*.$$

Esta vez la derivada tiene que calcularse para $g(x)$ y no para x, ya que el punto R_1 corresponde al número $g(x)$.

*En realidad esta fase encierra la parte difícil de la verificación que está relacionada con la continuidad g.

Si juntamos estos tres límites obtenemos a partir de la ecuación (1) la regla de la función compuesta:

$$k'(x) = g'(x) \times f'(g(x)).$$

Con la notación funcional tenemos:

$$(f \circ g)' = (f' \circ g) \times g'.$$

Esto recibe el nombre de regla de la cadena o de regla de la "función de función" ya que una función compuesta es en cierto sentido, una función de función.

Ejemplo 1

Derivar

$$k : x \longmapsto (2x + 1)^2 \quad (x \in R).$$

(Esto se podría hacer desarrollando los paréntesis, pero lo haremos aplicando la regla anterior.)
Si establecemos $g : x \longmapsto 2x + 1 \quad (x \in R)$
y $f : x \longmapsto x^2 \quad (x \in R)$
entonces $k = f \circ g$.
Podemos ahora aplicar la regla de la función compuesta, es decir

$$\begin{aligned} k' &= (f' \circ g) \times g' \\ &= [(x \longmapsto 2x) \circ (x \longmapsto 2x + 1)] \times (x \longmapsto 2) \\ &= x \longmapsto 2(2x + 1) \times 2 \\ &= x \longmapsto 4(2x + 1) \qquad (x \in R). \end{aligned}$$

Ejercicio 2

si $f : x \longmapsto x^2 + 1 \quad (x \in R)$
y $g : x \longmapsto x^2 - 1 \quad (x \in R)$,

Derivar $f \circ g$ directamente y también utilizando la regla de la función compuesta.

8.7 Derivación de cocientes

En esta sección y en la que sigue vamos a completar las reglas de derivación deduciendo a partir de la regla del producto una regla para derivar el cociente de dos funciones y deduciendo de la regla de la función compuesta una regla para derivar funciones inversas.

Vamos a empezar hallando la función derivada de la función recíproca que aquí designamos con la letra r, de modo que

$$r : x \longmapsto \frac{1}{x} \qquad (x \in R, \quad x \neq 0);$$

entonces

$$\begin{aligned}
r'(x) &= \lim_{h \to 0} \left(\frac{r(x+h) - r(x)}{h} \right) \\
&= \lim_{h \to 0} \frac{1}{h} \left(\frac{1}{x+h} - \frac{1}{x} \right) \qquad \text{(por definición de } r) \\
&= \lim_{h \to 0} \frac{1}{h} \left(\frac{x - (x+h)}{(x+h)x} \right) \\
&= \lim_{h \to 0} \left(\frac{-h}{h(x+h)x} \right) \\
&= \lim_{h \to 0} \left(\frac{-1}{(x+h)x} \right) \qquad \text{(la eliminación de } h \text{ es válida, puesto que } h \neq 0).
\end{aligned}$$

Tomando el límite cuando $h \rightsquigarrow 0$ obtenemos (ya que $x \neq 0$)

$$r'(x) = \frac{-1}{x^2}$$

es decir

$$D\left(x \longmapsto \frac{1}{x} \right) = x \longmapsto \frac{-1}{x^2}$$

o

$$r' = -r \times r,$$

siendo el dominio el conjunto de los números reales distintos de cero en todos los casos.

Nota

(i) Designaremos la función producto $r \times r$ por r^2.
Así pues

$$r^2 : x \longmapsto r(x) \times r(x) = (r(x))^2.$$

(ii) Si

$$v : x \longmapsto v(x), \qquad (x \in R)$$

designaremos entonces la función:

$$x \longmapsto \frac{1}{v(x)} \qquad (x \in R, \quad v(x) \neq 0)$$

por $\frac{1}{v}$.

Podemos ahora aplicar nuestro último resultado a la derivación del cociente de dos funciones. Si dos funciones u y v tienen por dominio el mismo subconjunto de R, y por codominio R, definimos entonces su cociente, $\frac{u}{v}$ o u/v, por

$$\frac{u}{v} : x \longmapsto \frac{u(x)}{v(x)} \quad (x \in \text{dominio de } u \text{ y } v, \; v(x) \neq 0).$$

La fórmula para derivar tales funciones resulta muy útil. El lector la recordará más fácilmente si hace un intento de obtenerla por sí mismo: ponemos pues como ejercicio el resto de la deducción de esta fórmula.

Ejercicio 1

Designando la función recíproca por r, como en el texto, podemos poner

$$\frac{u}{v} = u \times \frac{1}{v} = u \times (r \circ v).$$

Utilizando los resultados siguientes:

(i) la función derivada de r es $-r^2$.
(ii) la regla del producto, o sea

$$(f \times g)' = f' \times g + f \times g',$$

(iii) la regla de la función compuesta, o sea

$$(f \circ g)' = (f' \circ g) \times g',$$

expresar $\left(\frac{u}{v}\right)'$ en términos de u', v', u y v.

El resultado del último ejercicio proporciona la regla del cociente:

$$\left(\frac{u}{v}\right)' = \frac{u' \times v - u \times v'}{v^2}$$

lo cual significa que

si $\quad w(x) = \dfrac{u(x)}{v(x)}$

entonces $w'(x) = \dfrac{u'(x) \times v(x) - u(x) \times v'(x)}{(v(x))^2}$.

Ejercicio 2

Derivar:

$$x \longmapsto \frac{1}{x^k} \qquad (x \in R, \quad x \neq 0)$$

donde k es un entero positivo.

Ejercicio 3

Derivar

(i) $w_1 : x \longmapsto \dfrac{-2}{2x+1} \qquad (x \in R, \quad x \neq -\frac{1}{2})$.

(ii) $w_2 : x \longmapsto \dfrac{2x-1}{2x+1} \qquad (x \in R, \quad x \neq -\frac{1}{2})$.

¿Puede decir el lector por qué los dos resultados son idénticos?

8.8 Derivada de funciones inversas

La última de las reglas de derivación que vamos a considerar será la regla para derivar la inversa de una función. La inversa de una función uno a uno, según se ha definido en el Capítulo 3, es una función que vuelve al revés el efecto de la función original. Por ejemplo, la inversa de la función "doblar el número" es la función "tomar la mitad del número", ya que si doblamos un número y tomamos su mitad volvemos al número original. Vimos en el Capítulo 3, que una función tiene inversa si y solo si es una función uno a uno; es decir, si cada elemento del dominio tiene una imagen distinta.

Se sigue que si g es la inversa de f, entonces

$$g \circ f : x \longmapsto x \qquad (x \in \text{dominio de } f)$$

y $\quad f \circ g : x \longmapsto x \qquad (x \in \text{dominio de } g)$.

Podemos utilizar la regla de la función compuesta para hallar la derivada de g en términos de

$$f \circ g = x \longmapsto x$$

por tanto

$$(f \circ g)' = x \longmapsto 1$$

y según la regla de la función compuesta, $(f \circ g)' = (f' \circ g) \times g'$

lo cual proporciona la regla de la función inversa:

$$g' = \frac{x \longmapsto 1}{f' \circ g} = \frac{1}{f' \circ g}.$$

Obsérvese que hemos de tener cuidado con el dominio de g': es aquella parte del dominio de g para la cual g es derivable y para la cual $f' \circ g(x)$ no se anula.*

Ejercicio 1

Derivar $\quad x \longmapsto x^{1/m} \qquad (x \in R^+)$

donde m es un entero positivo cualquiera. Comparar el resultado con nuestro resultado anterior, o sea

$$(x \longmapsto x^n)' = (x \longmapsto nx^{n-1}) \quad (x \in R, \quad x \neq 0)$$

donde n es un entero.

8.9 Derivadas de algunas funciones elementales

Las reglas de derivación obtenidas en las secciones anteriores resultan suficientes para derivar una función racional, es decir, cualquier función formada a partir de polinomios por medio de las operaciones aritméticas (suma, multiplicación, división) y por composición, y también para derivar la inversa (si es que existe) de una tal función. Esta clase de funciones es muy extensa, pero no incluye algunas funciones muy útiles tales como las funciones trigonométricas, exponenciales y logarítmicas. En esta sección pretendemos llenar esta laguna. En cada caso, lo que el lector necesita saber es el *resultado* y no el método para obtenerlo si bien pondremos algunos de los resultados como ejercicios para que puedan servir de práctica en la aplicación de las reglas previamente demostradas. Estas funciones cuyas derivadas vamos a dar aquí reciben muchas veces el nombre de funciones elementales.

Funciones trigonométricas

Designando por sen' la función derivada de la función seno, tenemos:

*Suponemos también aquí y siempre que vayamos a derivar una función compuesta, que $f' \circ g$ tiene sentido; es decir que el dominio de f' contiene la imagen del dominio de g.

$$\operatorname{sen}' x = \lim_{h \to 0} \frac{\operatorname{sen}(x + h) - \operatorname{sen} x}{h}.$$

El cálculo de este límite implica ciertos detalles técnicos que no son esenciales para la práctica de la derivación. Lo que aquí nos interesa es el valor del límite: resulta ser sencillamente cos x, de modo que la fórmula para derivar el seno es

$$\operatorname{sen}' x = \cos x \quad (x \in R)$$

o sencillamente sen' = cos.

Podemos derivar también la función cos (es decir $x \longrightarrow \cos x$ $(x \in R)$) utilizando la definición de la derivada como límite, pero existe un método posiblemente más elegante que hace uso de la identidad:

$$\cos x = \operatorname{sen}\left(\frac{\pi}{2} - x\right) \quad (x \in R).$$

Ejercicio 1

Utilizar la identidad

$$\cos x = \operatorname{sen}\left(\frac{\pi}{2} - x\right) \quad (x \in R),$$

la regla de la función compuesta y el hecho de que sen' = cos, para hallar la derivada de cos.

Ejercicio 2

Derivar la función tan. Para hacer esto puede resultar conveniente hacer uso de:

(i) $\tan x = \dfrac{\operatorname{sen} x}{\cos x}$,
(ii) la regla del cociente,
(iii) la identidad trigonométrica $\cos^2 x + \operatorname{sen}^2 x = 1$.

¿Cuál es el dominio de la función tan? ¿Cuál es el dominio de su función derivada?

Para completar añadimos las siguientes derivadas

$$\begin{aligned} \tan' &= \sec^2 \\ \sec' &= \sec \tan \\ \cot' &= -\operatorname{cosec}^2 \\ \operatorname{cosec}' &= -\operatorname{cosec} \cot \end{aligned}$$

Funciones exponenciales y logarítmicas

Designando por exp' la derivada de la función exponencial, obtenemos partiendo de la definición de derivada:

$$\begin{aligned}\exp'(x) &= \lim_{h\to 0}\frac{\exp(x+h)-\exp(x)}{h} \quad (x\in R)\\ &= \lim_{h\to 0}\frac{e^{x+h}-e^{x}}{h} \quad \text{por el teorema exponencial}\\ &= \lim_{h\to 0}\frac{e^{x}(e^{h}-1)}{h}\\ &= Ce^{x}\\ &= C\exp x\end{aligned}$$

donde C es

$$\lim_{h\to 0}\frac{e^{h}-1}{h}.$$

Podemos demostrar ahora que este límite existe y es igual a 1. Por lo tanto

$$\exp' = \exp. \qquad \text{Ecuación (1)}$$

Así pues la función derivada de exp es la misma función exponencial.

Constituye esto un resultado notable, pero no era de esperar otra cosa habida cuenta de nuestra manera de introducir la función exponencial en el Capítulo 5, a través del ejemplo del crecimiento de una población. En el modelo allí utilizado, el cambio en la población mundial en un intervalo dado de tiempo se suponía proporcional a la población misma.

Puesto que la derivada proporciona la tasa instantánea de cambio, quizá no sea tan de extrañar que al derivar exp se encuentre que la derivada sea igual a exp; en fin de cuentas, estamos considerando una cantidad (la población mundial) cuya tasa instantánea de cambio era igual (salvo una constante de proporcionalidad) a la cantidad misma.

La función exponencial encuentra muchas aplicaciones en las matemáticas debido a que los problemas de matemáticas aplicadas (como por ejemplo el problema del crecimiento de una población) exigen con frecuencia una función cuya derivada está relacionada con la función misma de una manera que puede ser reducida a la Ecuación (1) mediante manipulaciones convenientes.

Ejercicio 3

Mediante la regla para derivar funciones inversas hágase ver que

$$\ln' : x \longmapsto \frac{1}{x} \quad (x \in R^+).$$

Ejercicio 4

Hágase ver que para cualquier función real f, de codominio R^+, se cumple

$$(\ln \circ f)' = \frac{f'}{f}.$$

Ejercicio 5

Una regla útil para derivar un producto complicado f es la llamada derivación logarítmica Consiste ésta, en constituir la función compuesta $\ln \circ f$, hallar su derivada y después obtener f' haciendo uso del resultado del Ejercicio 4:

(i) Aplicar este método a la función

$$x \longmapsto e^x \frac{(1 + x)}{1 + 2x} \quad (x \in R, \quad x \neq -\tfrac{1}{2}).$$

(ii) Utilizar este método para derivar $x \longmapsto x^\alpha$ $(x \in R^+)$, siendo α un número real cualquiera.

8.10 Ejercicios adicionales

Ejercicio 1

Derivar:

(i) $k_1 : x \longmapsto (x + 1)^5 \quad (x \in R)$

(ii) $k_2 : x \longmapsto (3x + 1)^5 \quad (x \in R).$

Ejercicio 2

Derivar:

(i) $k_1 : x \longmapsto (7x + 3)^5 \quad (x \in R)$

(ii) $k_2 : x \longmapsto (2x^2 + 3x + 2)^2 \quad (x \in R).$

Ejercicio 3

Derivar:

(i) $\sec = \dfrac{1}{\cos}$,

(ii) $\cot = \dfrac{1}{\tan}$,

(iii) $\operatorname{cosec} = \dfrac{1}{\operatorname{sen}}$.

El dominio de la función derivada es, en cada caso el mismo que el de la función original. En los casos (i) y (iii) el dominio es R con exclusión de aquellos números x para los cuales (respectivamente) $\cos x$ y $\operatorname{sen} x$ son cero. En el caso de (ii) el dominio es R con exclusión de aquellos números x para los cuales $\tan x$ no está definido y para los cuales $\tan x$ es cero. Se suele atribuir sin embargo el valor cero a $\cot x$ para aquellos valores de x en los que no está definido $\tan x$.

Ejercicio 4

Hallar D^2 (sen), D^3 (sen), D^4 (sen), D^5 (sen). Generalizar los resultados estableciendo una fórmula para D^n (sen) válida para cualquier entero positivo n.

Ejercicio 5

Derivar:

(i) $f: x \longmapsto x + \dfrac{1}{x} \qquad (x \in R^+)$;

(ii) $f: x \longmapsto x \exp(-x) \qquad (x \in R)$;

(iii) $f: x \longmapsto \dfrac{(x-3)^3}{(x-2)^4} \qquad (x \in R, \quad x > 3)$.

Ejercicio 6

(i) Si

$$S: r \longmapsto 2\pi\left(r^2 + \frac{1000}{r\pi}\right) \qquad (r \in R^+)$$

buscar $S'(r)$.

(ii) Si

$$f: x \longmapsto \sqrt{x^2 + y^2} \quad (x \in R)$$

donde y es cierto número real (no cero), hallar f':

(iii) Si

$$P(x) = (x - 1)^2 \times (x + 2)^2$$

define la función P de dominio R, hallar $P'(x)$.

8.11 Soluciones a los Ejercicios

Sección 8.1

Ejercicio 1

La posición del coche en el tiempo t viene dada por la función

$f: t \longmapsto at^3$ ($t \in R_0^+$, conjunto de todos los números reales no negativos).

Para cualquier t de R_0^+, la velocidad media del coche en un intervalo de tiempo $[t, t + h]$, $h > 0$, viene dada por

$$\begin{aligned} w(t, t + h) &= \frac{a(t + h)^3 - at^3}{h} \\ &= \frac{a(t^3 + 3t^2h + 3th^2 + h^3) - at^3}{h} \\ &= 3at^2 + (3ath + ah^2) \quad (h \in R, h > 0) \end{aligned}$$

La velocidad en el tiempo t viene entonces dada por

$$v(t) = \lim_{h \to 0} w(t, t + h).$$

Debería verse claro por intuición que $v(t) = 3at^2$ $(t \in R_0^+)$, ya que los términos $3ath$ y ah tienden hacia cero cuando h tiende hacia cero.

Sección 8.2

Ejercicio 1

(i) FALSO. Para verlo, considérese nuestro ejemplo de un coche cuya posición viene descrita por

$$f: t \longmapsto at^3 \quad (t \in R_0^+).$$

Obtuvimos que

$$f'(t) = 3at^2 \quad (t \in R_0^+).$$

De manera análoga, para la función

$$g : t \longmapsto at^3 \, (t \in R)$$

podemos demostrar que

$$g'(t) = 3at^2 \quad (t \in R).$$

La derivada de g en 0 es por lo tanto cero, de modo que la tangente en este punto es el eje t el cual cruza la curva especificada por $y = g(x)$ en (0, 0).

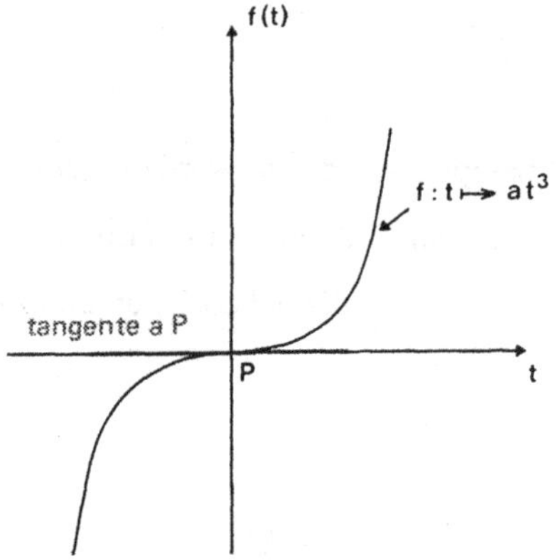

(ii) VERDAD, siempre que exista la tangente en P.
(iii) FALSO. Considérese el siguiente diagrama:

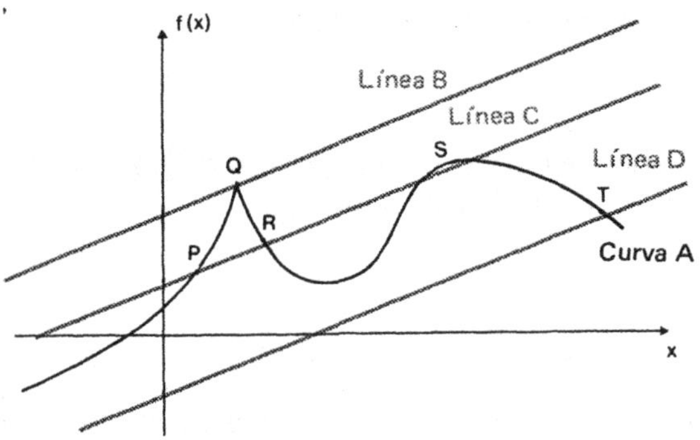

La recta B toca a la curva A solamente en Q, pero la tangente a la curva en Q no existe. La recta C corta a la curva A en P, R y S y es tangente a la curva en S. La recta D corta a la curva A solamente en T, pero no es la tangente a la curva en T.

(iv) FALSO. Considérese de nuevo la función módulo:

$f: x \longmapsto |x| \quad (x \in R).$

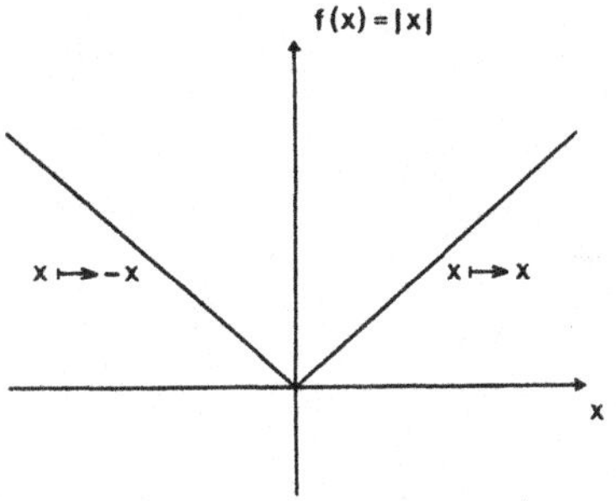

Esta función es continua en cada elemento de su dominio y en particular en el origen O. Pero

$$\frac{\Delta_h f(0)}{h} = \frac{f(0+h) - f(0)}{h} = \begin{cases} 1, \text{ si } h > 0 \\ -1, \text{ si } h < 0 \end{cases}$$

de modo que no existe ningún número L para el cual sea

$$\lim_{h \to 0} \frac{\Delta_h f(0)}{h} = L.$$

Ejercicio 2

Sea $f: x \longmapsto a \, (x \in R)$ donde a es un número real cualquiera. Entonces para todo $x \in R$ y para todo $h \in R$ distinto de cero tenemos:

$$\frac{\Delta_h f(x)}{h} = \frac{f(x+h) - f(x)}{h}$$

$$= \frac{a - a}{h} = 0.$$

Así pues

$$f'(x) = \lim_{h \to 0} 0 = 0.$$

Ejercicio 3

Para todo $t \in R$ y para todo $h \in R$ distinto de cero, tenemos:

$$\frac{\Delta_h f(t)}{h} = \frac{f(t+h) - f(t)}{h} = \frac{(t+h)^2 - t^2}{h} = 2t + h.$$

Así pues,

$$f'(t) = \lim_{h \to 0} (2t + h)$$
$$= 2t.$$

En particular

$$f'(-3) = -6,$$
$$f'(0) = 0,$$
$$f'(2) = 4;$$

de modo que la pendiente de la tangente a la gráfica es negativa en −3, es cero en 0 y es positiva en 2.

Sección 8.3

Ejercicio 1

Tenemos que derivar la función

$$f: x \longmapsto ax^2 + bx + c \quad (x \in R).$$

O sea, tenemos que hallar

$$f'(x) = \lim_{h \to 0} \frac{f(x + h) - f(x)}{h}$$
$$= \lim_{h \to 0} \frac{a(x + h)^2 + b(x + h) + c - (ax^2 + bx + c)}{h}$$
$$= \lim_{h \to 0} \frac{2axh + ah^2 + bh}{h}$$
$$= \lim_{h \to 0} (2ax + ah + b)$$
$$= 2ax + b.$$

La función derivada es, por lo tanto:

$$f': x \longmapsto 2ax + b \quad (x \in R).$$

Obsérvese que si escribimos

$$f_1 : x \longmapsto ax^2,\ f_2 : x \longmapsto bx,\ f_3 : x \longmapsto c \quad (x \in R),$$

entonces

$$f = f_1 + f_2 + f_3$$

y

$$f' = f'_1 + f'_2 + f'_3.$$

Ejercicio 2

$$f'(x) = \lim_{h \to 0} \frac{(x + h)^n - x^n}{h}$$

$$= \lim_{h \to 0} \frac{\left\{x^n + nx^{n-1}h + \dfrac{n(n-1)}{2}x^{n-2}h^2 + \cdots + h^n\right\} - x^n}{h}$$

(según el teorema del binomio)

$$= \lim_{h \to 0} \left\{nx^{n-1} + \frac{n(n-1)}{2}x^{n-2}h + \cdots + h^{n-1}\right\}$$

(al dividir por h, ya que $h \neq 0$)

$$= nx^{n-1}$$

En consecuencia la función derivada de

$$x \longmapsto x^n \quad (x \in R)$$

es

$$x \longmapsto nx^{n-1} \quad (x \in R)$$

Ejercicio 3

(i) Cuando $t \in$ (dominio de f') entonces

$$\lim_{h \to 0} \left(\frac{af(t + h) - af(t)}{h}\right) = \lim_{h \to 0} \left(a\left[\frac{f(t + h) - f(t)}{h}\right]\right)$$

$$= \lim_{h \to 0} (a) \times \lim_{h \to 0} \left(\frac{f(t + h) - f(t)}{h}\right)$$

$$= af'(t).$$

(ii) Cuando $t \in$ (intersección de los dominios de f' y g'), entonces

$$\lim_{h \to 0} \left(\frac{\{f(t+h) + g(t+h)\} - \{(f(t) + g(t)\}}{h} \right)$$

$$= \lim_{h \to 0} \left(\frac{f(t+h) - f(t)}{h} + \frac{g(t+h) - g(t)}{h} \right)$$

$$= \lim_{h \to 0} \left(\frac{f(t+h) - f(t)}{h} \right) + \lim_{h \to 0} \left(\frac{g(t+h) - g(t)}{h} \right)$$

$$= f'(t) + g'(t).$$

Ejercicio 4

(i) Utilizando la fórmula para la derivada de una función polinómica, la función derivada de

$$x \longmapsto 10x^5 + \tfrac{1}{8}x^3 + x \quad (x \in R)$$

es

$$x \longmapsto 50x^4 + \tfrac{3}{8}x^2 + 1 \quad (x \in R).$$

(ii) Sea $f\colon x \longmapsto 2x$, y $g\colon x \longmapsto |x|$ $(x \in R)$. Entonces $f'\colon x \longmapsto 2 (x \in R)$ y

$$\left. \begin{array}{ll} g'\colon x \longmapsto 1 & (x > 0) \\ x \longmapsto -1 & (x < 0) \end{array} \right\} \quad (x \in R, \quad x \neq 0)$$

Así que la función derivada de $x \longmapsto 2x + |x|$ $(x \in R)$ es

$$x \longmapsto f'(x) + g'(x) \quad (x \in R, \quad x \neq 0)$$

o sea

$$x \longmapsto \left\{ \begin{array}{ll} 3 & (x > 0) \\ 1 & (x < 0) \end{array} \right\} \quad (x \in R, \quad x \neq 0).$$

Sección 8.4

Ejercicio 1

(i) Sea

$$f\colon x \longmapsto ax^2 + bx + c \quad (x \in R)$$

entonces

$$Df\colon x \longmapsto 2ax + b \qquad (x \in R)$$

y

$$D^2f : x \longmapsto 2a \qquad (x \in R).$$

(ii)

$$f : x \longmapsto x^3 \qquad (x \in R)$$

$$Df : x \longmapsto 3x^2 \qquad (x \in R)$$

$$D^2f : x \longmapsto 6x \qquad (x \in R)$$

$$D^3f : x \longmapsto 6 \qquad (x \in R).$$

(Obsérvese el hecho de que hemos incluido en cada una de las líneas la información un tanto trivial $(x \in R)$ para destacar que el dominio es siempre el mismo. Aquí parece más bien innecesario, pero si tuviéramos que derivar funciones más complicadas nos podríamos encontrar con que el dominio cambiaba al pasar de una función a su función derivada.)

Sección 8.5

Ejercicio 1

Un conveniente ejemplo sencillo es:

$$f : x \longmapsto x \quad (x \in R), \quad Df : x \longmapsto 1 \quad (x \in R)$$

y

$$g : x \longmapsto 1 \quad (x \in R), \quad Dg : x \longmapsto 0 \quad (x \in R);$$

entonces

$$f \times g : x \longmapsto x \quad (x \in R), \quad D(f \times g) : x \longmapsto 1 \quad (x \in R).$$

Pero

$$Df \times Dg = x \longmapsto 0 \quad (x \in R)$$

$$\neq D(f \times g).$$

Ejercicio 2

$$fg : x \longmapsto 2x^2 - x - 1 \qquad (x \in R)$$

$$(fg)' : x \longmapsto 4x - 1 \qquad (x \in R)$$

$$\begin{aligned} f(x)g'(x) + g(x)f'(x) &= (2x + 1)g'(x) + (x - 1)f'(x) \\ &= (2x + 1)1 + (x - 1)2 \\ &= 4x - 1. \end{aligned}$$

Así pues

$$(fg' + gf') : x \longmapsto 4x - 1 \qquad (x \in R),$$

con lo que el resultado queda verificado.

Sección 8.6

Ejercicio 1

Valdría aquí casi cualquier ejemplo; vamos a dar uno:

Sea

$$g: x \longmapsto 1 \quad (x \in R), \qquad g': x \longmapsto 0 \quad (x \in R);$$

$$f: x \longmapsto x \quad (x \in R), \qquad f': x \longmapsto 1 \quad (x \in R);$$

$$f \circ g: x \longmapsto 1 \quad (x \in R);$$

$$(f \circ g)': x \longmapsto 0 \quad (x \in R), \qquad f' \circ g': x \longmapsto 1 \quad (x \in R).$$

Así pues $D(f \circ g) \neq Df \circ Dg$ en este caso.

Ejercicio 2

Tenemos:

$$f \circ g: x \longmapsto (x^2 - 1)^2 + 1 = x^4 - 2x^2 + 2 \quad (x \in R)$$

lo cual, derivando directamente, da:

$$(f \circ g)': x \longmapsto 4x^3 - 4x \quad (x \in R).$$

Utilizando la regla de la función compuesta tenemos:

$$(f \circ g)' = (f' \circ g) \times g'$$

donde

$$f': x \longmapsto 2x \quad (x \in R)$$

y

$$g': x \longmapsto 2x \quad (x \in R)$$

Así pues

$$(f \circ g)': x \longmapsto [2(x^2 - 1)] \times 2x = 4x^3 - 4x \quad (x \in R).$$

Los resultados son los mismos, según era de esperar.

Sección 8.7

Ejercicio 1

$$\left(\frac{u}{v}\right)' = [u \times (r \circ v)]' = u' \times (r \circ v) + u \times (r \circ v)' \qquad \text{de (ii)}$$

$$= u' \times (r \circ v) + u \times [(r' \circ v) \times v'] \qquad \text{de (iii)}$$

$$= u' \times (r \circ v) + u \times (-r^2 \circ v) \times v'.$$

Ahora bien, $r \circ v = \dfrac{1}{v}$ y $-r^2 \circ v = \dfrac{-1}{v^2}$, así que

$$\left(\frac{u}{v}\right)' = \frac{u'}{v} - \frac{u \times v'}{v^2}$$

$$= \frac{u' \times v - v' \times u}{v^2}.$$

Ejercicio 2

Se puede abordar esto de muchas maneras: vamos a hacer uso de la regla del cociente con

$$u : x \longmapsto 1 \qquad (x \in R, \quad x \neq 0)$$

$$v : x \longmapsto x^k \qquad (x \in R, \quad x \neq 0)$$

Sabemos ya que

$$v' : x \longmapsto kx^{k-1} \quad (x \in R, \quad x \neq 0).$$

de modo que

$$\frac{u'(x) \times v(x) - u(x) \times v'(x)}{v^2} = \frac{0 \times x^k - 1 \times kx^{k-1}}{x^{2k}}$$

$$= -kx^{-k-1}$$

$$= \frac{-k}{x^{k+1}}.$$

Considerando la forma $-kx^{-k-1}$, y recordando que estábamos derivando $x \rightarrow x^{-k}$ ($x \in R$, $x \neq 0$), podemos ver que se puede poner

$$D(x \longmapsto x^n) = x \longmapsto nx^{n-1}$$

para cualquier valor entero de n,
(el dominio es el conjunto de los números reales distintos de cero cuando n es negativo).

Ejercicio 3

Para las dos partes la solución es

$$x \longmapsto \frac{4}{(2x+1)^2} \qquad (x \in R, \quad x \neq -\tfrac{1}{2}).$$

Los dos resultados coinciden por ser $w_1 - w_2$ una función constante:

$$w_2(x) - w_1(x) = \frac{2x - 1}{2x + 1} + \frac{2}{2x + 1}$$

$$= \frac{(2x + 1) - 2}{2x + 1} + \frac{2}{2x + 1}$$

$$= 1$$

de modo que

$$w_2 - w_2 = x \longmapsto 1 \qquad (x \in R, \quad x \neq -\tfrac{1}{2}).$$

y de aquí

$$(w_2 - w_1)' = w_2' - w_1' = (x \longmapsto 1)' = x \longmapsto 0$$

o sea

$$w_2'(x) - w_1'(x) = 0$$

o

$$w_2'(x) = w_1'(x).$$

Sección 8.8

Ejercicio 1

Llamemos g a la función dada. Entonces la función inversa f de g viene dada por

$$f : x \longmapsto x^m \qquad (x \in R^+),$$

de modo que

$$f' : x \longmapsto mx^{m-1} \qquad (x \in R^+).$$

La regla de la función inversa proporciona entonces

$$g'(x) = \frac{1}{m(x^{1\ m})^{m-1}}$$

$$= \frac{1}{m} \times \frac{1}{x^{(1-1\ m)}}$$

$$= \frac{1}{m} x^{1\ m-1}$$

o sea

$$g' : x \longmapsto \frac{1}{m} x^{1\ m-1}$$

Hemos visto que el resultado:

la derivada de $x \longmapsto x^n$ es $x \longmapsto nx^{n-1}$ donde $n \in Z$, se cumple también cuando n es el recíproco de un entero positivo.

Sección 8.9

Ejercicio 1

Sea

$$g : x \longmapsto \frac{\pi}{2} - x \quad (x \in R)$$

$$f : x \longmapsto \text{sen}\, x \quad (x \in R).$$

Utilizando entonces $(f \circ g)' = (f' \circ g) \times g'$, tenemos

$$\cos' = \left[\cos \circ \left(x \longmapsto \frac{\pi}{2} - x\right)\right] \times (x \longmapsto -1)$$

es decir

$$\cos' x = -\cos\left(\frac{\pi}{2} - x\right).$$

Este resultado puede simplificarse sabiendo que $\cos\left(\frac{\pi}{2} - x\right) = \text{sen}\, x \ (x \in R)$,

de manera que

$$\cos' = -\text{sen}$$

Ejercicio 2

Partiendo de

$$\tan x = \frac{\text{sen}\, x}{\cos x}$$

tenemos

$$\tan' x = \frac{\text{sen}'\, x \cos x - \cos' x\, \text{sen}\, x}{\cos^2 x} \quad \text{(regla del cociente)}$$

$$= \frac{\cos^2 x + \text{sen}^2 x}{\cos^2 x}$$

$$= \frac{1}{\cos^2 x} \qquad (\cos^2 x + \operatorname{sen}^2 x = 1)$$

$$= \sec^2 x \qquad \left(\sec x = \frac{1}{\cos x}\right).$$

Este resultado puede ponerse en la forma

$$\tan' = \sec^2.$$

El dominio de tan es R exceptuando

$$\ldots, \frac{-5}{2}\pi, \frac{-3}{2}\pi, \frac{-1}{2}\pi, \frac{1}{2}\pi, \frac{3}{2}\pi, \frac{5}{2}\pi, \ldots.$$

La función derivada tiene el mismo dominio.

Ejercicio 3

Al ser ln la función inversa de exp, la regla de la función inversa da

$$\ln'(x) = \frac{1}{\exp'(\ln x)} = \frac{1}{\exp(\ln x)} = \frac{1}{x} \quad (x \in R^+).$$

Ejercicio 4

La regla de la función compuesta da

$$(\ln \circ f)' = (\ln' \circ f) \times f' = \frac{f'}{f}.$$

Ejercicio 5

(i) Sea

$$f(x) = e^x\left(\frac{1+x}{1+2x}\right);$$

entonces

$$\ln f(x) = x + \ln(1+x) - \ln(1+2x)$$

$$\therefore \frac{f'(x)}{f(x)} = 1 + \frac{1}{1+x} - \frac{2}{1+2x} \quad \text{al derivar}$$

$$\therefore f'(x) = f(x)\left(1 + \frac{1}{1+x} - \frac{2}{1+2x}\right)$$

$$= e^x\left(\frac{1+x}{1+2x}\right)\left(1 + \frac{1}{1+x} - \frac{2}{1+2x}\right).$$

(ii) Sea

$$f : x \longmapsto x^{\alpha} \quad (x \in R^{+})$$

$$f(x) = x^{\alpha}$$

$$\ln f(x) = \ln(x^{\alpha}) = \alpha \ln x.$$

Al derivar se obtiene

$$\frac{f'(x)}{f(x)} = \alpha \frac{1}{x}$$

$$f'(x) = \alpha \frac{1}{x} f(x) = \frac{\alpha}{x} x^{\alpha} = \alpha x^{\alpha - 1}$$

o sea

$$f' : x \longmapsto \alpha x^{\alpha - 1} \quad (x \in R^{+}).$$

Hemos demostrado por lo tanto que la función

$$f : x \longmapsto x^{\alpha} \qquad (x \in R^{+})$$

tiene la función derivada

$$f' : x \longmapsto \alpha x^{\alpha - 1} \quad (x \in R^{+})$$

siendo α un número real cualquiera.

Sección 8.10

Ejercicio 1

(i) Sea

$$f_1 : x \longmapsto x^5 \qquad (x \in R)$$

$$g_1 : x \longmapsto x + 1 \quad (x \in R).$$

Así pues

$$f_1 \circ g_1 : x \longmapsto (x + 1)^5 \quad (x \in R)$$

Utilizando

$$(f \circ g)' = (f' \circ g) \times g'$$

obtenemos

$$k_1' : x \longmapsto 5(x + 1)^4$$

(ii) Podemos repetir el proceso con

$$f_2 : x \longmapsto x^5 \qquad (x \in R)$$

$$g_2 : x \longmapsto 3x + 1 \quad (x \in R).$$

De otro modo, observamos que

$$k_2(x) = k_1(3x)$$

de modo que podemos poner

$$k_2 = k_1 \circ (x \longmapsto 3x)$$

y de aquí

$$\begin{aligned} k_2' &= [k_1' \circ (x \longmapsto 3x)] \times (x \longmapsto 3) \\ &= [x \longmapsto 5(3x + 1)^4] \times (x \longmapsto 3) \\ &= x \longmapsto 15(3x + 1)^4 \quad (x \in R). \end{aligned}$$

En general, si

$$k_2(x) = k_1(ax)$$

de modo que

$$k_2 = k_1 \circ (x \longmapsto ax)$$

tenemos

$$k_2' = [k_1' \circ (x \longmapsto ax)] \times (x \longmapsto a)$$

de modo que

$$k_2'(x) = ak_1'(ax).$$

Ejercicio 2

(i) $x \longmapsto 35(7x + 3)^4 \qquad (x \in R)$

(ii) $x \longmapsto (8x + 6)(2x^2 + 3x + 2) \quad (x \in R).$

Ejercicio 3

La regla para derivar cocientes de la forma

$$u(x) = \frac{v(x)}{w(x)} \quad (x \in R, \text{ donde } w(x) \neq 0)$$

es

$$u'(x) = \frac{w(x)v'(x) - v(x)w'(x)}{(w(x))^2}$$

Si $v(x) = 1$, $v'(x) = 0$, de modo que la regla del cociente se convierte en:

$$u'(x) = \frac{-w'(x)}{(w(x))^2}$$

(i) Cuando $u(x) = \dfrac{1}{\cos x}$, entonces $u(x) = \cos x$ y $w'(x) = -\text{sen } x$, de modo que

$$u'(x) = \frac{\text{sen } x}{\cos^2 x} = \sec x \tan x$$

o sea

$$\sec' = \sec \tan$$

(ii) Cuando $u(x) = \dfrac{1}{\tan x}$ entonces $w(x) = \tan x$ y $w'(x) = \sec^2 x$, de modo que

$$u'(x) = -\frac{\sec^2 x}{\tan^2 x} = -\frac{1}{\cos^2 x} \times \frac{\cos^2 x}{\text{sen}^2 x} = \frac{-1}{\text{sen}^2 x} = -\text{cosec}^2 x$$

o sea

$$\cot' = -\text{cosec}^2$$

(iii) $u(x) = \dfrac{1}{\text{sen } x}$; $w(x) = \text{sen } x$; y así $w'(x) = \cos x$. Así pues, será

$$u'(x) = -\frac{\cos x}{\text{sen}^2 x} = -\text{cosec } x \cot x$$

o sea

$$\text{cosec}' = -\text{cosec} \cot.$$

Ejercicio 4

$$D \text{ sen} = \cos$$

$$D^2 \text{ sen} = D \cos = -\text{sen}$$

$$D^3 \text{ sen} = D(D^2 \text{ sen}) = D(-\text{sen}) = -\cos$$

$$D^4 \text{ sen} = D(D^3 \text{ sen}) = D(-\cos) = \text{sen}$$

$$D^5 \text{ sen} = D(D^4 \text{ sen}) = D(\text{sen}) = \cos.$$

Supóngase que n es un entero *impar*, o sea que podemos poner

$$n = 2k + 1 \quad \text{donde } k \in \{0, 1, 2, \ldots\},$$

entonces $\quad D^{2k+1}\,\text{sen} = (-1)^k \cos.$

Si n es un entero *par*, o sea si podemos poner

$$n = 2k, \quad (k \in \{1, 2, 3, \ldots\})$$

entonces $\quad D^{2k}\,\text{sen} = (-1)^k \text{sen}.$

Ejercicio 5

(i) Las derivadas de las funciones elementales proporcionan

$$(x \longmapsto x)' = (x \longmapsto 1),$$

y

$$(x \longmapsto x^{-1})' = (x \longmapsto -x^{-2});$$

por la regla de la suma se sigue que

$$\left(x \longmapsto x + \frac{1}{x}\right)' = \left(x \longmapsto 1 - \frac{1}{x^2}\right) \qquad (x \in R^+).$$

(ii) La función dada tiene la forma de producto

$$f = gh$$

donde

$$g(x) = x \qquad (x \in R)$$

$$h(x) = \exp(-x) \quad (x \in R).$$

Además, $h(x)$ es de la forma $\exp(k(x))$ donde

$$k(x) = -x \qquad (x \in R).$$

Según la regla de la "función de función", la función derivada de h viene dada por

$$h'(x) = \exp'(k(x)) \times k'(x) = \exp(-x)(-1)$$
$$= -\exp(-x).$$

Según la regla del producto, la función derivada de f viene, por lo tanto, dada por:

$$f'(x) = g'(x)h(x) + g(x)h'(x)$$
$$= 1 \exp(-x) + x(-\exp(-x))$$
$$= (1 - x)\exp(-x) \qquad (x \in R).$$

(iii) Podríamos derivar directamente haciendo uso de la regla del cociente, pero resulta más fácil utilizar la derivación logarítmica (véase el Ejercicio 8.9.5). O sea, podemos poner, como de costumbre, la fórmula de $f(x)$

$$f(x) = \frac{(x-3)^3}{(x-2)^4}$$

pero antes de derivar tomamos logaritmos naturales, con lo que obtenemos

$$\ln f(x) = 3\ln(x-3) - 4\ln(x-2)$$

y después, por la regla de la "función de función"

$$\ln'(f(x))f'(x) = 3\ln'(x-3) - 4\ln'(x-2)$$

(al ser $(x \longmapsto x-3)' = x \longmapsto 1$ y $(x \longmapsto x-2)' = x \longmapsto 1$).

Al ser $\ln'(u) = \frac{1}{u}$, esto se simplifica dando

$$\frac{f'(x)}{f(x)} = \frac{3}{x-3} - \frac{4}{x-2}$$

de modo que

$$\begin{aligned} f'(x) &= \left(\frac{3}{x-3} - \frac{4}{x-2}\right) f(x) \\ &= \left(\frac{3}{x-3} - \frac{4}{x-2}\right)\frac{(x-3)^3}{(x-2)^4} \qquad (x \in R,\ x > 3). \end{aligned}$$

Ejercicio 6

(i) $$S(r) = 2\pi\left(r^2 + \frac{1000}{\pi r}\right).$$

Las derivadas de las funciones elementales y la regla de la multiplicación con un factor constante proporcionan

$$(r \longmapsto r^2)' = (r \longmapsto 2r),$$

y

$$\left(r \longmapsto \frac{1000}{\pi} r^{-1}\right)' = \left(r \longmapsto -\frac{1000}{\pi} r^{-2}\right),$$

por lo tanto la regla de la suma y la regla de la multiplicación por un factor constante dan

$$S'(r) = 2\pi\left(2r - \frac{1000}{\pi r^2}\right).$$

(ii) La función puede expresarse como una composición:

$$f(x) = g(h(x))$$

donde

$$h(x) = x^2 + y^2 \quad (x \in R)$$

y

$$g(u) = \sqrt{u} \qquad (u \in R^+).$$

Las funciones derivadas de h y g son tales que

$$h'(x) = 2x + 0 \quad \text{(por la regla de la suma)}$$

$$g'(u) = \tfrac{1}{2}u^{-1/2} = \frac{1}{2\sqrt{u}}.$$

La regla para derivar funciones compuestas da

$$\begin{aligned} f'(x) &= g'(h(x)) \times h'(x) \\ &= \frac{1}{2\sqrt{h(x)}} \times 2x \\ &= \frac{x}{\sqrt{x^2 + y^2}} \end{aligned}$$

y de este modo la solución del ejercicio es

$$f' : x \longmapsto \frac{x}{\sqrt{x^2 + y^2}} \qquad (x \in R).$$

(Por ser y distinto de cero, el denominador de $f'(x)$ no es nunca cero.)

(iii) La función dada es de la forma

$$P = QS$$

con

$$Q(x) = (x - 1)^2 \quad (x \in R)$$

$$S(x) = (x + 2)^2 \quad (x \in R).$$

Estas funciones resultan ser compuestas; por ejemplo

$$Q = F \circ G$$

donde

$$F(u) = u^2 \qquad (u \in R)$$

$$G(x) = x - 1 \qquad (x \in R).$$

La regla para derivar funciones compuestas da

$$\begin{aligned} Q'(x) &= F'(G(x)) \times G'(x) \\ &= 2G(x) \times 1 \\ &= 2(x - 1). \end{aligned}$$

De manera análoga, tenemos $S'(x) = 2(x + 2)$.

La regla del producto da por lo tanto

$$\begin{aligned} P'(x) &= Q'(x)S(x) + Q(x)S'(x) \\ &= 2(x - 1)(x + 2)^2 + (x - 1)^2 2(x + 2) \\ &= 2(x - 1)(x + 2)(2x + 1). \end{aligned}$$

Apéndice: La notación de Leibniz

La notación quizá más universalmente empleada en cálculo es la que inventó Leibniz. Según esta notación, si x es una variable que representa un elemento del dominio de una función f, e y es otra variable cuyo valor está relacionado al valor de x mediante

$$y = f(x) \qquad (x \in \text{dominio de } f),$$

se utiliza entonces el símbolo $\dfrac{dy}{dx}$ para representar $f'(x)$. Esto es, se define

$$\frac{dy}{dx} = f'(x) \quad (x \in \text{dominio de } f').$$

La ventaja de la notación de Leibniz reside en su brevedad; por ejemplo, la fórmula que da la función derivada de $x \longmapsto x^2$ $(x \in R)$ puede ponerse en la forma

$$\frac{d(x^2)}{dx} = 2x$$

en lugar de

$$(x \longmapsto x^2)' = (x \longmapsto 2x).$$

El proceso para calcular $\frac{dy}{dx}$, cuando y viene definido como una expresión que encierra x (por ejemplo el x^2 del ejemplo anterior), se dice que es la *derivación* de esta expresión *respecto a x*. De manera formal, podemos decir que derivar y respecto a x consiste en calcular $f'(x)$ donde f es la función definida por

$$f : x \longmapsto y.$$

La desventaja de la notación de Leibniz viene de que contiene algunas trampas para el principiante, las cuales proceden de la dificultad de asignar un significado independiente a los símbolos de x y de y cuando se presentan por separado (en vez de presentarse unidos en la combinación $\frac{dy}{dx}$).

Así pues las reglas para derivar sumas y productos, en la notación de Leibniz se convierten en

$$\frac{d(u+v)}{dx} = \frac{du}{dx} + \frac{dv}{dx},$$

$$\frac{d(cu)}{dx} = c\frac{du}{dx} \quad \text{si } c \text{ es una constante}$$

(o sea si $x \longmapsto c$ es una función constante),

$$\frac{d(uv)}{dx} = u\frac{dv}{dx} + v\frac{du}{dx}.$$

Para expresar la regla para derivar funciones compuestas con esta notación, sean x, y y z variables relacionadas por

$$y = g(x) \qquad (x \in \text{dominio de } g)$$

$$z = f(y) \qquad (y \in \text{dominio de } f)$$

de modo que

$$g'(x) = \frac{dy}{dx} \qquad (x \in \text{dominio de } g'),$$

$$f'(g(x)) = f'(y) = \frac{dz}{dy} \qquad (y \in \text{dominio de } f'),$$

Entonces la regla para derivar una función h definida por

$$h(x) = f(g(x)) \qquad (x \in \text{dominio de } h)$$

es

$$h'(x) = f'(g(x)) \times g'(x) \quad (x \in \text{dominio de } h')$$

la cual toma la forma sencilla

$$\frac{dz}{dx} = \frac{dz}{dy} \times \frac{dy}{dx}.$$

Esta regla recibe el nombre de regla de la cadena y resulta fácil de recordar, ya que se puede pensar que dy se "cancela" en la expresión de la derecha. La regla para derivar funciones inversas toma también con esta notación una forma conveniente, a saber:

$$\frac{dy}{dx} = \frac{1}{\left(\frac{dx}{dy}\right)}.$$

La demostración es análoga a la de la regla de la cadena. No entraremos aquí en detalles.

Capítulo 9

El teorema fundamental del cálculo

9.0 Introducción

En los Capítulos 7 y 8 hemos estudiado la *integración* y la *derivación*. El lector posiblemente habrá llegado a sospechar, o conocerá ya de antemano, la existencia de una conexión entre las dos. El estudio de esta conexión constituye el objetivo de este capítulo.

Empezamos enfocando de nuevo la atención hacia la *integral definida* que hemos estudiado en el Capítulo 7, e introducimos el concepto de *función primitiva*.

Introducimos después el *teorema fundamental del Cálculo* en dos partes, haciendo ver primero que la derivación deshace la integración, y después que la integración deshace la derivación.

Con esto concluye el primer volumen de esta obra dejando para desarrollar en el próximo otras técnicas de cálculo junto con sus aplicaciones.

9.1 Funciones primitivas

Parece a primera vista que no tenga que existir conexión alguna entre derivación e integración, o entre tangentes a curvas y las áreas que quedan por debajo de tales curvas. El primer paso para ver que *existe* en realidad una conexión consistirá en observar más de cerca la estructura de las fórmulas para las integrales obtenidas antes a lo largo del curso.

Vimos en el Capítulo 7 que una de las maneras de considerar la integral definida era como un área, y aproximando las áreas mediante sumas de rectángulos pudimos hallar fórmulas exactas para unas cuantas integrales definidas, por ejemplo:

$$\int_a^b x \longmapsto 1 = b - a,$$

$$\int_a^b x \longmapsto x = \frac{b^2}{2} - \frac{a^2}{2},$$

$$\int_a^b x \longmapsto x^2 = \frac{b^3}{3} - \frac{a^3}{3},$$

donde a y b son números reales, y las distintas funciones son todas reales (es decir, de dominio y codominio R o un subconjunto de R; el dominio tiene que incluir por supuesto el intervalo $[a, b]$). Si bien las expresiones de la derecha de las tres ecuaciones son todas diferentes, tienen sin embargo una característica en común: cada una de ellas es la diferencia entre dos términos, uno de los cuales depende de b y el otro depende *de la misma manera* de a. Designemos por F la función real que especifica la manera según la cual el primer término de la derecha depende de b (por ejemplo, $F: b \longmapsto \frac{b^2}{2}$ en la segunda fórmula); entonces el primer término de la derecha es $F(b)$, y el segundo es $F(a)$, y cada una de las fórmulas puede ponerse en la forma:

$$\int_a^b f = F(b) - F(a) \qquad \text{Ecuación (1)}$$

con las funciones f y F adecuadas. A la función F la vamos a llamar función primitiva* de la función f; en nuestro tercer ejemplo, $b \longmapsto \frac{b^3}{3}$ es una función primitiva de $x \longmapsto x^2$. En general dada una función continua† real cualquiera f definimos una función primitiva de f como una función F cualquiera en b tal que la Ecuación (1) se cumple para todo a y todo b del dominio de f.

Obsérvese que decimos "*una* función primitiva", no "*la* función primitiva". Esto se debe a que las funciones primitivas no son únicas: para cada f existen *muchas* funciones primitivas F. Por ejemplo en vez de

$$F: b \longmapsto \frac{b^2}{2}$$

del segundo ejemplo anterior, podíamos haber elegido

$$F_1: b \longmapsto \frac{b^2}{2} + 3$$

*Es corriente el nombre de integral indefinida. Nuestra terminología tiende a hacer resaltar que F es una *función*, no un número como es la integral definida.

†Para la definición de continuidad, véase el Capítulo 4, Sección 4.2.

y tendríamos todavía

$$\int_a^b x \longmapsto x^2 = F_1(b) - F_1(a),$$

de modo que F_1 es también una función primitiva de f.

Ejercicio 1

Si f es una función real continua con una función primitiva F, hágase uso de la Ecuación (1) para hacer ver que

$$\int_a^b f = -\int_b^a f$$

para todo a y todo b del dominio de f.

Ejercicio 2

Obténganse los valores de $F(b)$ y $F(a)$ y las funciones F que completen la tabla siguiente:

f	$F(b)$	$F(a)$	F, una función primitiva de f
$x \longmapsto 1 \quad (x \in R)$ $x \longmapsto x \quad (x \in R)$ $x \longmapsto x^2 \quad (x \in R)$			

Para una función real continua dada f de dominio R, la integral definida $\int_a^b f$ viene determinada por los valores de a y de b; su cálculo equivale por lo tanto a calcular la imagen de (a, b) por la función siguiente de dos variables:

$$(a, b) \longmapsto \int_a^b f \qquad ((a, b) \in R \times R).$$

Si consideramos fijo ya sea a o b, podemos considerar entonces a la integral definida como definidora de una función de una variable, y por lo tanto de dominio R en vez de $R \times R$; por ejemplo,

$$b \longmapsto \int_a^b f \qquad (b \in R).$$

Las funciones de dominio R son por lo general más fáciles de manejar que las de dominio $R \times R$, pero por el momento no está todavía claro en qué forma esta nueva función nos va a servir de ayuda. Es aquí donde entra en juego el teorema fundamental del Cálculo, el cual proporciona un método general para hallar una función primitiva de f *sin* tener que calcular antes la integral mediante una suma de rectángulos.

Las columnas primera y última del Ejercicio 2 constituyen una lista de pares ordenados de funciones, y puede considerarse por lo tanto que definen una aplicación cuyos dominio y codominio son conjuntos de funciones, o sea, un *operador*. No hace falta restringir el dominio de este operador a las tres funciones dadas en el Ejercicio 2; podemos confiar más bien en que será posible utilizar como dominio algún conjunto más general de funciones f, tales que $\int_a^b f$ exista para todos los a y b del dominio de f. Este operador merece que se le de un nombre. Lo llamaremos operador de integración, y lo representaremos simbólicamente como sigue:

$$I : f \longmapsto \text{(conjunto de todas las funciones primitivas de } f\text{)}.$$

El proceso de hallar una función primitiva recibe el nombre de integración, y al aplicar I a f se dice que se integra la función f.

Ejercicio 3

Si f es una función real continua de dominio R, y F es una función primitiva de f, ¿existen números c (distintos de cero) para los cuales la función F definida por

$$F_c : x \longmapsto F(x) + c \qquad (x \in R)$$

sea también una función primitiva de f?

El resultado de este último ejercicio es importante. Si F es una función primitiva cualquiera de una cierta función dada f, entonces cualquier función de la forma

$$x \longmapsto F(x) + c \qquad (x \in \text{dominio de } F)$$

donde c es un número real cualquiera, es también una función primitiva de f. Otra manera de decir lo mismo es que el operador I no es una función: bajo este operador, la imagen $I(f)$ de un elemento dado f del dominio de I no es un elemento *único* del codominio de I, sino un conjunto de tales elementos. Al número c se le llama una constante de integración, y cada valor distinto de c proporciona una función primitiva distinta de f.

Ejercicio 4

Hallar una función primitiva F de la función

$$x \longmapsto x \qquad (x \in R)$$

con la propiedad $F(0)$ igual a 1.

9.2 Teorema fundamental: Parte 1

Si la única propiedad de las funciones primitivas F de una función f fuese el satisfacer la definición dada en la sección anterior; o sea,

$$\int_a^b f = F(b) - F(a) \qquad ((a,b) \in R \times R), \qquad \text{Ecuación (1)}$$

su utilidad quedaría entonces reducida a proporcionar otra manera útil para designar a las integrales definidas. No nos servirían para la tarea de calcular efectivamente los valores de las integrales definidas, ya que la única manera de hallar una función primitiva de f supondría hallar primero la integral definida y después utilizar la Ecuación (1) para hallar F tomando los términos ya sea en b o en a. La propiedad que hace que el concepto de función primitiva sea verdaderamente útil es que existe otra manera para hallar funciones primitivas, la cual no exige hallar primero la integral definida correspondiente. Este método viene proporcionado por el teorema fundamental del cálculo.

La idea clave del teorema fundamental consiste en identificar el operador de integración desde atrás, por así decirlo, identificando su aplicación recíproca. Teniendo en cuenta la propiedad utilizada para definir I,

$$I : f \longrightarrow F,$$

esto equivale a hallar una regla que proporcione f en términos de una de sus primitivas. Dicho de otro modo, en la Ecuación (1) vamos a considerar a F (en vez de f) como la función dada, y a partir de ella intentaremos determinar la función f. Esto nos permitirá identificar la aplicación

$$F \longmapsto f;$$

podremos entonces obtener primitivas de f invirtiendo esta nueva aplicación en vez de calcular directamente integrales definidas.

Suponemos como siempre que f y F son funciones reales y suponemos también, para poder enunciar teoremas que sean susceptibles de una demostración rigurosa (si bien nosotros no lo demostramos aquí con rigor), que f es continua por todas partes en su dominio. Consideremos un problema relacionado con éste, ya que no existe ninguna manera evidente de inmediato para hallar f a partir de F utilizando la Ecuación (1). Sabemos que $\int_a^b f$ es el área por debajo de la gráfica figurativa de $f(x)$. Si dividimos esta área por $(b - a)$ obtendremos el valor medio de f en el intervalo $[a, b]$. Podemos pues poner

$$f_{av}[a, b] = \frac{1}{b - a}\int_a^b f,$$

La Ecuación (1) nos proporciona ahora este valor medio en términos de F:

$$f_{av}[a, b] = \frac{F(b) - F(a)}{b - a}. \qquad \text{Ecuación (2)}$$

La expresión de la derecha puede ser interpretada gráficamente: es la pendiente de una cuerda en la gráfica de F, según puede verse en la figura que sigue:

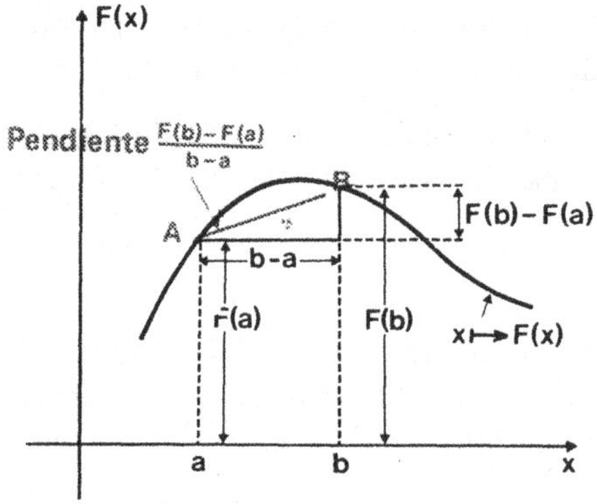

Obtención del valor medio de f(x) a partir de la gráfica de F

Necesitamos ahora una manera de pasar del valor *medio* de f en $[a, b]$ al valor de f en *un punto específico* de su dominio. En el Capítulo 8 teníamos un problema cuando queríamos obtener las velocidades *instantáneas* a partir de velocidades *medias*, y aquí el método es exactamente el mismo. Para refrescar la memoria vamos a repasar brevemente el razonamiento. Al ser f continua, podemos decir que, si a y b están muy próximos uno de otro, entonces $f(x)$ es casi constante en el intervalo $[a, b]$, de modo que su valor en cualquier punto específico del intervalo, pongamos en a, viene estrechamente aproximado por el valor medio en $[a, b]$, según puede verse en la figura que sigue.

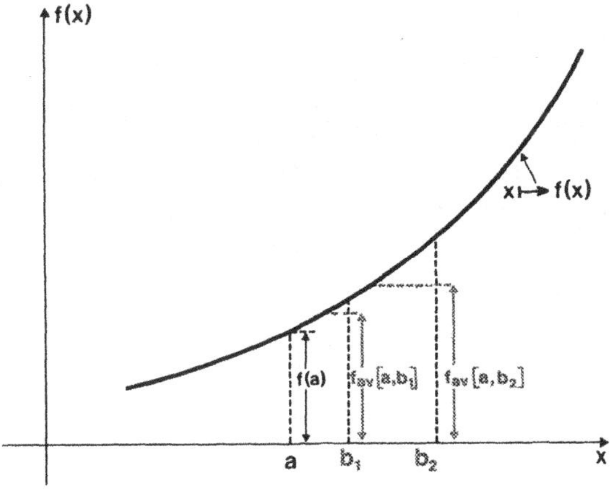

Variación del valor medio de f(x) al reducir la anchura del intervalo

Aproximando suficientemente b a a podemos esperar que el error en esta aproximación llegue a ser tan pequeño como queramos y mediante un conveniente proceso de paso al límite podemos esperar obtener el valor exacto de $f(a)$. Dando una formulación más precisa, podemos esperar que

$$\lim_{b \to a} (f_{av}[a, b]) = f(a), \qquad \text{Ecuación (3)}$$

o sea

$$\lim_{b \to a} \left(\frac{1}{b - a} \int_a^b f \right) = f(a).$$

Se puede demostrar que esta ecuación se cumple efectivamente (y que el límite de la izquierda existe) cuando la función f es continua en a. Sustituyendo en el primer miembro de la Ecuación (3) el valor dado por la Ecuación (2), obtenemos

$$\lim_{b \to a} \frac{F(b) - F(a)}{b - a} = f(a).$$

En términos de la gráfica de F, el límite de la izquierda es la pendiente límite de la cuerda AB cuando B se aproxima mucho a A. Sabemos ya por el Capítulo 8 que ésta es la pendiente de la tangente en A dada por la derivada de F en a, o sea, por $DF(a)$, donde D es el operador derivada.

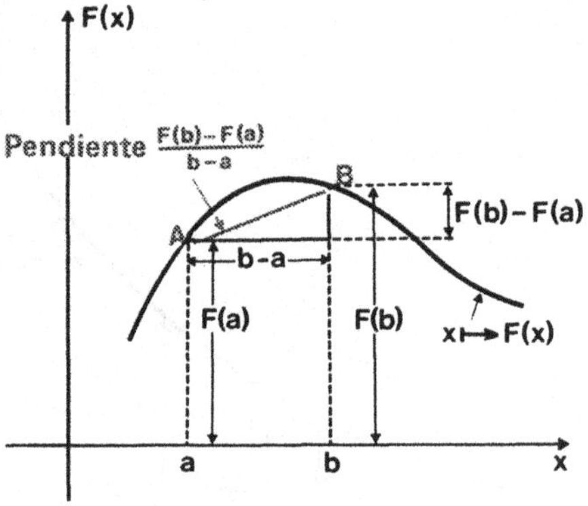

Hemos hallado así que

$$DF(a) = f(a).$$

Puesto que esta ecuación se cumple para cualquier número real a del dominio de f, se sigue que las funciones DF y f son idénticas. Esto constituye la primera parte del teorema fundamental del Cálculo:

> Si f es una función real continua, y si F es una función primitiva de f, entonces $DF = f$.

Dicho de otro modo, la derivación que nos lleva de F a f *deshace* la integración que nos lleva de f a F.

Ejemplo 1

Hemos visto ya que una función primitiva de $x \longmapsto x$ es $x \longmapsto \frac{1}{2}x^2$. ¿En qué modo concuerda esto con el teorema?

En el contexto del teorema, $x \longmapsto x$ es f y $x \longmapsto \frac{1}{2}x^2$ es F. Según el teorema, $DF = f$, y efectivamente vemos aquí que

$$D(x \longmapsto \tfrac{1}{2}x^2) = x \longmapsto x .$$

Ejercicio 1

Utilizar el teorema fundamental para comprobar si se cumplen o no los siguientes enunciados:

(i) $\int_a^b x \longmapsto \operatorname{sen} x = \cos b - \cos a$

(ii) $\int_a^b x \longmapsto \cos x = \operatorname{sen} b - \operatorname{sen} a.$

La primera parte del teorema fundamental del Cálculo no resuelve del todo el problema de hallar funciones primitivas pero nos hace dar un gran paso hacia la solución. No nos dice cómo *hallar* una función primitiva, F, de una función continua dada f. Pero *sí* nos dice que toda función primitiva F puede derivarse, y tiene la función derivada f. Podemos hacer uso del teorema para hallar f una vez conocida F, o para verificar el cálculo mediante el cual se ha hallado una función primitiva.

9.3 El teorema fundamental: Parte 2

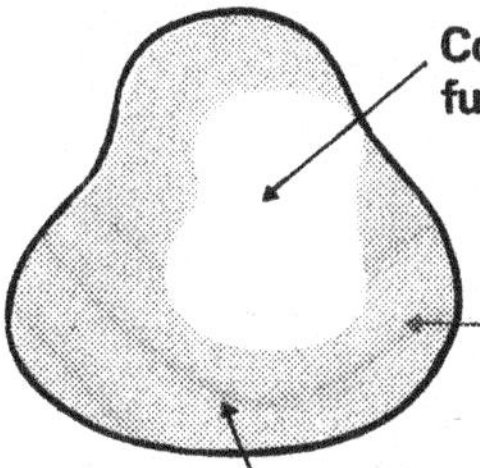

¿En qué modo podemos hacer uso del resultado de la sección anterior para calcular integrales? Para calcular una integral definida relativa a una función dada f, basta conocer una función primitiva de f; el resultado en cuestión nos ayuda a reconocer una posible función primitiva, al decirnos que toda función primitiva de una función continua dada f tiene la propiedad de que su función derivada es f. Consecuentemente, si buscamos entre las funciones que tienen la función derivada f, encontraremos a todas las primitivas de f, pero quizá también otras funciones. Así pues el resultado estrecha el campo dentro del cual hay que buscar las funciones primitivas de f, pero no nos dice cómo podemos estar seguros de encontrarlas, ni siquiera cómo estar seguros de si una supuesta función primitiva de f lo es o no realmente.

En esta sección vamos a demostrar otro resultado que elimina toda duda, al hacer ver que bajo condiciones adecuadas las "otras funciones" no existen: toda función con la función derivada f es efectivamente una función primitiva de f. Dicho de otro modo, haremos ver que la región sombreada de nuestro diagrama representa un conjunto vacío.

La parte principal consiste en caracterizar el conjunto dentro del cual tienen que encontrarse las funciones primitivas de f: el conjunto de todas las funciones cuya función derivada es f. En términos de gráficas, este conjunto es el conjunto de todas las funciones cuyas gráficas tienen la pendiente $f(\alpha)$ en cada punto cuya coordenada x es α. El diagrama que sigue muestra arriba la gráfica de una función continua f y abajo las gráficas de unas cuantas funciones cuya función derivada es f.

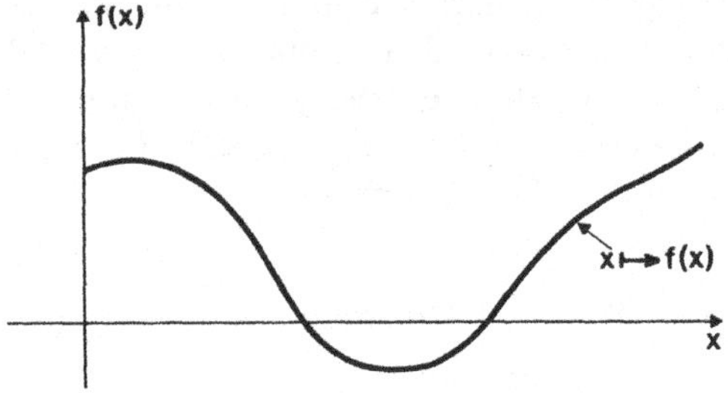

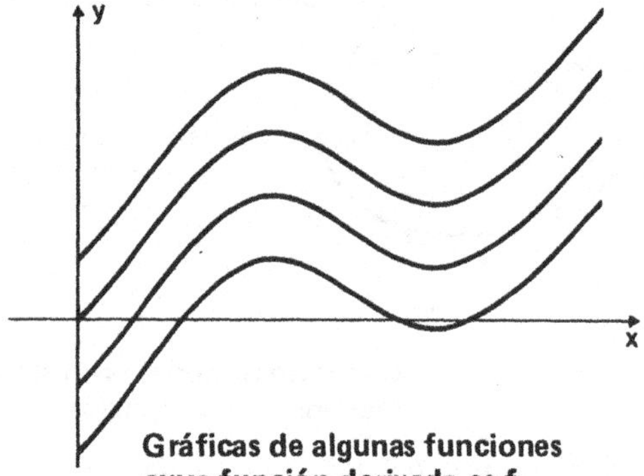

Gráficas de algunas funciones cuya función derivada es f.

Este diagrama indica que las funciones con función derivada f tienen gráficas que son curvas congruentes. Es decir, cualquiera de las curvas puede ser superpuesta a cualquiera de las demás con sólo desplazarla convenientemente en una dirección paralela al eje y; un tal desplazamiento no altera ni la coordenada x de un punto cualquiera de la curva ni la pendiente $f(x)$ en dicho punto.

Un tal desplazamiento de la gráfica equivale a sumar una función constante a la función original; o sea, a sustituir una función tal como $x \longmapsto F(x)$ por $x \longmapsto F(x) + c$, donde c es una constante real que da la cantidad de desplazamiento. Esto hace ver que todas las funciones con función derivada f difieren en funciones constantes. Al igual que la mayor parte de los razonamientos basados sobre diagramas, lo que aquí hemos dado ha sido una explicación demostrativa y no una verdadera demostración lógica.

Así pues, si F y F_1 tienen ambas la función derivada f, difieren solamente en una función constante. Pero hemos visto en el Ejercicio 9.1.3 que si F es una primitiva de f, entonces cualquier función que difiera de F solamente en una función constante es también primitiva. De este modo toda función que tenga la función derivada f es una primitiva de f, y de este modo la región sombreada del diagrama de la página 239 representa un conjunto vacío.

El resultado que acabamos de demostrar constituye la segunda parte del teorema fundamental del Cálculo. Nos dice que para hallar una función primitiva de una función continua dada f basta con hallar una función cualquiera cuya derivada sea f. Puede obtenerse un enunciado conciso del resultado designando a una de las funciones cuya función derivada sea f por F, de modo que $f = DF$; entonces el resultado nos dice que F es una primitiva de DF, o, con más precisión, que

> Si F es una función real cuyo dominio incluye el intervalo $[a, b]$, y si DF es continua en $[a, b]$ entonces
>
> $$\int_a^b DF = F(b) - F(a).$$

Puesto que las expresiones de la forma $F(b) - F(a)$ se presentan con frecuencia, las abreviamos poniendo

$$[F]_a^b = F(b) - F(a)$$

de modo que, por ejemplo

$$[x \longmapsto x^2]_2^3 = 3^2 - 2^2 = 5.$$

Para ilustrar cómo se utiliza esta segunda parte del teorema fundamental del Cálculo para calcular integrales, vamos a aplicarlo a

$$\int_1^2 x \longmapsto x^3.$$

Buscamos una función F tal que

$$DF = x \longmapsto x^3.$$

Vimos en el Capítulo 8 que la derivación reduce siempre el grado de una función polinómica en una unidad, lo cual nos lleva a considerar $D(x \longmapsto x^4)$, la cual es $x \longmapsto 4x^3$. Aparte del factor 4 esto es exactamente lo que queremos, y de este modo una función adecuada F es $x \longmapsto \frac{1}{4}x^4$. Tenemos, por lo tanto,

$$\begin{aligned}\int_1^2 x \longmapsto x^3 &= \int_1^2 D(x \longmapsto \tfrac{1}{4}x^4)\\ &= [x \longmapsto \tfrac{1}{4}x^4]_1^2\\ &= \tfrac{1}{4}(2^4) - \tfrac{1}{4}(1^4)\\ &= \tfrac{15}{4}.\end{aligned}$$

La función $x \longmapsto x^3$ es continua, así que nuestra aplicación del teorema queda justificada.

Ejercicio 1

Utilizar el teorema fundamental del cálculo y las derivadas de las funciones elementales, para calcular

(i) $\int_0^t \exp$ (ii) $\int_0^{\pi} \cos$ (iii) $\int_0^{\pi/2} \text{sen}$.

¿Sería posible calcular la segunda integral de un modo más sencillo?

(AYUDA: Trazar la gráfica de la función coseno e interpretar la integral en términos de la gráfica; utilizar la simetría de la curva.)

El teorema fundamental del Cálculo puede resumirse mediante el enunciado (válido si f es una función continua de codominio R y dominio R o un intervalo de R) que dice que F es una función primitiva de f si y sólo si f es la función derivada de F; este enunciado es equivalente al par de fórmulas

$$D\left(x \longmapsto \int_a^x f\right) = f$$

$$\int_a^b DF = F(b) - F(a).$$

La segunda de estas fórmulas es particularmente útil debido a que nos permite calcular cualquier integral siempre que podamos expresar el integrando (es decir, la función a integrar) como la función derivada de otra función.

9.4 Ejercicios adicionales

Ejercicio 1

Utilizar la expresión

$$\int_c^a f + \int_a^b f = \int_c^b f$$

(véase también el diagrama que sigue) para ver que, si f es una función real continua de dominio R, entonces para cualquier número real c, la función F dada por

$$F : x \longmapsto \int_c^x f \qquad (x \in R)$$

es una función primitiva de f.

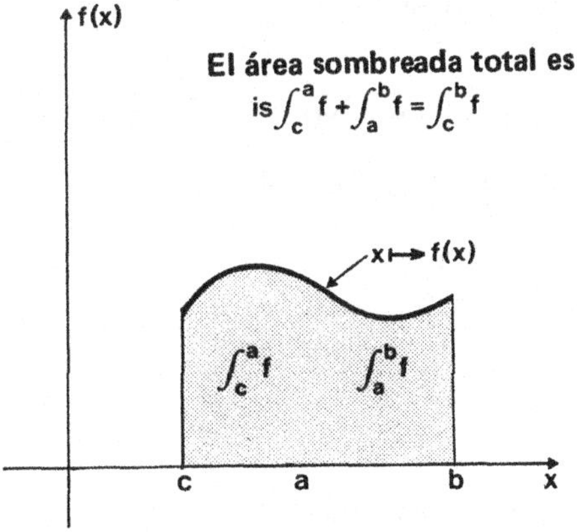

Ejercicio 2

Hallar la derivada en x de cada una de las funciones

$$x \longmapsto \int_a^x f \quad \text{y} \quad x \longmapsto \int_x^b f,$$

siendo f una función real y perteneciendo a y b al dominio de f.

(AYUDA: Reconsiderar el Ejercicio 1 anterior.)

Ejercicio 3

¿Cuáles de las aplicaciones siguientes del teorema fundamental del Cálculo son válidas? Cuando una aplicación no sea válida, explíquese por qué el teorema no es aplicable.

(i) $$\int_{-1}^{1} f_1 = [F_1]_{-1}^{1} \quad \text{donde } F_1 : x \longmapsto \begin{Bmatrix} \frac{1}{2}x^2 \text{ si } x > 0 \\ 0 \text{ si } x = 0 \\ -\frac{1}{2}x^2 \text{ si } x < 0 \end{Bmatrix} \quad (x \in R)$$

$$\text{y} \quad f_1 : x \longmapsto |x| \qquad (x \in R).$$

(ii) $$\int_{-1}^{1} f_2 = [f_1]_{-1}^{1} \quad \text{donde } f_2 : x \longmapsto \begin{Bmatrix} 1 \text{ si } x \geqslant 0 \\ -1 \text{ si } x < 0 \end{Bmatrix} \quad (x \in R)$$

y f_1 viene dado en (i).

(iii) $\int_{-1}^{1} f_3 = [f_2]_{-1}^{1}$ where $f_3 : x \longmapsto 0$ $(x \in R, \quad x \neq 0)$
y f_2 viene dado en (ii).

(iv) $\int_{-1}^{1} f_4 = [f_2]_{-1}^{1}$ donde $f_4 : x \longmapsto 0$ $(x \in R)$
y f_2 viene dado en (ii).

9.5 Soluciones a los Ejercicios

Sección 9.1

Ejercicio 1

Si F es una función primitiva, de f entonces

$$\int_a^b f = F(b) - F(a)$$

para todo a y todo b del dominio de f.

Se sigue que

$$\int_b^a f = F(a) - F(b)$$

$$= -(F(b) - F(a)),$$

o sea,

$$\int_b^a f = -\int_a^b f.$$

Ejercicio 2

f	$F(b)$	$F(a)$	F, una función primitiva de f
$x \longmapsto 1 \quad (x \in R)$	b	a	$x \longmapsto x \quad (x \in R)$
$x \longmapsto x \quad (x \in R)$	$\frac{b^2}{2}$	$\frac{a^2}{2}$	$x \longmapsto \frac{1}{2}x^2 \quad (x \in R)$
$x \longmapsto x^2 \quad (x \in R)$	$\frac{b^3}{3}$	$\frac{a^3}{3}$	$x \longmapsto \frac{1}{3}x^3 \quad (x \in R)$

Ejercicio 3

Sí: *cualquier* número real c proporciona una función primitiva de f. Para comprobar si F es una función primitiva de f debemos verificar si

$$\int_a^b f = F_c(b) - F_c(a) \qquad ((a,b) \in R \times R).$$

Al ser F una función primitiva de f, tenemos:

$$\int_a^b f = F(b) - F(a) \qquad ((a,b) \in R \times R),$$

y por lo tanto

$$\int_a^b f = (F(b) + c) - (F(a) + c) \qquad ((a,b) \in R \times R);$$

o sea

$$\int_a^b f = F_c(b) - F_c(a) \qquad ((a,b) \in R \times R),$$

de modo que F_c es una función primitiva de f.

Ejercicio 4

Una función primitiva de $x \longmapsto x$ es $x \longmapsto \frac{1}{2}x^2$ de modo que una función primitiva más general de $x \longmapsto x$ es $x \longmapsto \frac{1}{2}x^2 + c$, donde c es un número real cualquiera. Designando por F a esta función, tenemos

$$F(x) = \tfrac{1}{2}x^2 + c, \text{ y, por tanto, } F(0) = c.$$

El ejercicio requiere que sea $F(0) = 1$, así que $c = 1$, y por lo tanto la función primitiva buscada es

$$x \longmapsto \tfrac{1}{2}x^2 + 1 \qquad (x \in R).$$

Sección 9.2

Ejercicio 1

(i) FALSO. El enunciado establece que la función coseno es una función primitiva de la función seno. Al derivar la función primitiva cos, debería quedar restaurada la función original, sen, pero de hecho tenemos D cos = −sen, de modo que el enunciado dado es falso.

(ii) El enunciado afirma que sen es una primitiva de cos; si esto es así tendremos que tener entonces D sen = cos, lo cual se cumple así pues no hay nada que contradiga el aserto y lo damos como VERDAD. Tenga el lector en cuenta la precaución que hemos tomado al elegir las palabras en esta última afirmación. Hemos razonado anteriormente en el texto que*

(F es una función primitiva de f) $\Rightarrow$ ($DF = f$), pero no hemos demostrado que

($DF = f$) $\Rightarrow$ (F es una función primitiva de f)

que es el resultado que aquí nos hace falta.

Sección 9.3

Ejercicio 1

$$\text{(i)} \int_0^t \exp = \int_0^t D\exp = [\exp]_0^t = \exp(t) - \exp(0) = e^t - 1$$

$$\text{(ii)} \int_0^\pi \cos = \int_0^\pi D\,\text{sen} = [\text{sen}]_0^\pi = \text{sen}\,\pi - \text{sen}\,0 = 0 - 0 = 0$$

$$\text{(iii)} \int_0^{\pi/2} \text{sen} = \int_0^{\pi/2} D(-\cos) = [-\cos]_0^{\pi/2} = -\cos\frac{\pi}{2} + \cos 0$$

$$= -0 + 1 = 1.$$

Otro método para el segundo caso es:

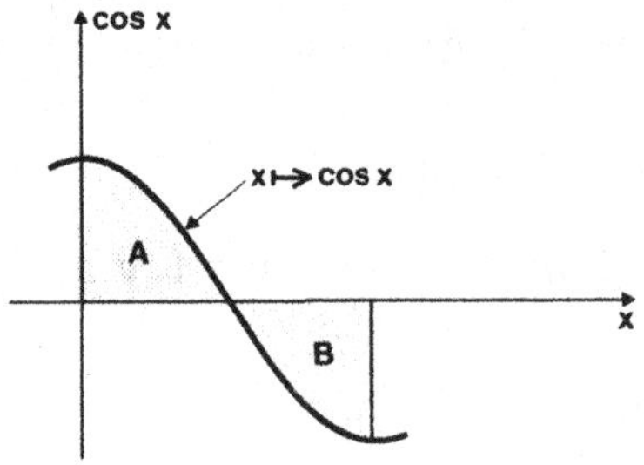

$$\int_0^\pi \cos = \int_0^{\pi/2} \cos + \int_{\pi/2}^\pi \cos$$

$$= \text{area } A - \text{area } B$$

$$= 0, \quad \text{por simetría.}$$

El área B contribuye negativamente a la integral debido a que la curva cae por bajo del eje

* $\Rightarrow$ es el símbolo lógico que representa la implicación.

x. El *área* total es

$$\int_0^{\pi/2} \cos - \int_{\pi/2}^{\pi} \cos = [\text{sen}]_0^{\pi/2} - [\text{sen}]_{\pi/2}^{\pi} = 2.$$

Sección 9.4

Ejercicio 1

El resultado $\int_c^a f + \int_a^b f = \int_c^b f$ da

$$\int_a^b f = \int_c^b f - \int_c^a f$$
$$= F(b) - F(a) \qquad \text{por definición de } F.$$

y por lo tanto F es una función primitiva de f. Obsérvese que al ser c arbitrario, este método nos permite definir tantas funciones primitivas distintas de f como queramos.

Ejercicio 2

Representando por

$$F_1 \text{ la función } x \longmapsto \int_a^x f$$

y por

$$F_2 \text{ la funcion } x \longmapsto \int_x^b f,$$

vemos (por el resultado del Ejercicio 1 anterior) que F_1 es una función primitiva de f, de modo que el teorema fundamental nos da

$$DF_1 = f,$$

o sea, la derivada de $x \longmapsto \int_a^x f$ en x es $f(x)$.

Para F_2, podemos utilizar el resultado:

$$\int_x^b f = -\int_b^x f$$

obtenido en el Ejercicio 9.1.1; esto proporciona

$$F_2 : x \longmapsto -\int_b^x f;$$

o sea

$$-F_2 : x \longmapsto \int_b^x f.$$

Utilizando el resultado del Ejercicio 1 anterior, vemos que $-F_2$ es una función primitiva de f, y por lo tanto

$$D(-F_2) = f$$

Por la primera regla de derivación

$$D(-1 \times F_2) = -1 \times DF_2,$$

y por lo tanto

$$DF_2 = -f;$$

o sea, la derivada de $x \longmapsto \int_x^b f$ en x es $-f(x)$.

Estos resultados proporcionan otra formulación muy conveniente de la primera parte del teorema fundamental.

Ejercicio 3

(i) Válido. f_1 es continua por todas partes en su dominio, y F_1 es continua y derivable por todas partes en su dominio.

Cuando $x < 0$, $|x| = -x$, y tenemos $DF_1(x) = -x$.

Cuando $x \geqslant 0$, $|x| = x$ y tenemos $DF_1(x) = x$.

Se sigue que $DF_1 = f$.

(ii) No válido (a pesar de que la ecuación dada de hecho se cumple), ya que f_2 no es continua (su gráfica tiene una interrupción en 0). Para deducir la ecuación dada a partir del teorema fundamental, la integral debe descomponerse primero en dos partes: $\int_{-1}^1 f_2 = \int_{-1}^0 f_2 + \int_0^1 f_2$, y el teorema fundamental tiene que aplicarse a cada una de las partes por separado.

(iii) No válido porque existe una interrupción en el dominio de f_3. De hecho tenemos

$$\int_{-1}^1 f_3 = 0, \text{pero} [f_2]_{-1}^1 = 2.$$

(iv) No válido, ya que f_4 no es la derivada de f_2 (f_2 no tiene derivada en 0). De nuevo, $\int_{-1}^1 f_4 = 0$, pero $[f_2]_{-1}^1 = 2$.

Índice alfabético

Las referencias en **negrita** indican que en la página señalada aparece la definición del término.

Made in the USA
Monee, IL
30 December 2025

40661393R00151